职业教育示范性规划教材

电工基础与基本技能
——项目教程

主　编　黄宗放
副主编　计胜国　叶　盛　叶信冬
主　审　苏永昌

電子工業出版社
Publishing House of Electronics Industry
北京·BEIJING

内容简介

本书是为了适应职业教育教学改革的需要而编写的，其主要内容包括：安全节约用电、认识电能与电路、常用电路元件的识别和检测、家居用电、认识电动机、控制电动机、电气线路的敷设与维护，共7个项目，涵盖了“电工技术基础与技能”课程新大纲要求的知识和技能。

本书的编写遵循项目驱动、任务引领的指导思想，把每个项目分解为若干个任务，每个任务都有引出任务、知识链接、技能方法、实践运用、巩固训练等部分，并力求图文并茂、直观形象。为了方便教师教学，本书还配有电子教学参考资料包（包括教学指南、电子教案、习题答案），详见前言。

本书可作为职业院校相关专业项目教学教材和职业鉴定培训教材。

图书在版编目（CIP）数据

电工基础与基本技能：项目教程/黄宗放主编．—北京：电子工业出版社，2012.1
职业教育示范性规划教材

ISBN 978-7-121-15714-1

Ⅰ.①电…　Ⅱ.①黄…　Ⅲ.①电工-中等专业学校-教材　Ⅳ.①TM1

中国版本图书馆CIP数据核字（2012）第005375号

责任编辑：靳　平（jinping@phei.com.cn）
印　　刷：北京虎彩文化传播有限公司
装　　订：北京虎彩文化传播有限公司
出版发行：电子工业出版社
　　　　　北京市海淀区万寿路173信箱　邮编 100036
开　　本：787×1 092　1/16　印张：13.25　字数：334.4千字
版　　次：2012年1月第1版
印　　次：2018年11月第7次印刷
定　　价：25.00元

职业教育示范性规划教材

编审委员会

出版说明

为进一步贯彻教育部《国家中长期教育改革和发展规划纲要（2010－2020）》的重要精神，确保职业教育教学改革顺利进行，全面提高教育教学质量，保证精品教材走进课堂，我们遵循职业教育的发展规律，本着“着力推进教育与产业、学校与企业、专业设置与职业岗位、课程教材与职业标准、教学过程与生产过程的深度对接”的出版理念，经过课程改革专家、行业企业专家、教研部门专家和教学一线骨干教师共同努力，开发了这套职业教育示范性规划教材。

本套教材采用项目教学和任务驱动教学法的编写模式，遵循真正项目教学的内涵，将基本知识和技能实训融合为一体，且具有如下鲜明的特色：

（1）面向职业岗位，兼顾技能鉴定

本系列教材以就业为导向，根据行业专家对专业所涵盖职业岗位群的工作任务和职业能力进行的分析，以本专业共同具备的岗位职业能力为依据，遵循学生认知规律，紧密结合职业资格证书中技能要求，确定课程的项目模块和教材内容。

（2）注重基础，贴近实际

在项目的选取和编制上充分考虑了技能要求和知识体系，从生活、生产实际引入相关知识，编排学习内容。项目模块下分解设计成若干任务，任务主要以工作岗位群中的典型实例提炼后进行设置，注重在技能训练过程中加深对专业知识、技能的理解和应用，培养学生的综合职业能力。

（3）形式生动，易于接受

充分利用实物照片、示意图、表格等代替枯燥的文字叙述，力求内容表达生动活泼、浅显易懂。丰富的栏目设计可加强理论知识与实际生活生产的联系，提高了学生学习的兴趣。

（4）强大的编写队伍

行业专家、职业教育专家、一线骨干教师，特别是“双师型”教师加入编写队伍，为教材的研发、编写奠定了坚实的基础，使本系列教材符合职业教育的培养目标和特点，具有很高的权威性。

（5）配套丰富的数字化资源

为方便教学过程，根据每门课程的内容特点，对教材配备相应的电子教学课件、习题答案与指导、教学素材资源、教学网站支持等立体化教学资源。

职业教育肩负着服务社会经济和促进学生全面发展的重任。职业教育改革与发展的过程，也是课程不断改革与发展的历程。每一次课程改革都推动着职业教育的进一步发展，从而使职业教育培养的人才规格更适应和贴近社会需求。相信本系列教材的出版对于职业教育教学改革与发展会起到积极的推动作用，也欢迎各位职教专家和老师对我们的教材提出宝贵的建议，联系邮箱：jinping@ phei. com. cn。

电子工业出版社

前　言

职业技术教育担负着培养初、中级技能型人才和数以亿计的高素质劳动者的任务，必须要坚持“以服务为宗旨，以就业为导向、以能力为本位”的办学理念。职业学校的专业课教学必须要理论与生产实际相结合，切实提高学生的综合职业能力。本书就是为了适应职业学校电类课程教学改革的需要而编写的。

本书内容涵盖了安全用电常识、电路基本物理量、简单直流电路、复杂直流电路、电与磁、交流电路、电容器、变压器等基础知识，还包括触电和电火灾现场急救、室内照明电路安装、电动机及其控制电路安装与检修、低压配电装置安装、架空线和电缆的敷设与维护等操作技能，基本涵盖了“电工技术基础与技能”课程新大纲要求的知识和技能。可作为职业学校相关专业项目教学教材和职业鉴定培训教材。

本书具有以下特色：

1. 创新性：首先是结构新，本书取消了传统教材的章节结构，将具体的教学任务分项目实施，并由联系实际的情境模拟引出项目，把项目分解为具体任务，通过任务的实施和验收来巩固知识，习得技能。力求项目驱动、任务引导、以情激趣、图文并茂、直观形象。其次是内容新，在本书的编写过程中，编写人员有意识地联系当前的社会实际，及时吸收新理论、新知识、新技术、新工艺。

2. 理论与实践一体化：全书分7个项目，22个任务，每个任务包含引出任务、知识链接、技能方法、实践运用、巩固训练等部分，落实基础知识，突出技能训练，注重方法指导，使理论与实践能有机结合。

3. 知识、技能、情感相结合：本书不仅注重巩固知识、突出技能，还通过情境模拟、总结评价渗透个人品德、职业道德和社会公德教育。

本书的编写人员有黄宗放、计胜国、叶信冬、叶盛、田丽英。黄宗放任主编，负责全书的组织编写与统稿，并编写了项目二、四；叶盛编写了项目三；计胜国编写了项目五、六；叶信冬编写了项目七；田丽英编写了项目一。

本书的编写力求新颖和实用，使之符合职业学校“电工技术基础与技能”课程教学改革的要求。本书由苏永昌老师担任主审，提出了许多宝贵意见。另外，在编写过程得到了浙江省瑞安市教育教研室、瑞安市职业中专、瑞安市第二职业高中、瑞安市农业技术学校的领导和同事的大力支持，在此一并表示感谢。

由于编写水平有限，书中难免有疏漏甚至错误，恳请广大读者批评指正。

为了方便教师教学，本书还配有电子教学参考资料包（包括教学指南、电子教案、习题答案），请有此需要的教师登录华信教育资源网（http://www.hxedu.com.cn）下载。

编　者

目　录

项目一

安全节约用电

1.1 项目情境

甄浩雪同学是滨海市职业中专电子电工专业高一新生。刚进入职业中专学习，小甄很好奇，特别是对于自己选择的专业，既向往又担心。向往的是，奇妙的“电”世界是多么的丰富多彩，担心的是，电学的理论知识很抽象，怕难以学好。已经上了两节专业课了，小甄很有信心，老师说要采用一种新的教学方法——项目教学法，使同学们都能在“做中学”，经过一个个熟悉的具体项目，经过动手操作来获取知识、习得技能。

今天是开学第一周的星期五，在学校住了五天，终于可以回家了，小甄的心情特别愉快。当他来到离家不远时，突然听到刺耳的消防警报声和嘈杂的叫喊。原来，离小甄家不远的一家便利店起火了，消防队员正在奋力灭火。事后，经消防队员调查得知，这起火灾是由于用电线路老化引起。

电可以带来光明与温暖、便捷与舒适，电也可以带来伤害与灾难，用电必须安全！

1.2 项目分解

任务一：安全用电

能说出电对人体伤害和人体触电的基本形式；知道引起电火灾的原因；会采取防范触电和电火灾的措施；熟悉电工安全操作规程。

任务二：现场急救

会复述触电现场急救和电火灾现场救护的基本程序；能运用口对口人工呼吸和人工胸外挤压抢救法；知道现场急救的注意事项，掌握火灾现场逃生技巧，懂得电火灾的处理方法。

任务三：节约用电

能说出节约用电的意义，在不同的环境中会采用节约用电的措施，能做到节约用电从我做起。

1.3 项目进程

1.3.1 任务一 安全用电

【引出任务】

2003年11月14日上午9时许，某市郊区一电线杆上的电线被风刮断，掉在水田中。一小孩赶一群鸭子进入水田。当鸭子游到落地的断线附近时，一只只挣扎着死去。小孩下田去拾死鸭子，未走几步便倒了下去。在附近干活的小孩的爷爷看到这情况后，急忙跳入水田去拉孙子，也倒了下去。小孩的父亲闻讯赶来，又慌忙下田，结果……

【知识链接】

1. 电流对人体的伤害

人体是可以导电的，当人体触及带电体时，会有电流通过人体而对人体造成伤害，这就是触电。触电时，电流对人体的伤害可分为电伤和电击。

电伤是触电时电流对人体外表造成的局部伤害。通常有电弧烧灼皮肤、熔化的金属渗入皮肤造成皮肤金属化等伤害。电伤往往在人的肌体上留下伤痕，一般是非致命的。

电击是触电时电流对人体内部组织的破坏，造成人的心脏、肺部及神经系统不能正常工作，使人出现痉挛、窒息、心颤、心跳骤停直至死亡。电击往往是致命的。

电伤和电击可能同时发生。

那么，触电时，电流对人体的伤害程度与哪些因素有关呢？

（1）电流的大小

人体内存在生物电流，一定限度的电流不会对人体造成伤害。触电时，通过人体的电流越大，人体的生理反应越强烈，感觉就越明显，对人体的伤害也就越大。

（2）通电时间

电流对人体的伤害与电流的作用时间密切相关。触电时，电流通过人体的时间越长，伤害人体的能量积累的就越多，同时可使人体的电阻下降，导致通过人体的电流进一步增大，其伤害程度就越大。

（3）电流的频率

电流的频率不同，对人体的伤害也不同。其中，25～300Hz的电流对人体的伤害最严重。人们日常使用的工频交流电（我国是50Hz）就在这个危险频段，虽然它对电气设备比较合理，但对人体触电的危害不容忽视。表1-1列出工频电流对人体的伤害情况。

表1-1 工频电流对人体的伤害情况

电流/mA	通电时间	人体的生理反应
0～0.5	连续通电	没有感觉
0.5～5	连续通电	开始有感觉，手指、手腕等处有痛感，没有痉挛，可以摆脱带电体
5～30	数分钟内	痉挛，不能摆脱带电体，呼吸困难，血压升高，是可以忍受的极限

续表

电流/mA	通电时间	人体的生理反映
30～50	数秒到数分钟	心脏跳动不规则，昏迷，血压升高，强烈痉挛，时间过长即引起心室颤动
50～数百	低于心脏搏动周期	受到强烈冲击，但未发生心室颤动
	超过心脏搏动周期	昏迷，心室颤动，接触部位留有电流通过的痕迹
超过数百	低于心脏搏动周期	在心脏搏动周期中特定的相位触电时，昏迷，心室颤动，接触部位留有电流通过的痕迹
	超过心脏搏动周期	心脏停止跳动，昏迷

（4）人体电阻

人体对电流有一定的阻碍作用，这种阻碍表现为人体电阻。人体电阻主要来自皮肤表层，起皱和干燥的皮肤有相当高的电阻，可达100kΩ以上。而皮肤潮湿或接触处的皮肤受到破坏时，电阻会急剧下降，可降到1kΩ以下。人体还是个非线性电阻，随着电压升高，电阻值减小。人体电阻随电压变化的情况见表1-2。

表1-2 人体电阻随电压变化的情况

电压/V	1.5	12	31	62	125	220	380	1000
电阻/kΩ	>100	16.5	11	6.24	3.5	2.2	1.47	0.64
电流/mA	忽略	0.8	2.8	10	35	100	268	1560

2. 触电的形式

人体的触电形式按人体是否直接接触带电体可分为直接触电和间接触电。

直接触电又可分为单相触电和两相触电。

单相触电是指在中性点接地的电网中，人体与大地之间互不绝缘，当人体接触到带电设备或线路中的某一导体时，电流由相线经人体流入大地的触电现象，如图1-1所示。

两相触电是指人体的不同部位分别接触带电设备或线路中两相导体时，电流从一相导体通过人体流入另一相的触电现象，如图1-2所示。

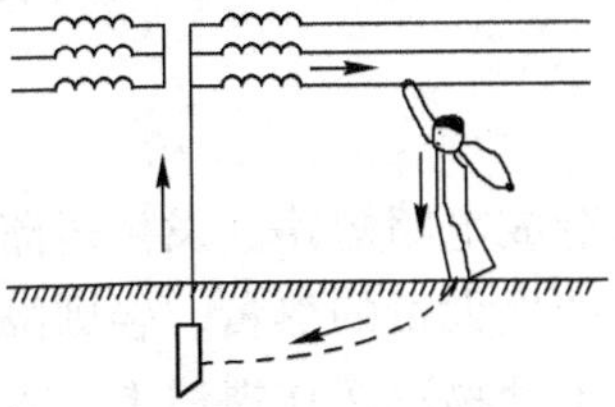

图1-1 单相触电

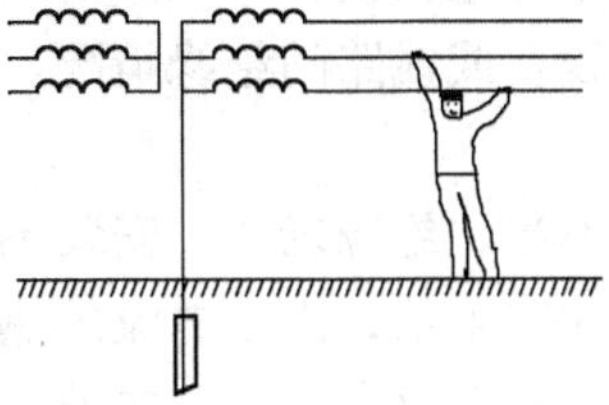

图1-2 两相触电

间接触电是指正常状态下外壳不带电的用电设备发生故障或漏电时，人体接触该用电设备而引起的触电现象，如图1-3所示。通常引起这种触电的用电设备故障有：外壳短路、导线短路、接地短路。

只要技术措施和管理措施得当，防护到位，直接触电是可以避免的。由于设备或线路产生故障具有一定的不可预见和隐蔽性，如果工厂、车间工作环境较复杂，则更加难以发现，从而危害性更大，所以采取可靠和合理的保护措施非常重要。

此外，触电形式还有跨步电压触电。跨步电压触电是指带电体接触地面有电流流入大地，或雷击电流经设备接地体流入大地时，在接地点附近的大地表面具有不同数值的电位，人进入该范围，两脚之间形成跨步电压而引起的触电现象，如图 1-4 所示。

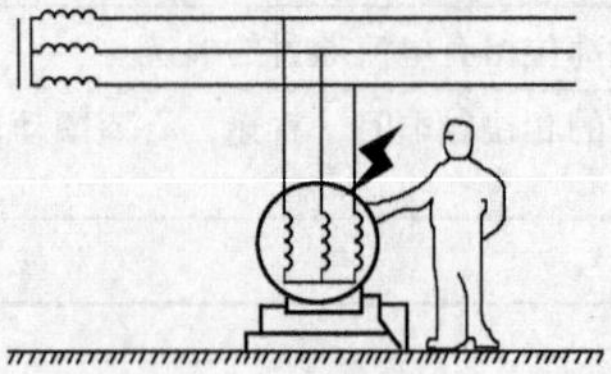

图 1-3　间接触电

图 1-4　跨步电压触电

3. 引起电火灾的原因

2004 年 4 月 8 日上午 11 时许，某住宅发生火灾，4 间新建不到两年的楼房烧成灰烬。谁是“肇事者”呢？经勘查和询问证实：该住户在建造新楼房时，为图方便，违章作业，电力线与通信线杆距离过近，电线随风摆动，与通信线杆碰擦。不到两年，电线绝缘层多处裂开脱落，露出了铜芯。裸露的电线在与通信线杆频繁的碰擦中，产生了电火花，造成了这场火灾。

电火灾就是指由于电气设备和线路故障所引起的火灾，造成电火灾的主要原因有：

（1）漏电

电气设备和线路由于风吹、雨淋、日晒、受潮、碰压、划破、磨擦、腐蚀等原因使其绝缘性能下降，导致线与线、线与外壳之间部分电流泄漏，泄漏的电流在流入大地时，若电阻较大，会产生局部高温，致使附近的可燃物着火，引起火灾。

要防止漏电，首先要在设计和安装上做文章。导线的电压绝缘强度不应低于电网线路的额定电压，绝缘子也要根据电源的不同电压选配。其次，在潮湿、高温、腐蚀场所，严禁绝缘导线明敷，应使用套管布线。多尘场所要经常打扫，防止电气设备和线路积尘。第三，要尽量避免施工中对电气设备和线路的损伤，注意导线连接质量。第四，要安装漏电保护器并经常检查电气设备或线路的绝缘情况。

（2）短路

导线选择不当、绝缘老化、安装不当等原因都可造成电路短路。发生短路时，其短路电流比正常电流大许多倍，由于电流的热效应，从而会产生大量的热量，轻则降低绝缘层的使用寿命，重则引起电火灾。除此之外，电源过电压、小动物跨接在裸线上、人为乱拉乱接线路、架空线松弛碰撞等都可造成短路。

防止因短路而造成的火灾，首先要严格按照电力规程来安装、维修。其次要选择合适的安全保护装置。当采用熔断器保护时，熔体的额定电流不应大于线路长期允许负载电流的 2.5 倍；用自动开关保护时，瞬时动作过电流脱扣器的额定电流不应大于线路长期允许负载电流的 4.5 倍。

（3）过载

不同规格的导线，允许通过的电流都有一定的范围。在实际使用中，流过导线的电流如果大大超过允许值，就会过载。过载就会产生高热，这些热量如不及时散发，就有可能使导线的绝缘层损坏，引起火灾。

产生过载的主要原因是导线截面选择不当，“小马拉大车”，即在线路中接入了过多的大功率设备，超过了配电线路的负载能力。

防止过载引起火灾的措施是采取过载保护。线路的过载保护宜采用自动开关。采用熔断器作为过载保护时，熔体的额定电流应不大于线路长期允许负载电流。采用自动开关作为过载保护时，其延时动作额定电流不应大于线路长期允许负载电流。

此外，电力设备在工作时产生的火花和电弧都会引起可燃物燃烧而导致电火灾。特别在油库、乙炔站、电镀车间以及有易燃物体的场所，一个不大的电火花都有可能引起燃烧和爆炸，造成严重的伤亡和损失。

【技能方法】

任何制度、措施都是靠人来执行的。因此，安全用电首先要强化人的意识，要在思想上十分重视，将安全用电的意识贯穿在工作的全过程。

首先，安全用电要强化以下意识：

1）只要用电就存在危险。

2）侥幸心理是事故的催化剂。

3）投向安全的每一份精力和物质永远保值。

其次，要养成安全操作的习惯，主要的安全操作习惯有：

1）人体触及任何电气装置和设备时要先断开电源。断开电源一般是指真正脱离电源系统（如拔下电源插头、断开刀开关或断开电源连接），而不仅是断开设备的电源开关。

2）测试、装接电力线路时采用单手操作。

3）触及电路的任何金属部分之前都要进行安全测试。

4）操作带电设备时，不能用手接触带电部位来判断是否有电。

5）发现电气设备有打火、冒烟或其他不正常气味、声响时，应迅速切断电源，并请专业人员进行检修。

第三，要遵守安全用电制度，落实安全用电措施。

1）要正确选用安全电压。国家标准规定安全电压额定值的等级为42V、36V、24V、12V、6V。42V电压用于危险场所使用的手持式电动工具的供电，一般干燥场所使用的安全电压为36V，在潮湿场所应选用24V或12V。

2）要合理选择导线和熔丝。导线通过电流时不能过热，导线的额定电流应大于实际工作电流。熔丝的作用是起短路和严重过载保护，熔丝的选择应符合规定的容量，不得以金属导线代替。

3）电气设备必须满足绝缘要求。通常规定固定电气设备的绝缘电阻不低于1MΩ，可移动式电气设备的绝缘电阻不低于2MΩ。有特殊要求的场所绝缘电阻更高。

4）正确使用移动式电动工具。要定期检查，使用时应戴绝缘手套，移动时应切断电源。

5）在非安全电压下作业时，应尽可能单手操作，脚最好站在绝缘物体上。在调试高压电器时，地面应铺绝缘垫，作业人员应穿绝缘鞋，戴绝缘手套。

6）高温电气设备的电源线不能用塑胶线。

7）拆除电气设备后，不应留有带电导线，如需保留，必须做好绝缘处理。

8）装配中剪掉的导线头或金属物要及时清除，不能留在机器内部，以免造成隐患。烙铁头上多余的焊锡不能乱甩。

9）所有电气设备、仪器仪表、电气装置、电动工具都应有保护接地线。

10）电气设备和电源应有专人负责，定期检查，并做好记录，发现问题及时解决。

【实践运用】

电工在工作过程中，应认真履行电工岗位职责。电工的主要岗位职责有：

1）认真贯彻执行国家有关电力的各项政策、法规、制度、标准，严格执行国家电价政策。

2）负责所辖范围内高低压设备的运行维护、定点巡视检查、资料管理和辖区内的安全用电管理工作。

3）正确执行电价政策，负责辖区内低压用户的计费抄表和电费回收工作。

4）负责辖区内低压用户用电检查，维护正常用电秩序，完成资料管理和统计报表工作。

5）按时参加各种会议和培训活动，不断提高自身的政治和业务素质，强化服务意识。

6）及时反映和汇报工作中出现的问题，提出改进工作建议。

7）定期收集用户意见，在规定时间内及时解决用户提出的合理要求和事故抢修。

8）开展安全用电的宣传工作，为用户提供优质服务。

作为电工还要认真学习并严格遵守《电业安全操作规程》，《电业安全操作规程》的部分摘要如下：

1）上岗前必须戴好规定的防护用品，一般不允许带电作业。

2）工作前认真检查所用的工具安全可靠，了解场地、环境情况，选好安全位置工作。

3）各项电气工作严格执行"装得安全、拆得彻底、经常检查、修理及时"的规定。

4）不准无故拆除电气设备上的安全保护装置。

5）设备安装或修理后，在正式送电前必须仔细检查绝缘电阻及接地装置的传动部分的防护装置，使之符合要求。

6）工作中拆除的电线要及时处理，带电的线头必须用绝缘带包好。

7）装接灯头时开关必须控制相线，临时线路敷设应先接地线，拆除时应先拆除相线。

8）高空作业时应系好安全带，梯子应有防滑措施，工具物品须装入工具袋内吊送式传递，地面上的人应戴好安全帽并离施工区 2m 以外。

9）低压带电作业时应有专人监护，使用专用工具和防护用品，人体不得同时接触两根线头，不得越过未曾采取绝缘措施的电线之间。

10）在带电的低压开关柜（箱）上工作，应采取防止相间短路及接地等安全措施。

【巩固训练】

1．判断题

1）安全用电，以防为主。

2）为了保证安全用电，应该在变压器的中性线上安装熔断器。

3）为了安全，所有电气设备都应保护接地。

4）只接触电路中的一根导线是安全的。

5）可以用手拉导线拔出插头。

6）只要站在绝缘板上，操作就是安全的。

7）在进行电气设备操作时，必须集中精力。

8）在任何条件下，36V 电压都不会对人体造成伤害。

9）发现电气设备有打火、冒烟或其他不正常气味时，应先查明原因。

10）线路的过载保护宜采用自动开关。

11）电工的职责就是负责辖区内低压用户的计费抄表和电费回收工作。

12）为了安全，绝对不允许带电作业。

2. 综合运用题

作为一名电工，如何在所辖区域内搞好安全用电工作？

1.3.2 任务二 现场急救

【引出任务】

某建筑工地，工人们正在进行水泥圈梁的浇灌。突然，搅拌机附近有人大喊：“有人触电了”。只见在搅拌机进料斗旁边的一辆铁制手推车上，趴着一个人，地上还躺着一个人。当人们把搅拌机附近的电源开关断开后，看到趴在手推车上的那个人手心和脚心穿孔出血，已经死亡，死者年仅 17 岁。躺在地上的那个人也已深度昏迷，于是，有人拨打 120，有人立即对躺在地上的那个人进行人工呼吸。经现场抢救和 120 急救，终于把他从死亡线上拉了回来。

【知识链接】

发生触电和电火灾事故，千万不要惊惶失措。只要救护及时、方法得当，可以使触电者脱险，并把损失减少到最小。

1. 触电现场急救的一般程序

1）采取可靠、简便的方法迅速使触电者脱离电源。脱离电源最有效的措施是拉闸或拔出电源插头，如果一时找不到或来不及找，可用绝缘物（如带绝缘柄的工具、木棒、塑料管等）移开或切断电源线。关键是：一要安全可靠，二要迅速。

2）及时拨打 120，联系医疗部门。

3）立即进行现场诊断和抢救。如果触电者未失去知觉，则应保持安静，继续观察，并请医生前来诊治或送医院。如果触电者心跳停止，应采用人工心脏挤压法维持血液循环，直到救护人员到达。如果触电者呼吸停止，应立即做口对口人工呼吸。如果心跳、呼吸全停，则应同时采用上述两个方法进行抢救。切勿打强心针，也不能泼冷水。

2. 电火灾现场急救的一般程序

1）采取可靠、简便的方法迅速切断电源。

2）及时拨打 119 火警电话。

3）使用 1211 灭火器、二氧化碳灭火器、干粉灭火器或黄砂来灭火。在没有确知电源已经切断的情况下，决不允许用水或普通灭火器灭火，以防止灭火人员触电。

【方法技能】

1. 脱离电源的方法

人触电以后，可能由于痉挛而紧抓住带电体，不能自行摆脱电源。如果人不能及时摆脱带电体，时间长了，将会导致严重后果，应使触电者尽快脱离电源。使触电者脱离电源的方法很多，可根据现场具体情况来选择。

(1) 脱离低压电源的方法

1）切断电源。如果电源开关或插头就在触电者附近，可立即拉开开关或拔下插头，断开电源。但应注意，拉线开关、平开关等只能控制一根线，有可能只切断了零线，而不能断开电源。如果触电者附近没有或一时找不到电源开关或插头，则可用电工绝缘钳或有干燥木柄的铁锹、斧子等切断电线，断开电源。断线时要做到一相一相切断，在切断护套线时应防止短路弧光伤人。

2）隔离电源。当电线或带电体搭落在触电者身上或被压在身下时，可用干燥的衣服、手套、绳索、木板、木棍等绝缘物品作为救助工具，挑开电线或拉开触电者，使之脱离电源。

3）与大地隔离。如果触电者紧握电源线，救护者身边又无合适的工具，则可以用干燥的木板塞到触电者身体下方，使其与大地隔离，然后再设法将电源线断开。在救护过程中，救护者应尽可能站在干燥的木板上进行操作。

(2) 脱离高压电源的方法

1）拉闸停电。对于高压触电，应立即拉闸停电救人。在高压配电室内触电，应马上拉开断路器。救护者要戴上绝缘手套，穿上绝缘靴；高压配电室外触电，则应立即通知配电室值班人员紧急停电，值班人员停电后，立即向上级报告。

2）短路法。当无法通知拉闸断电时，可以采用抛掷金属导体的方法，使线路短路，迫使保护装置动作而断开电源。抛掷金属导体前，应先将导线一端牢牢固定在铁塔或接地引线上，另一端系上重物。高空抛掷要注意防火，抛掷点尽量远离触电者。

(3) 脱离跨步电压的方法

遇到跨步电压触电时，可按上面的方法断开电源，或者救护人穿绝缘靴或单脚着地跑到触电者身旁，紧靠触电者头部或脚部，把他拖至等电位地面上（即身体躺成与触电半径垂直位置），然后就地静养或抢救。

(4) 脱离电源的注意事项

1）救护者一定要判明情况做好自身防护。在切断电源前不得与触电者裸露接触（跨步电压触电除外）。

2）在触电者脱离电源的同时，要防止二次摔伤事故，即使是在平地上也要注意触电者倒下去的方向，避免摔伤头部。

3）如果是夜间抢救，要及时解决临时照明，以免延误抢救时机。

2. 急救方法

(1) 口对口人工呼吸法

在触电现场对触电者进行口对口人工呼吸时，应先将触电者身上妨碍呼吸的衣服等解开，并把口腔中的杂物取出。如果触电者牙关紧闭，必须使其口张开，并打开从口到肺部的气道，保持呼吸道通畅。打开气道多用仰头抬颈法，如图 1-5 所示。即使触电者已经仰卧，抢救时还要将一手放在触电者前额，向后向下按压，使其头后仰，另一手托住触电者颈部向上抬。然后，对触电者进行口对口人工吹气，如图 1-6 所示。吹气时，抢救者跪在触电者的一侧，用一只手掌向后下方压他的前额，同时用拇指和食指捏紧他的鼻孔，另一只手托起他的颈。抢救者深吸一口气，紧贴触电者口部用力吹入，使其胸部扩张，吹毕立即松开鼻孔，让他胸廓及肺部自行回缩而将气体排出。如此反复进行，每分钟吹气 12 ~ 15 次，直到触电者恢复呼吸为止。

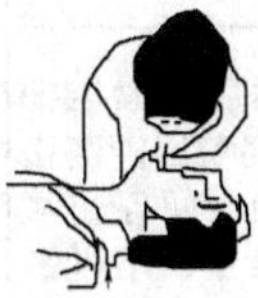
图 1-5 打开气道

图 1-6 口对口人工吹气

（2）人工胸外心脏挤压法

在触电现场对触电者进行人工胸外心脏挤压时，如图 1-7 所示，要让触电者平躺在硬板床上或地面上，抢救者跪在他的一侧。用一只手的手掌根部按在触电者胸骨的 1/3 与 1/2 交界处，即沿肋下缘摸到剑突上两指处，另一只手再平行放在前一只手背上，两只手的 10 个手指翘起来，双臂伸直，肘关节不得弯曲，身体稍向前倾，靠身体重量向下压，下压深度为 4 ~ 5cm。按压与放松时间大约相等，按压频率 80 ~ 100 次/min。放松时手掌不能离开按压部位，以防位置移动。但放松应充分，以利血液回流。

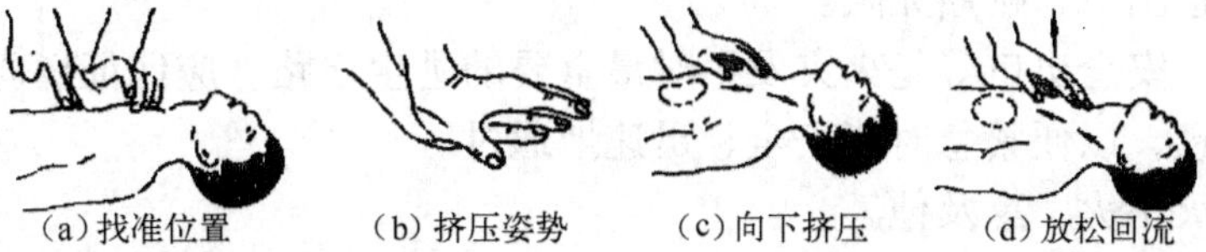
(a) 找准位置　(b) 挤压姿势　(c) 向下挤压　(d) 放松回流

图 1-7 人工胸外心脏挤压法

【实践运用】

1. 常见灭火器的用途与使用

可用于电火灾现场灭火的常见灭火器有二氧化碳灭火器、四氯化碳灭火器、1211 灭火器、干粉灭火器等，其用途与使用方法见表 1-3。

表 1-3 常见灭火器的用途与使用方法

灭火器种类	用 途	使用方法	检查方法
二氧化碳灭火器	不导电 适用于扑灭电气精密仪器、油类及 600V 以下的电器火灾	先拔去保险插销，一手拿灭火器手把，另一手紧压压把，气体即可自动喷出。不用时将压把松开，即可关闭	每 3 月测量一次重量，当减少原重 1/10 时应充气

续表

灭火器种类	用　途	使用方法	检查方法
四氯化碳灭火器	不导电 适用于扑灭电气设备火灾，但不能扑救钾、钠、镁、铝、乙炔等物质火灾	打开开关，液体就可喷出	每3个月试喷少许，压力不够时充气
干粉灭火器	不导电 适用于扑灭石油产品、油漆、有机溶剂、天然气和电气设备的初起火灾	先打开保险销，把喷管口对准火源，拉动拉环，干粉即喷出灭火	每年检查一次干粉，看其是否受潮或结冰；小钢瓶内气体压力，每半年检查一次，减少1/10时换气
1211灭火器	不导电 具有绝缘良好，灭火时不污损物件，且不留痕迹，灭火速度快特点适用于扑灭电气设备、油类、化工化纤原料火灾	先拔去安全销，然后握紧压把开关，使1211灭火剂喷出。当松开开关时，阀门关闭，便停止喷射。使用中应垂直操作，不可平放或倒置，喷嘴应对准火源，并向火源边缘左右扫射，快速向前推进	每3年检查一次，查看灭火器上的计量表或称重量，如果计量表指示在警界线或重量减轻60%需充液

2. 火场逃生要诀

第一诀：逃生预演，临危不乱。

每个人对自己工作、学习或居住所在建筑物的结构及逃生路径要做到了然于心，必要时可集中组织应急逃生预演，使大家熟悉建筑物内的消防设施及自救逃生的方法。这样，火灾发生时，就不会觉得走投无路了。

第二诀：通道出口，畅通无阻。

楼梯、通道、安全出口等是火灾发生时最重要的逃生之路，应保证畅通无阻，切不可堆放杂物或设闸上锁，以便紧急时能安全、迅速地通过。

第三诀：扑灭小火，惠及他人。

当发生电火灾时，如果发现火势并不大，且尚未对人造成很大威胁时，当周围有足够的消防器材，如1211灭火器具等，应及时切断电源，奋力将小火控制、扑灭；千万不要惊慌失措地乱叫乱窜，置小火于不顾而酿成大灾。

第四诀：保持镇静，明辨方向，迅速撤离。

突遇电火灾，面对浓烟和烈火，首先要强令自己保持镇静，迅速切断电源和判断安全地点，决定逃生的办法，尽快撤离险地。千万不要相互拥挤、乱冲乱窜。撤离时要注意，朝明亮处或外面空旷地方跑，要尽量往楼层下面跑，若通道已被烟火封阻，则应背向烟火方向离开，通过楼梯、通道或安全出口等往室外逃生。

第五诀：善用通道，莫入电梯。

按规范标准设计建造的建筑物，都会有两条以上逃生楼梯、通道或安全出口。发生火灾时，要根据情况选择进入相对较为安全的楼梯通道。在高层建筑中，电梯的供电系统在火灾时随时会断电或因热的作用而使电梯变形，人就会被困在电梯内。同时，由于电梯井犹如贯通的烟囱直通各楼层，有毒的烟雾将直接威胁被困人员的生命，因此千万不要乘普通的电梯逃生。

【巩固训练】

1. 判断题

1）触电现场急救时，应不触及触电者的身体而使之脱离电路。
2）对触电者应立即进行人工呼吸。
3）如果触电者心跳、呼吸全停，则应打强心针。
4）不能使用泡沫灭火器进行电火灾的扑灭。
5）在电火灾现场应乘电梯快速逃离。

2. 实践题

1）口对口人工呼吸法和人工胸外心脏挤压法模拟练习。
2）练习使用灭火器。
3）火场逃生预演。

1.3.3　任务三　节约用电

【引出任务】

白天，室外阳光明媚，室内灯光如炽；
大厅内，人去楼空，却依然灯火长明；
夜晚，躺在床上看电视，睡意袭来，一按摇控器更沉沉睡去；
下班了，匆匆走出办公室，忘记了给电脑关机；
夏夜，一边开着空调丝丝吹着凉气，一边盖着棉被呼呼大睡；
……

【知识链接】

节约用电是指在满足生产和生活所必需的用电条件下，通过加强用电管理，采取技术上可行、经济上合理的措施，尽可能减少不必要的电能消耗，提高电能利用率，减少供电网络的电能损耗。节约用电对发展经济、节能减排、改善环境污染有重要的意义。

1. 节约能源，改善环境

电能是由一次能源转换来的二次能源，节约用电就是减少一次能源的消耗。据统计，截至2009年年底，我国发电设备容量87 407万千瓦，其中火力发电65 205万千瓦，占总容量74.60%。每节约一度电相当于节约400g标准煤，减少排放0.272g碳粉尘、0.997g二氧化碳、0.03g二氧化硫、0.015g氮氧化物等污染物。

2. 节约投资，改善民生

节约用电可以使发电、输电、变电、配电所需的设备容量减少，相应地节省国家电能基础设施建设的投资。这就意味着国家可以用更多的钱投入其他民生工程的建设。

3. 改善管理，提高效益

生产企业节约用电，要靠加强用电的科学管理，从而会改善经营管理工作，提高企业的管理水平。同时，能够减少不必要的电能损失，为企业减少电费支出，降低成本，提高经济效益，从而使有限的电力发挥更大的社会经济效益，提高电能利用率。

4. 促进科技进步，提高生产水平

更有效的节约用电，必须依靠科学技术，在不断采用新技术、新材料、新工艺、新设备的情况下，节约用电同时必定会促进科技不断进步，促进工农业生产水平的不断发展与提高。

【技能方法】

从用电量来看，大约有70%的电能消耗在工业生产中，所以工厂是节约用电的主要途径。随着家用电器的普及，家居用电也逐年增加，在日常生活中节约用电也是必不可少的。

1. 工厂节约用电的措施

工厂节约用电包括采用有效的节电技术和加强管理两方面，具体措施有：

1）改造或更新用电设备。正在运行的设备和生产机械是电能的直接消耗对象。它们运行性能的优劣，直接影响到电能的消耗。因此，对用电设备和生产机械进行节电改造和更新，提高它们的运行效率，推广节能新产品，是工厂节约用电的重要措施。

2）改进生产工艺。采用高效率、低能耗的生产新工艺代替低效率、高能耗的落后工艺，降低产品生产过程中的电能消耗。新技术、新工艺的应用和推广不但可以提高劳动生产效率，改善产品质量，还可以降低电能的消耗。

3）加强用电管理。加强单位产品电耗定额的管理和考核，加强照明管理，节约非生产用电，积极开展电能平衡工作。

4）整改电网，减少线路损耗。

5）应用余热发电，提高余热发电机组的运行率。

2. 家庭节约用电措施

家庭节约用电主要在家用电器的选购、使用和管理上。

1）以节能为本，以够用为度。在添置或更换家用电器时，就尽量选购节能型产品。虽然节能型家用电器的价格会高一些，但从长远考虑，节省的电费会远远超过购置时的价格差。同时，要根据家庭人口和住房面积合理选择家用电器的容量和功率。

2）正确使用。家用电器使用方法不对，不但会增加电耗，还会缩短使用寿命，更有甚者会造成用电事故。因此使用前要认真阅读说明书，学会正确使用家用电器。

3）养成节约用电的良好习惯。如不要让电器长期处于待机状态、电器使用完后要拔下插头、家中没人时要切断电源等，这样，既能节约电能、节省电费，又能保证安全、避免意外事故。

【实践运用】

家庭节约用电小窍门如下：

1. 照明灯具

1）使用高效节能灯具。与普通白炽灯泡相比，节能灯的发光效率可以提高5～6倍，

节电 60% ~80%，延长使用寿命 4 ~6 倍。

2）分散安装，分组控制。在需要多盏灯具的场合，灯具要分散安装，提高每一盏灯具的光能利用率；并且由多个开关分组控制，随时关闭不必要的灯具。

3）在无须连续照明的场合，应安装具有声、光延时控制的自动开关。

4）保持灯管（泡）表面和灯罩的清洁，确保最强的光照度和反射力。

2. 电视机

1）在不影响视听的情况下，亮度不要太亮，音量也不要太大。

2）关机后遥控接收部分仍带电，且指示灯亮着，将耗部分电能，关机后一定要记住关闭电源。

3）不要频繁开关。

4）如果是传统的 CRT 显像管电视机，在摆放时应离开墙壁至少 10cm，以利散热。

3. 电冰箱

1）电冰箱摆放时四周要有适当空间，以利通风散热；还要远离热源，避免阳光直射。

2）电冰箱中食物的存放不宜过多也不要太少，以箱内容积的 80% 为宜。食物间应留有空隙，以利冷气流通。

3）尽量减少电冰箱开门次数和时间。

4）及时给电冰箱除霜，定期给压缩机、冷凝器除尘。

4. 洗衣机

1）衣物应尽量集中洗涤，减少投放次数，节电又节水。

2）衣物提前浸泡 20min，可以提高洗涤效果。

3）按衣物的种类、质地、重量合理选择功能开关。

4）洗衣机使用 3 年以上，发现洗涤无力，要更换或调整洗涤电动机皮带，使它松紧适度。

5. 空调

1）空调室外机安装时，要尽量选择背阴的地方，或者在空调器上加遮阳罩，避免阳光直接照射。室内外机组之间的连接管越短越好，连接管要做好隔热保温措施。

2）温度调节要适宜，夏天把温度设定为 26 ~28℃，既节电又舒适。

3）离开空调间前 10min 即可关空调；晚上开空调的时候，制冷 1 ~2h 就关闭，然后打开电扇吹风；睡觉时，将空调工作方式设置为睡眠状态。

4）定期清洗过滤网。

6. 电饭煲

1）饭煮熟后可以立即拔下电源插头，利用电热盘的余热保温。

2）及时清除电热盘和锅底的污垢，以免影响热能传递。

7. 微波炉

1）减少开关次数。要尽快掌握各种菜肴的烹调时间，减少观看的次数，做到一次启动烹调完毕。

2）烹调食物前，先在食物表面喷洒少许水分，可以提高微波炉的效率。

3）在食物上加层保护膜，可以防止食物水分蒸发，既好吃又节电。

8. 计算机

1）为计算机设置休眠等待时间，如果长时间离开计算机要及时关机。

2）降低显示器亮度。在做文字编辑时，将背景调暗些，节能的同时还可以保护视力、减轻眼睛的疲劳强度。当计算机在播放音乐、评书、小说等单一音频文件时，可以关闭显示器。

3）打印机、音箱等外部设备，不用时要及时关闭。

4）经常保养，注意防尘、防潮，保持环境清洁，定期清除机内灰尘。

【巩固训练】

1）节约用电有什么意义？

2）在日常生活中，你应当如何做到节约用电？

1.4 项目验收

【项目检测】

1. 判断题

1）人体电阻是非线性的，随着电压的升高，电阻值增大。（ ）

2）通常规定固定电气设备绝缘电阻不低于1MΩ。（ ）

3）在非安全电压下作业时，应尽可能单手操作。（ ）

4）高温电气设备中的电源线要用塑胶线。（ ）

5）触电现场急救首先要采取可靠、简便的方法迅速使触电者脱离电源。（ ）

6）如果触电者心跳停止，应进行人工呼吸抢救。（ ）

7）只要技术措施和管理措施得当，防护到位，直接触电是可以避免的。（ ）

8）采用熔断器保护时，熔体的额定电流不应大于线路长期允许负载电流的4.5倍。（ ）

9）灭火器要定期检查。（ ）

10）临时线路敷设应先接地线，拆除时应先拆除相线。（ ）

11）工厂节约用电包括采用有效的节电技术和加强管理两方面。（ ）

12）在较大空间需要多盏灯具时，应集中安装、统一控制。（ ）

2. 综合运用题

如果你是一名电工，你将如何搞好辖区内的安全用电工作？如果辖区内不幸发生了电火灾，你该如何组织现场抢救？

【项目评价】

请反思在本项目进程中你的收获和疑惑，写出你的体会和评价。

项目总结与评价表

内容	你的收获		你的疑惑
获得知识			
掌握方法			
习得技能			
学习体会			
学习评价	自我评价		
	同学互评		
	老师寄语		

项目二

认识电能与电路

2.1 项目情境

在滨海市职业中专度过了紧张而愉快的两个星期，甄浩雪同学对电工知识和技术越来越感兴趣，对电工这个职业也充满着好奇和憧憬。明天学校要组织电子电工专业新生参观发电厂和变电所，在发电厂和变电所甄浩雪和同学们会看到什么？学到什么呢？

2.2 项目分解

任务一：探究电能的产生和配送

知道电能产生的方式和发电厂的类型，认识电力系统的组成，能说出电力系统各部分的作用，知道我国的电压等级标准和常见电网电压。

任务二：认识电路

知道电路的组成和电路的状态，能说出电路基本物理量及欧姆定律、焦耳定律的意义，能区分电功和电功率、电压和电位、电压和电动势，会测量具体电路的相关物理量，会运用基本定律解决简单问题。

任务三：分析简单直流电路

能区分串联、并联电路，能说出串、并联电路的特点和性质，知道串、并联电路的应用，会用电流表改装伏特表和安培表。

任务四：分析复杂直流电路

能用自己的话说出基尔霍夫定律、戴维南定理、叠加原理的内容，会运用基尔霍夫定律、戴维南定理、叠加原理分析较复杂直流电路。

2.3 项目进程

2.3.1 任务一 探究电能的产生和配送

【引出任务】

课堂上，同学们正在老师的引导下制订项目方案，探究电学原理，练习电工技能。突然，停电了……

老师赶紧打电话询问原因，并要求开动学校自备的燃油发电机组。一会儿，信息反馈过来，停电原因是：学校附近的电力变压器由于天气炎热长时间超负荷运行发生故障。学校用的电是从哪里来的？电力变压器有什么作用？学校自备的发电机组又是怎么发电的？在停电的空隙，老师提出了这些问题。

【知识链接】

1. 电能的产生

电能是由其他形式的能量转换而来的，主要以火力发电、水力发电、核能发电三种方式为主。火力发电就是将燃料的化学能转换成电能，水力发电是将水的势能和动能转换为电能，核能发电是将原子核裂变的能量转换为电能。

火力发电是利用煤炭、石油燃烧后产生的热量来加热水，使之成为高温、高压蒸汽，再用蒸汽推动汽轮机旋转并带动三相交流同步发电机发电。其优点是建厂速度快，投资成本相对较低。缺点是消耗大量的燃料，发电成本较高，对环境污染较为严重。目前我国及世界上绝大多数国家仍以火力发电为主。火力发电系统如图 2-1 所示。

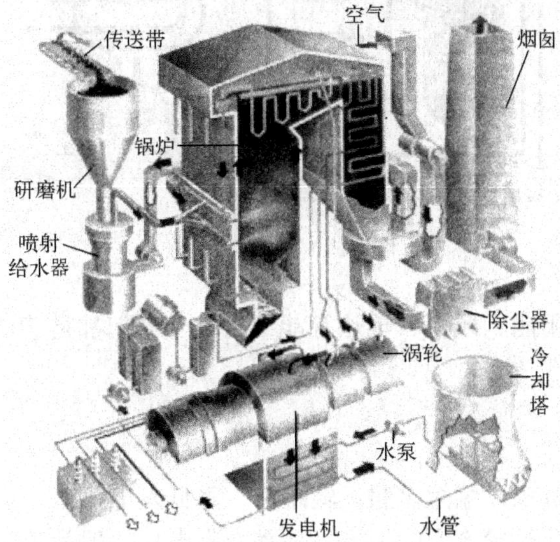

图 2-1　火力发电系统

水力发电是通过水库或筑坝截流的方式来提高水位，利用水流的落差及流量去推动水轮机旋转并带动同步发电机发电，即利用水流的势能和动能来发电。水力发电的成本低，不存在环境污染问题，并可以实现水利的综合利用。但其一次性投资大，建站时间长，而且受自然条件的影响较大。水力发电系统如图 2-2 所示。

核能发电又称原子能发电，是利用核燃料在反应堆中的裂变反应所产生的巨大能量来加热水，使之成为高温、高压蒸汽，再用蒸汽推动汽轮机旋转并带动同步发电机发电。核能发电消耗的燃料少，发电成本较低，但建站难度大、投资高、周期长。全世界目前核能发电量约占总发电量的 20%，发展核能将成为必然趋势。核能发电系统如图 2-3 所示。

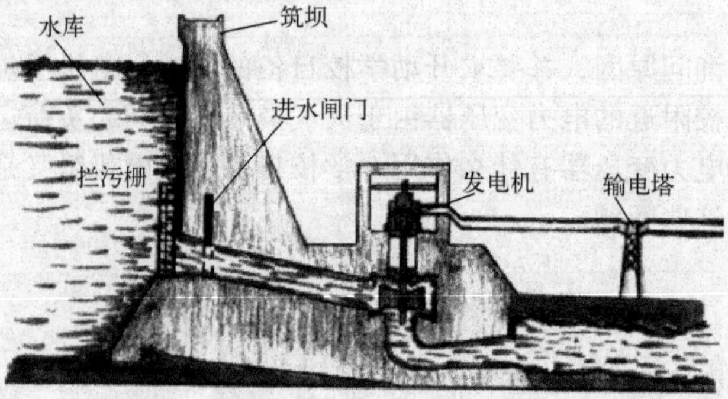

图 2-2　水力发电系统

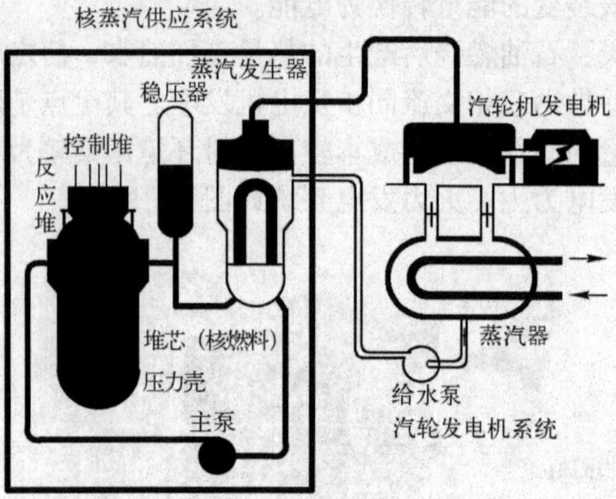

图 2-3　核能发电系统

此外，还可利用太阳能、风力、地热等能源发电，它们都是清洁能源，不污染环境，有很好的开发前景。

2. 电能的输送

为了充分利用自然资源，缩短燃料运输距离，降低发电成本，发电厂一般都建在远离城市的能源产地或水陆运输比较方便的地方，如水力发电厂一般都建在水力资源丰富而地域较为偏远的江河上。因此，发电厂发出的电能必须要用输电线路进行远距离的输送，以供给电能消费场所使用。

电能输送的方式采用高压输电，我国目前高压输电的电压等级有 110kV、220kV、330kV、500kV、750kV 等多种。由于发电机本身结构及绝缘材料的限制，不可能直接产生这样高的电压，因此在输电时首先必须通过升压变压器将电压升高。

高压电能输送到用电区后，为了保证用电安全并合乎用电设备的电压等级要求，还必须通过各级降压变电站，将电压降至合适的数值。例如，工厂输电线路，高压为 35kV 或 10kV，低压为 380V 和 220V。常见的电能输送方式如图 2-4 所示。

电力系统主要由发电厂、变电站、输配电线路和用户负载组成。

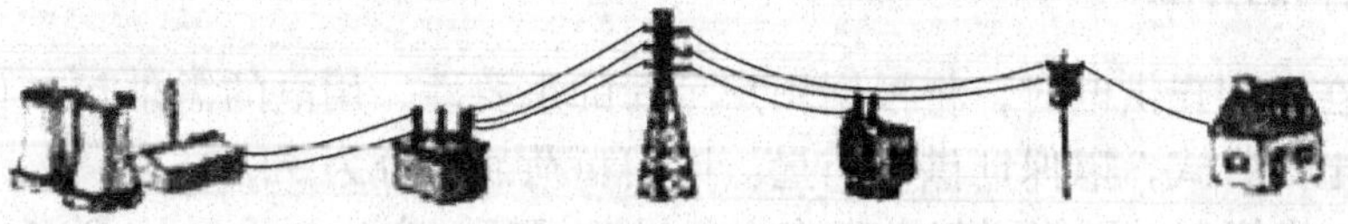

图 2-4 常见的电能输送方式

3. 电能的分配

当高压电送到目的地以后，由当地的变、配电站进行变电和配电。变电是指变换电压的等级；配电是指电力的分配。常见室内、室外配电装置如图 2-5、图 2-6 所示。

图 2-5 室内配电装置

图 2-6 室外配电装置

在配电过程中，通常把动力用电和照明用电分别配电，即把各动力配电线路和照明配电线路分开，这样可以缩小局部故障带来的影响。

【实践运用】

1. 我国的电压和电网等级

为了使电气设备生产标准化和系列化，考虑到技术上和经济上的合理性，我国国家标准中对电压等级进行划分。其中，低压等级有 0.22kV、0.38kV、0.66kV 等；高压等级有 10kV、35kV、63kV、110kV、220kV、330kV、500kV、750kV 等。

电网是连接发电厂和电力用户的中间环节，一般由不同等级的输配电线路组成，按其功能可分为输电网和配电网。输电网的任务是输送电能，输送电压等级一般在 35kV 以上，常见的有 110kV、220kV、330kV 高压输电网和 500kV、750kV 特高压输电网。配电网是将电能分配到各类用户，常见的有 10kV、220/380V 等。目前，经过调整和合并，我国形成了七个跨省电网：东北电网、华北电网、华东电网、华中电网、西北电网、川渝电网、南方互联电网（含香港电网和澳门电网）。

2. 电力负荷的分级

供电部门在向用户供电时，将根据用户负荷的重要性、用电的需求量及供电条件等诸多因素，确定供电的方式，以保证供电质量。电力负荷通常分为三级：

一级负荷：指停电时可能引起人身伤亡、设备损坏、产生严重事故或混乱的场所，如大型医院、地铁、机场、铁路运输、政府重要机关部门等。它们一般采用两个独立的电源系统供电。

二级负荷：指停电时将产生大量废品、减产或造成公共场所秩序严重混乱的部门，如炼钢厂、化工厂、大城市热闹场所等。它们一般有两路电源线进行供电。

三级负荷：指不属于上述一、二级电力负荷的用户，其供电方式为单路。

【巩固训练】

1. 判断题

1）电能是清洁的一次能源。（　　）

2）水力发电是将化学能转换为电能。（　　）

3）远距离输电要采取高压输电。（　　）

4）火力发电是目前我国主要的电能来源。（　　）

2. 综合运用题

1）电力系统一般由哪几部分组成？各部分的作用是什么？

2）请简要说一说各类发电厂的生产过程。

3）查阅资料，了解太阳能、风能等其他类型发电的过程和特点。

2.3.2 任务二 认识电路

【引出任务】

输电、配电和用电都必须由一定的电路来完成，那么，电路是由什么组成的呢？手电筒是日常生活中常用的照明工具，也是一个简单而完整的电路。麻雀虽小，五脏俱全，让我们以小见大，解剖手电筒的结构，探究电路的组成吧。

【知识链接】

1. 电路与电路图

（1）电路的组成

电流通过的路径称为电路。根据不同的需要，电路的形式是各种各样的，但一个完整的电路通常都由电源、负载、传输导线和控制电器4部分组成。如图2-7所示的就是手电筒的结构和内部电路。

电源是把其他形式的能量转变为电能的装置，常见的直流电源有干电池、蓄电池和直流发电机等。

负载又称用电器，是把电能转变为其他形式的能量的装置，如电灯、电动机、各种家用电器等。

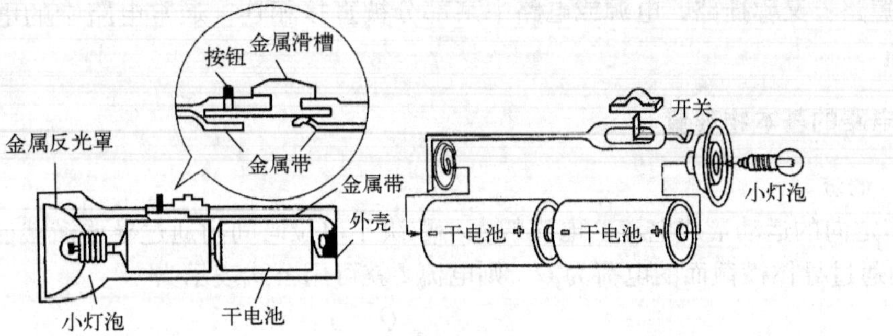

（a）手电筒的结构　　　　（b）手电筒的内部电路

图 2-7　手电筒电路

传输导线是指连接电源与负载的金属线，把电源产生的电能输送到负载。常用铜、铝等材料制成。

控制电器是指控制电路通断和电流大小的装置，如开关、继电器、接触器、变阻器等。

（2）电路图

在设计、安装或修理实际电路时，常要使用表示电路连接情况的图。为了简便和规范，通常不画实物电路，而用国家统一规定的图形符号来表示电路连接情况，这种图就称为电路图。手电筒电路如图 2-8 所示。

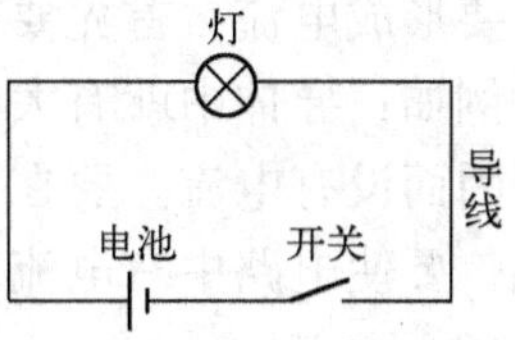

图 2-8　手电筒电路

表 2-1 所列的是常见电气元件符号。

表 2-1　常见电气元件符号

元件名称	符　　号	元件名称	符　　号
导线		电容	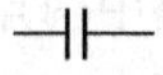
白炽灯		可调电容	
固定电阻		无铁心电感	
可调电阻		有铁心电感	
开关		相连接的交叉导线	
电池	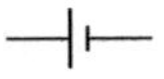	不相连接的交叉导线	
电压表	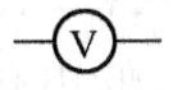	接地	 或 
电流表	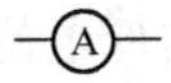	保险丝	

（3）电路的工作状态

电路通常有三种状态。

1）通路：又称闭路，电路各部分连接成闭合回路，有工作电流通过。

2）开路：又称断路，电路中某处或多处断开，电路中一般没有电流通过。

3）短路：又称捷路，电源或电路中某部分被直接相连，通常电路中的电流远超过正常工作电流。

2. 电路的基本物理量

(1) 电流

电荷定向的运动形成电流。电流的大小取决于单位时间内通过导体横截面的电荷量，若在 t 秒内通过导体横截面的电荷为 Q，则电流 I 就可用公式表示为

$$I=\frac{Q}{t} \tag{2-1}$$

式中 I——电流，单位是安培（A）；

Q——电量，单位是库仑（C）；

t——时间，单位是秒（s）。

电流的常用单位还有毫安（mA）、微安（μA）等。1A＝1000mA，1mA＝1000μA。

电流不但有大小，还有方向。习惯上规定正电荷的移动方向为电流方向。

要形成电流，首先要有能自由移动的电荷——自由电荷。但仅有自由电荷还不能形成电流，例如：导体中就有大量的自由电荷，但是它们在不断地做无规则的热运动，不是定向移动，因而没有电流。要在导体内产生持续的电流，就必须设法使导体两端保持一定的电压。因此，要使电路中有电流，必须具备两个条件：一电路是闭合的通路；二电路中存在电压。

(2) 电压

俗话说水往低处流，说的是在自然状态下，水总是从水位高的地方流向水位低的地方。与水流相类似的，电流在电源外部也总是从电位高处向电位低处流动。例如：当一段金属导体两端存在电位差时，在导体内部就会形成由高电位指向低电位的电场，金属导体中的自由电子会在电场力的作用下，由低电位向高电位移动，从而形成从高电位流向低电位的电流。

电路中两点间的电位之差叫电位差，也就是电压。电压是衡量电场做功本领的物理量。若在电路中 A、B 两点间移动电荷 Q，电场力做的功是 W_{AB}，则 A、B 两点间的电压 U_{AB} 可用公式表示为

$$U_{AB}=\frac{W_{AB}}{Q} \tag{2-2}$$

式中 U_{AB}——电压，单位是伏特（V）；

W_{AB}——电场力所做功，单位是焦耳（J）；

Q——电量，单位是库仑（C）。

电压的常用单位还有千伏（kV）和毫伏（mV）。1kV＝1000V，1V＝1000mV。

电压也有方向，我们规定电压的方向由高电位指向低电位，即电位降低的方向。因此，电压也常被称为电压降。电压的方向可以用高电位指向低电位的箭头来表示，也可以用高电位标“+”，低电位标“-”来表示，如图 2-9 所示。

由于电流和电压都有方向，而有时事先往往无法确定电路中电流（或电压）的方向，为了方便，常假设一个方向，称为参考方向。如果计算结果是正值，则电流（或电压）的真实方向与参考方向一致；如果计算结果是负值，则电流（或电压）的真实方向与参考方向相反。

图 2-9 电压方向的表示

(3) 电阻

1) 物质的分类。根据物质导电能力的强弱，一般可分为导体、绝缘体和半导体。

导体的原子核对外层电子的吸引力很小，电子较容易挣脱原子核的束缚，形成大量自由电子。一切金属都能导电，如银、铜、铝等都是很好的导电材料。

绝缘体的原子核对外层电子的吸引力很大，电子较不容易挣脱原子核的束缚而形成自由电子。绝缘体不能导电，如塑料、胶木、陶瓷、云母等。

半导体的导电性能介于导体与绝缘体之间，如硅、锗等。其具有光敏、热敏和掺杂特性，常用来制作二极管、三极管和集成电路。

2) 导体的电阻。自由电荷做定向运动形成电流时，会与导体内的其他粒子频繁碰撞，这种碰撞阻碍了自由电荷的定向运动。我们把这种阻碍自由电荷定向运动即阻碍电流的作用称为电阻。任何物体都有电阻，当电流通过时都要消耗能量，电阻是物体本身具有的属性。

电阻用英文字母 R 来表示，在国际单位制中，电阻的单位是欧姆（Ω）。电阻常用的单位还有千欧（kΩ）和兆欧（MΩ）。$1k\Omega = 1000\Omega$，$1M\Omega = 1000k\Omega$。

3. 电源电动势

电路中要有持续的电流，必须要有持续的电压。电源就是把其他形式的能量转化为电能而在电路产生和保持持续电压的装置。电源是怎样产生这种作用的呢?

图 2-10 是一个简化了的带有电源的电路示意图。

虚线框内是电源，A 是电源的正极，集聚了大量的正电荷，B 是电源的负极，集聚了大量的负电荷。R 是负载。电源外部的电路叫外电路，电源内部的电路叫内电路。

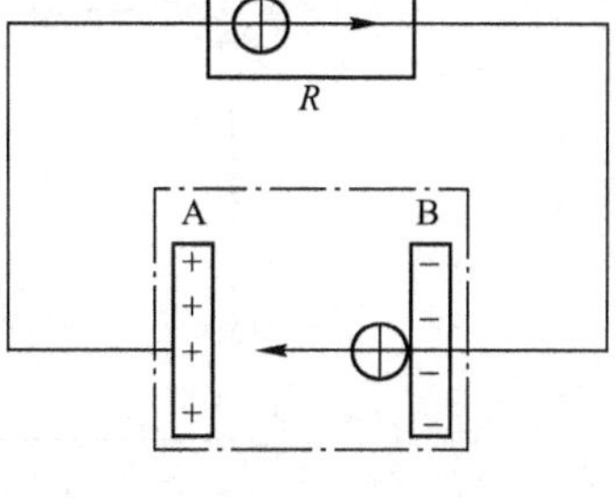

图 2-10 带有电源的电路

在外电路，电流从电源正极通过负载回到电源的负极，即在电场力的作用下，正电荷从高电位（电源的正极）向低电位（电源的负极）移动，负电荷从低电位（电源的负极）向高电位（电源的正极）移动。如果在电源的正、负极不分别补充正、负电荷，则电源两极的电荷将很快中和，电源两极不再存在电位差，电路中也不再有电流。

电源的作用就是要在内部产生一种力，把正电荷从负极送回正极，把负电荷从正极送回负极，这种力称为电源力。电源力在电源内部把正电荷从负极送回正极（或把负电荷从正极送回负极）要克服电场力做功，要消耗其他形式的能量。电动势就是衡量电源力做功本领的物理量。

在电源内部，电源力把正电荷从低电位（电源负极）移到高电位（电源正极）或把负电荷从高电位（电源正极）移到低电位（电源负极）克服电场力所做的功与被移动电荷电量的比值就是电源的电动势。用公式表示为

$$E=\frac{W}{Q} \tag{2-3}$$

式中 E——电源电动势，单位是伏特（V）；

W——电源力做的功，单位是焦耳（J）；

Q——被移动的电荷电量，单位是库仑（C）

常用干电池的电动势是1.5V，蓄电池的电动势是2V。

电源电动势的方向规定为由电源的负极（低电位）指向电源的正极（高电位），内电路的电流方向也是从电源的负极（低电位）流向电源的正极（高电位）。

4. 欧姆定律

(1) 部分电路的欧姆定律

在导体两端加上电压后，导体中才有电流，那么，在如图2-11所示的电路中，导体两端所加的电压与导体中的电流又有什么关系呢？

通过实验可以得出下述结论：导体中的电流与它两端的电压成正比，与它的电阻成反比。这就是德国科学家欧姆经过长期的研究于1826年提出的部分电路欧姆定律。部分电路欧姆定律可以用公式表示为

$$I=\frac{U}{R}(\text{或 } U=IR) \tag{2-4}$$

式中 I——导体中的电流，单位是安培（A）；

U——导体两端的电压，单位是伏特（V）；

R——导体的电阻，单位是欧姆（Ω）。

在直角坐标系中，如果以电压为横坐标，以电流为纵坐标，可以把部分电路欧姆定律用曲线表示，如图2-12所示。该曲线又称为电阻元件的伏安特性曲线。若是一条过原点的直线，说明是线性电阻。如果不是直线，则为非线性电阻。

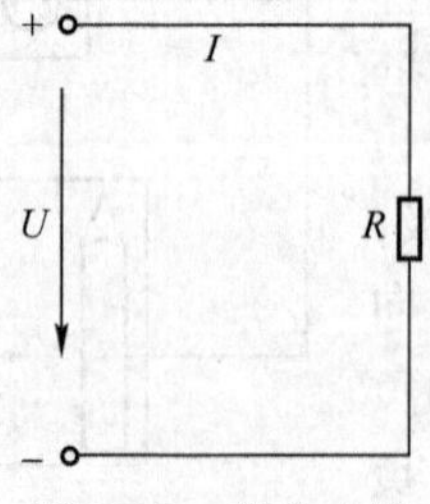

图2-11 部分电路

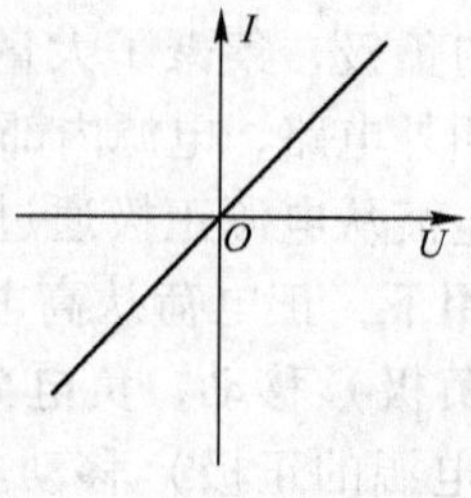

图2-12 伏安特性曲线

(2) 全电路的欧姆定律

全电路是指由电源和负载等连接成的闭合电路，如图2-13所示是最简单的闭合电路。闭合电路中的电流与电源电动势成正比，与整个电路的电阻（内电路电阻与外电路电阻之和）成反比。这就是全电路欧姆定律。

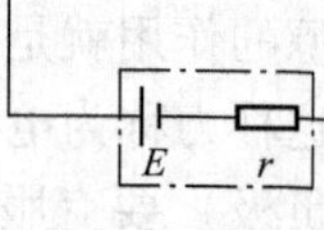

图2-13 闭合电路

用公式表示为

$$I=\frac{E}{R+r} \tag{2-5}$$

式中 I——闭合电路的电流，单位是安培（A）；

E——电源电动势，单位是伏特（V）；

R——外电路电阻，单位是欧姆（Ω）；

r——内电路电阻，单位是欧姆（Ω）。

对上述公式进行数学变换得

$$E=IR+Ir \tag{2-6}$$

令 $U=IR$，$U_0=Ir$，则 $E=U+U_0$

U 就是外电路电压，又叫路端电压，随着外电路电阻 R 的变化，路端电压 U 会怎么变化呢？当 R 增大时，I 减小，U_0 减小，则 U 增大；那么当 R 减小时呢？

5. 电功与电功率

（1）电功

电流能使电灯发光、电动机转动、电炉发热……这些都是电能转变为其他能的过程，也是电流做功的过程。当导体两端加上电压时，导体内就建立了电场。电场力在推动自由电荷定向移动时要做功。电流做功可用公式表示为

$$W=UIt \tag{2-7}$$

式中 W——电功，单位是焦耳（J）；

U——导体两端的电压，单位是伏特（V）；

I——导体中的电流，单位是安培（A）；

t——通电时间，单位是秒（s）。

在实际应用中，电功常用千瓦时（俗称度）为单位，符号是 kW·h。

$$1\text{kW}\cdot\text{h}=3.6\times10^6\text{J}=3.6\text{MJ}$$

（2）电功率

电功率是衡量电流做功快慢的物理量，就等于电流在单位时间内所做的功。可用公式表示为

$$P=\frac{W}{t} \tag{2-8}$$

式中 P——电功率，单位是瓦特（W）；

W——电功，单位是焦耳（J）；

t——电流做功的时间，单位是秒（s）。

电功率的常用单位还有千瓦（kW）和毫瓦（mW）。1kW =1000W，1W=1000mW。

（3）电气设备的额定值

为了保证电气设备和电路元件长期安全、正常运行，生产厂家都规定了电气设备使用的电压、电流、频率、消耗或输出功率等的限定数值，并标在铭牌上。如“220V，100W”等。

1）额定电压：电气设备正常工作所需的电压。

2）额定功率：电气设备在额定电压下工作所消耗的电功率。

(4) 焦耳定律

电流通过金属导体时，做定向移动的自由电子频繁地与金属正离子碰撞。在碰撞中，自由电子在电场力作用下获得的动能不断地传递给金属正离子，使金属正离子的内能增加，温度升高，这就是热效应。

电流的热效应就是电能转化为热能的过程。实验表明：电流通过导体产生的热量与电流的平方、导体的电阻和通电时间成正比。这就是英国物理学家焦耳在1840年发现的焦耳定律。用公式表示为：

$$Q = I^2 Rt \tag{2-9}$$

式中 Q——导体产生的热量，单位是焦耳（J）；

I——导体中的电流，单位是安培（A）；

R——导体的电阻，单位是欧姆（Ω）；

t——电流通过导体的时间，单位是秒（s）。

在纯电阻电路中，电能全部转化为热量，$W = Q$。

【技能方法】

1. 基本电量的测量

电气测量的常用方法有直接测量法、间接测量法和比较测量法。

直接测量法是指测量结果从一次测量的实验数据中直接得到。它可以使用度量器直接测量被测量数据的大小，也可以使用具有相应单位刻度的仪表，直接测得被测量的数值。如用电流表测量电流、用电压表测量电压。

间接测量法是指测量时只能测出与被测量有关的电量，然后经计算求得被测量。如用伏安法测量电阻。

比较测量法是将被测量与度量器在比较仪器中进行比较，从而测得被测量数值的一种方法。如用电桥测量电阻。

2. 使用电流表测量电流的方法

1）选择量程合适的电流表，选用的电流表的量程一般应为被测电流值的1.5~2倍。如果被测量电流在50A以上的，可采用电流互感器扩大量程。

2）测量时电流表应串联接入待测电路中。

3）在测量直流电流时要注意极性。直流电流表的“+”接线柱接电源正极或靠近电源正极的一端，直流电流表的“-”接线柱接电源负极或靠近电源负极的一端。

3. 使用电压表测量电压的方法

1）选择量程合适的电压表，如果被测量电压在600V以上的，可采用电压互感器扩大量程。

2）测量时电压表应并联接入待测电路中。

3）在测量直流电压时要注意极性。直流电压表的“+”接线柱接电源正极或靠近电源正极的一端，直流电压表的“-”接线柱接电源负极或靠近电源负极的一端。

4. 伏安法测电阻

把待测电阻接入电路中，用电压表测出待测电阻两端的电压，用电流表测出通过待测电阻的电流，根据部分电路欧姆定律，就可以求得电阻，这种测量方法叫做伏安法。

用伏安法测电阻时，由于电压表和电流表本身具有内阻，把它们接入电路中后，不可避免地要改变被测电路中的电压和电流，给测量结果带来误差。

用伏安法测电阻有外接法和内接法。

外接法如图 2-14（a）所示，由于电压表的分流，电流表测量出的电流值要比通过待测电阻的电流大，即 $I = I_V + I_R$，因而求出的电阻值要比真实值小。待测电阻的阻值比电压表的内阻小得越多，因电压表的分流而引起的误差就会越小，所以测量小阻值则应采用外接法。

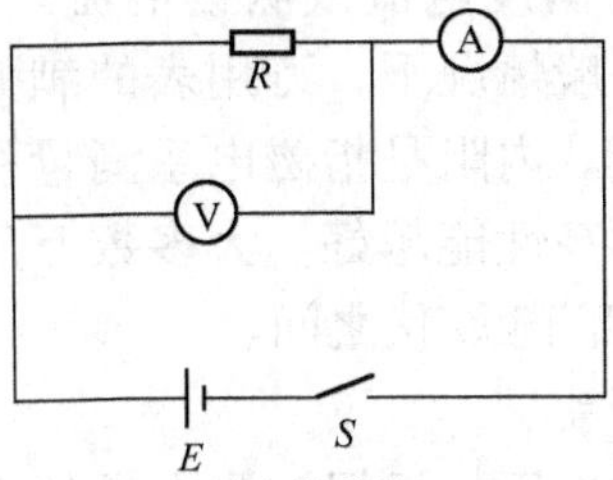

（a）外接法

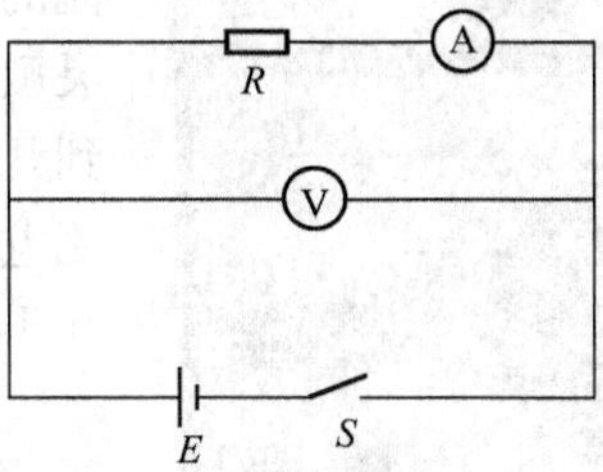

（b）内接法

图 2-14　伏安法测电阻

内接法如图 2-14（b）所示，由于电流表的分压，电压表测量出的电压值要比待测电阻两端的电压大，即 $U = U_A + U_R$，因而求出的电阻值要比真实值大，待测电阻的阻值比电流表内阻大得越多，因电流表的分压而引起的误差就会越小，所以测量大阻值时应采用内接法。

【实践运用】

1. 万用表的使用

万用表是一种多用途的电工仪表，是从事电工、电器、无线电设备生产和维修的最常用的工具。万用表的种类很多，但根据其显示方式的不同，一般可分为指针式万用表和数字式万用表。前者的主要部件是指针式电流表，测量结果由指针指示；后者主要应用了数字集成电路等器件，测量结果直接以数字显示。如图 2-15 所示是几种常见的 MF 系列指针式万用表。

大多数万用表可以测量电阻、直流电压、交流电压、直流电流、交流电流等多种参数。有的万用表还可以测量音频电平、电感、电容和某些晶体管特性。基于这些参数的测试，万用表还可以用来间接检查各种电子元器件的好坏，检测和调试几乎所有的电子设备。它使用灵活、携带方便、用途广泛，尤其是随着数字集成电路技术的发展而出现的数字万用表，功能更强、精度更高，使用更加方便。

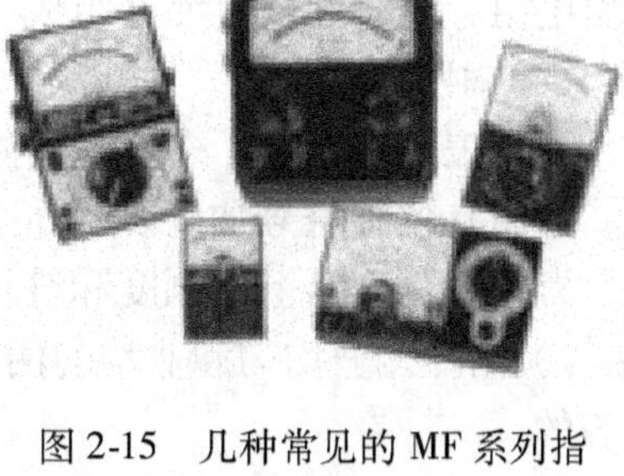

图 2-15　几种常见的 MF 系列指针式万用表

2. 万用表的基本结构

万用表主要由测量机构（俗称表头）、测量线路、转换开关和刻度盘四部分构成。MF40型指针式万用表如图 2-16 所示。

图 2-16　MF40 型指针式万用表

（1）表头

万用表的表头通常采用灵敏度高、准确度好的磁电系测量机构。它是万用表的核心部件，其作用是指示被测电量的大小。万用表性能的好坏很大程度上取决于表头的性能。灵敏度和内阻是表头的两项重要的技术指标。灵敏度是指表头的指针达到满刻度时通过的直流电流的数值，称为满度电流或满偏电流。满偏电流越小，灵敏度越高，一般情况下，万用表的满偏电流在几微安到几百微安之间。内阻是指磁电系测量机构中线圈的直流电阻，阻值越高性能越好。大多数万用表表头内阻在几千欧/伏到一百千欧/伏之间。

（2）转换开关

转换开关的作用是根据被测电量的不同通过转换挡位来选择电量及其量程。它是由多个固定触点和活动触点构成的多刀多掷开关，各刀之间是联动的。转换开关旋钮周围有各种符号，它们的作用和含义分别是：

“Ω”表示电阻档，以欧姆为单位。“×”表示倍率，“k”表示 1000，“×k”表示表盘上 Ω 刻度线读数要乘以 1000。

“DCV”表示直流电压挡，以伏特为单位。各分档上的数值就是量程。

“ACV”表示交流电压挡，以伏特为单位。各分档上的数值与 DCV 挡相同。

“DCmA”和“A”表示直流电流档，分别以微安和毫安为单位，各分挡上的数值也表示量程。

（3）测量线路

万用表之所以能用一只表头测量多种电量且具有多挡量程，就是因为有测量线路进行转换。测量线路就是把被测的不同电量转换成适合表头指示的同一种直流电流。如将被测的大电流通过测量线路的分流电路使得测量时通过表头的为其允许通过的小电流。测量线路是万用表的中心环节，包括了多量程电流表、多量程电压表和多量程欧姆表等几种转换电路，主要由电阻、电容和整流元件组成。

（4）刻度盘

万用表是多电量、多量程的测量仪表，为了读数方便，万用表的刻度盘中印有多条刻度线，并附有各种符号加以说明。

万用表刻度盘上的刻度和符号有如下的特点：

1）刻度线分均匀和非均匀两种。其中电流和电压的刻度线是均匀的，欧姆刻度线是非均匀的。

2）不同电量用符号和文字加以区别。如直流量用“－”或“DC”表示，交流量用

“~”或“AC”表示，欧姆刻度线用“Ω”表示等。

3）为了便于读数，部分刻度线上有多组数字。

4）多数刻度线上没有单位，以便在选择不同量程时使用。

3. 指针式万用表的基本使用方法

（1）插孔的选择

万用表的插孔用来接插表笔，红色表笔的插头应接到标有“+”符号的插孔中，黑色表笔的插头应接到标有“-”或“*”符号的插孔中。红、黑表笔的区分是根据万用表内部电路来决定的，在测量直流电流或电压时，应使电流从红表笔流入，由黑表笔流出。这样，万用表才能正确指示出被测电量的数值。否则不仅不能测量，还很可能毁坏万用表。因此，在使用时一定要把红、黑表笔插入相应的插孔中。

在很多万用表中，除红黑表笔的插孔外，还有一些其他的辅助插孔。这些插孔因万用表的不同而有所差异，如MF386型万用表，还有“1500V”和“DC2.5”插孔。“1500V”插孔是用来测量直流电压的，当被测电压在500~1500V之间时，将红色表笔插入该插孔中，黑色表笔插入标“*”符号的插孔，同时把万用表的转换开关置于直流电压500V挡上。“DC2.5”插孔只在测量0.25~2.5A之间的直流电流时使用，使用时将万用表红色表笔插入该插孔中，黑色表笔插入标“*”符号的插孔，同时把万用表的转换开关置于直流电流任何量程挡上即可。

（2）电量和量程的选择

万用表是一个多电量、多量程的测量仪表，在测量前应先根据被测电量及其大概数值选择相应的电量和量程。如测量220V交流电时，转换开关置于交流电压挡，并选择量程250V或500V。不同万用表在选择电量和量程时有两种方法，一种是同时选择，即一个转换开关在选择量程的同时，还能选择电量；另一种是分别选择，即使用两个转换开关，一个用来选择被测电量的种类，另一个用来选择量程。

在选择万用表量程时，一般要使指针指示在满刻度的1/2或2/3左右的位置。这样便于读数，读出的结果也比较准确。如果不知道被测电量的范围，可先选择最大的量程，若指针偏转很小，再逐步减小量程。

（3）数值的读取

一般在万用表的表盘上有多条刻度线，它们分别在测量不同电量时使用，读数时应在相应的刻度线上去读。如标有“DC”或“-”的刻度线可用来读取直流量、标有“AC”或“~”的刻度线可用来读取交流量。在读数时，眼睛应位于指针的正上方，对于有反射镜的万用表，应使指针和镜像中的指针相重合，这样可以减小读数误差，提高读数准确性。在测量电流和电压时，还要根据所选择的量程，先确定刻度线每一小格所代表的值，再确定最终的读数。

4. 使用指针式万用表的注意事项

1）在使用万用表测量电量之前应先进行“机械调零”。即在测量前观察表头指针是否处于零位，若不在零位，则应调整表头下方的机械调零旋钮，使其归零。

2）在使用万用表测量电量时，不能用手接触表笔的金属部分。这样一方面可以保证测量结果的准确度，另一方面可以保证测量人员的人身安全。

3）不能在测量的同时换挡，尤其是在测量高电压或大电流时，更要注意。否则，会毁坏万用表。如需换挡，应先断开表笔，换挡后再测量。

4）应在干燥、无震动、无强磁场的环境下使用万用表，测量时必须水平放置，以免造成误差。

5）万用表使用完毕，应将转换开关置于交流电压的最大挡。如长期不使用，还应将万用表内的电池取出，以免电池电解液腐蚀影响表内其他器件。

5. 指针式万用表的具体使用

（1）使用万用表测量直流电压的方法和注意事项

直流电压的测量方法和注意事项与测量交流电压基本相同。只是在测量前必须注意表笔的正、负极性，将红表笔接触被测电路或元器件的高电位，黑表笔接触被测电路或元器件的低电位。若表笔接反了，表头指针会反向偏转且容易撞弯指针。

如果事先不知道被测点电位的高低，应先选择较大量程，然后可将任意一支表笔先接触被测电路或元器件的任意一端，另一支表笔轻轻地试触一下另一被测端。若指针向右偏转，说明表笔正、负极性接法正确，若指针向左偏转，说明表笔正、负极性接法错误，交换表笔即可。这就是“点触法”。

（2）使用万用表测量直流电流的方法和注意事项

1）万用表必须串联在被测电路中。测量时，要先断开电路串入万用表。如果误接成并联，容易造成短路，导致电路和万用表被烧毁。

2）必须注意表笔的正、负极性，使电流从红表笔流进万用表，由黑表笔流出。若不能判断被测电路电流的方向，可参照“使用万用表测量直流电压的方法和注意事项”中的方法进行判断。

【巩固训练】

1. 填空题

1）电路就是________通过的路径，由________、________、________、________四部分组成。

2）导体中带电粒子的________形成电流，电流的大小是指单位________内通过导体横截面的________。

3）电压的方向规定由______端指向______端，即电位____的方向。

4）电源电动势是衡量非静电力（电源力）把单位正电荷从电源________极，经过电源内部移到电源________极所做的功的大小的物理量。

5）在电路电压一定的情况下，电路电阻越小，电路中的电流越________。

6）电源电动势 $E=4.5\text{V}$，内阻 $r=0.5\Omega$，负载电阻 $R=4\Omega$，则电路中的电流 $I=$ ________，路端电压 $U=$ ________。

7）指针式万用表主要由________、________、________和________四部分组成。

8）一般情况下，指针式万用表表头的满刻度电流只有________到________。

9）在万用表使用之前要先进行________。

10）万用表使用完毕，应将转换开关置于________，如果长时间不用还应将万用表________。

2. 选择题

1）下列设备中，一定是电源的是（　　）。

A. 发电机　　B. 电冰箱　　C. 蓄电池　　D. 电灯

2）一电阻两端加15V电压时，通过的电流强度是3A，若电阻两端加18V的电压，通过电阻的电流是（　　）。

A. 1A　　B. 3A　　C. 3.6A　　D. 5A

3）灯泡A为“6V　12W”，灯泡B为“9V　12W”，灯泡C为“12V　12W”，它们都在额定电压下工作，以下说法正确的是（　　）。

A. 3个灯泡亮度相同　　B. 3个灯泡电阻相同

C. 3个灯泡电流相同　　D. 灯泡C最亮

4）有一台直流发电机，其端电压 $U=230\text{V}$，内阻 $r=0.6\Omega$，输出的电流 $I=5\text{A}$，则该发电机的电动势是（　　）。

A. 227V　　B. 230V　　C. 233V　　D. 240V

3. 综合运用题

1）某家庭有100W的电冰箱一台，平均每天运行10h；150W的彩电一台，平均每天工作3h；90W的洗衣机一台，平均每天运行1h；照明及其他电器共250W，平均每天工作3h，试估算一个月（按30天计）这家庭消耗的电能。

2）据新闻报道：著名的长江三峡水电是利用超高压、小电流输电的。输送到重庆市时每度电的价格大约是0.28元，输送到浙江省时每度电的价格要升到0.38元。问：(1) 为什么要采用超高压、小电流输电？(2) 为什么输送到重庆市和浙江省的电价不一样？

4. 实践题

实验设计：测量小灯泡的电功率。画出实验电路图，列出实验器材，写出实验步骤。

2.3.3　任务三　分析简单直流电路

【引出任务】

有一只内阻为3kΩ，量程是100μA的电流表，能否测量15V的电压？

【知识链接】

1. 电阻串联电路

把几个电阻依次连接起来，组成中间无分支的电路，叫做电阻串联电路。如图2-17所示就是3个电阻组成的串联电路。

电阻串联电路有如下两个基本特点：

1）串联电路的电流处处相等，即

$$I=I_1=I_2=I_3=\cdots=I_n \tag{2-10}$$

2）串联电路的总电压等于各电阻上分电压之和，即

$$U=U_1+U_2+U_3+\cdots+U_n \tag{2-11}$$

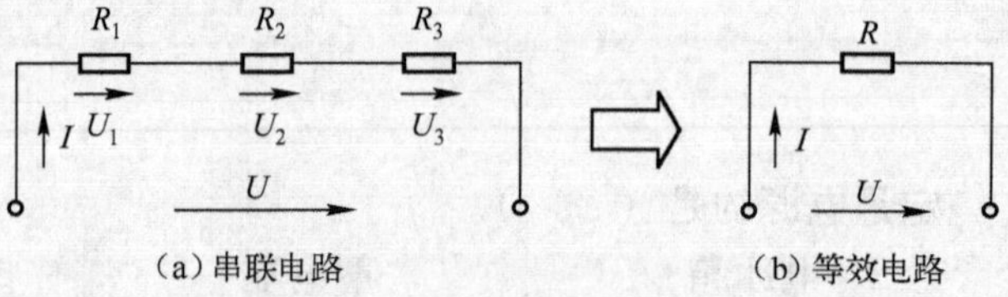

图 2-17　电阻串联电路

由这两个基本特点可推导出电阻串联电路的基本性质：

1）串联电路的总电阻等于各分电阻之和。

$$R = R_1 + R_2 + R_3 + \cdots + R_n \tag{2-12}$$

在电路分析时可以用一个阻值等于总电阻的等效电阻代替电阻串联电路，它们具有相同的电压、电流关系。

2）串联电路中各电阻两端的电压与它的阻值成正比，即

$$\frac{U_1}{R_1} = \frac{U_2}{R_2} = \frac{U_3}{R_3} = \cdots = \frac{U_n}{R_n} = I \tag{2-13}$$

如果是两个电阻串联，它们的分压公式为

$$U_1 = \frac{R_1}{R_1 + R_2}U \quad U_2 = \frac{R_2}{R_1 + R_2}U$$

3）串联电路中各电阻消耗的功率与各电阻的阻值成正比，即

$$\frac{P_1}{R_1} = \frac{P_2}{R_2} = \frac{P_3}{R_3} = \cdots = \frac{P_n}{R_n} = I^2 \tag{2-14}$$

2. 电阻并联电路

把几个电阻并接在电路的两点之间，使每个电阻两端承受同一电压的电路叫做电阻并联电路。如图 2-18 所示就是 3 个电阻组成的并联电路。

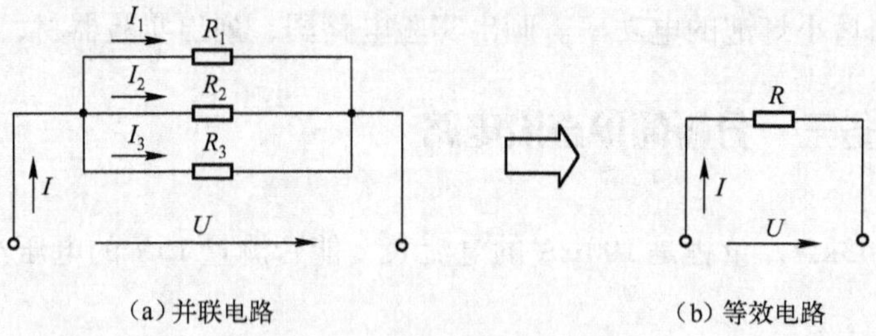

图 2-18　电阻并联电路

电阻并联电路有如下两个基本特点：

1）并联电路每个电阻两端的电压相等，即

$$U = U_1 = U_2 = U_3 = \cdots = U_n \tag{2-15}$$

2）并联电路的总电流等于通过各电阻的分电流之和，即

$$I = I_1 + I_2 + I_3 + \cdots + I_n \tag{2-16}$$

由这两个基本特点可推导出电阻并联电路的基本性质：

1）并联电路总电阻的倒数等于各分电阻的倒数之和，即

$$\frac{1}{R}=\frac{1}{R_1}+\frac{1}{R_2}+\frac{1}{R_3}+\cdots+\frac{1}{R_n} \tag{2-17}$$

在电路分析时也可以用一个阻值等于总电阻的等效电阻代替电阻并联电路，它们具有相同的电压、电流关系。

2）并联电路中通过各个电阻的电流与电阻的阻值成反比，即

$$I_1R_1=I_2R_2=I_3R_3=\cdots=I_nR_n=U \tag{2-18}$$

如果是两个电阻并联，它们的分流公式为

$$I_1=\frac{R_2}{R_1+R_2}I \qquad I_2=\frac{R_1}{R_1+R_2}I \tag{2-19}$$

3）并联电路中各电阻消耗的功率与各电阻的阻值成反比，即

$$P_1R_1=P_2R_2=P_3R_3=\cdots=P_nR_n=U^2 \tag{2-20}$$

【技能方法】

(1) 把一只内阻为3kΩ，量程是100μA 的电流表，改装为量程是15V 的伏特表。

这只内阻 $R_g=3\text{k}\Omega=3\times10^3\Omega$，量程 $I_g=100\mu\text{A}=10^{-4}\text{A}$ 的电流表，所能测量的最大电压 $U_g=I_gR_g=10^{-4}\times3\times10^3\text{V}=0.3\text{V}$，要使它能测量最大为15V 的电压 U，必须要串联一个电阻 R，分去绝大部分的电压 U_R，如图2-19 所示。

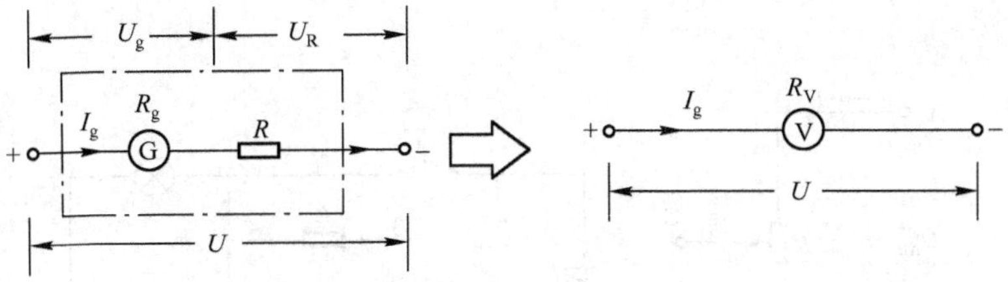

图2-19　电流表改装成伏特表

由串联电路的基本特点知道：$U_R=U-U_g=15-0.3=14.7\text{V}$。那么，电路串联的电阻 R 应该取多大呢?

由串联电路的性质知道：$\frac{U_g}{R_g}=\frac{U_R}{R}$，则

$$R=\frac{U_RR_g}{U_g}=\frac{14.7\times3\times10^3}{0.3}=1.47\times10^5\Omega=147\text{k}\Omega$$

既然可以把电流表改装为量程为15V 的伏特表，用同样的方法也可以把它改装为任意量程或多量程的伏特表。

(2) 把一只内阻为3kΩ，量程是100μA 的电流表，改装为量程是1A 的安培表。

由于这只电流表的量程是100μA，即最大只能测量100μA 的电流，要使它能测量最大为1A 的电流，必须并联一个电阻 R，分去绝大部分的电流 I_R，如图2-20 所示。

由并联电路的特点知道：$I_R=I-I_g=1-10^{-4}=0.9999\text{A}$，那么，电路串联的电阻 R 应该取多大呢?

由并联电路的性质知道：$I_RR=I_gR_g$，则

$$R=\frac{I_gR_g}{I_R}=\frac{10^{-4}\times3\times10^3}{0.9999}\approx0.3\Omega$$

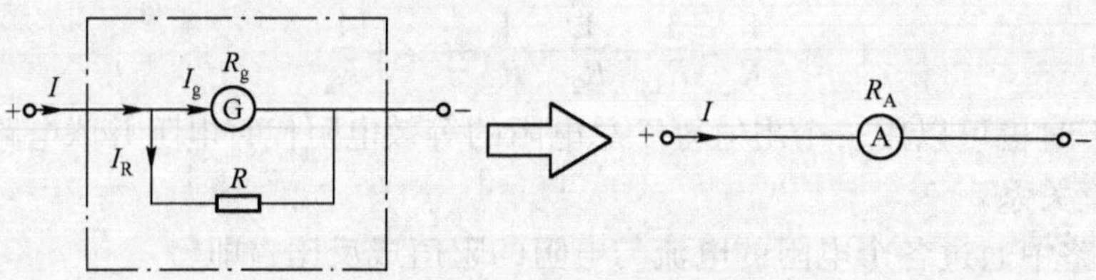

图 2-20　电流表改装成安培表

同理，电流表也可以改装为任意量程或多量程的安培表。

【实践运用】

电阻串、并联电路的应用

电阻串、并联电路在实际中应用非常广泛。可以利用串联电阻来分压，如用几个电阻串联构成分压器，使同一电源能提供不同的电压。除了可以用串联电阻的办法扩大电压表的量程，还可以利用串联电阻来限流，如电动机串联电阻降压启动、二极管串联电阻限流等。

额定电压相同的用电器几乎都是采用并联的，这样既可以保证每个用电器都能在额定电压下正常工作，又能在对其中一个用电器操作时不影响其他用电器的正常工作，还可以利用电阻并联电路的分流作用。

如图 2-21 所示的电阻串、并联的应用电路，其中（a）是常见的分压器电路，（b）是灯泡调光电路。

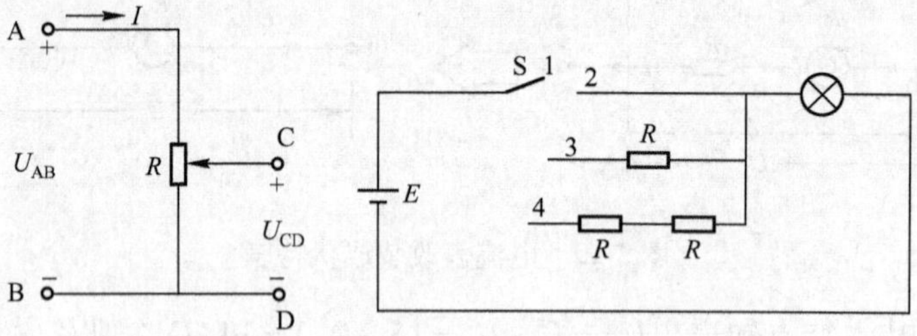

（a）分压器电路　　（b）灯泡调光电路

图 2-21　电阻串、并联的应用电路

【巩固训练】

1. 填空题

1）电阻串联时，因为________相同，每个电阻消耗的功率与电阻值成________比。

2）把 3 只电阻值都是 10Ω 的电阻做不同的连接，可能得到的等效电阻值有________、________、________和________。

3）有 R_1、R_2 两个电阻，把它们并联后的等效电阻是 4Ω，若 $R_1=2R_2$，则 $R_1=$________ $R_2=$________。

4）已知 $R_1=5\Omega$、$R_2=10\Omega$，把它们串联后接在 15V 的电源上，R_2 上消耗的功率是________。

2. 选择题

1）甲灯泡上标着“110V　40W”、乙灯泡上标着“110V　100W”，把它们串联在照明电路上，则（　　）。

A. 甲灯泡正常发光，乙灯泡不能发光

B. 甲灯泡不能发光，乙灯泡正常发光

C. 甲、乙灯泡都能正常发光

D. 甲、乙灯泡都不能正常发光

2）如图 2-22 所示的电路，当变阻器的滑动触点向右滑动时，各仪表的读数的变化情况是（　　）。

A. A 的读数增大，V 的读数增大

B. A 的读数增大，V 的读数减小

C. A 的读数减小，V 的读数增大

D. A 的读数减小，V 的读数减小

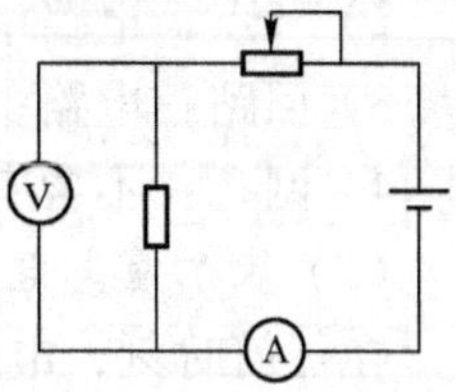

图 2-22

3）要使 3 只标着“110V 40W”的灯泡接在照明电路中都能正常发光，它们应该（　　）。

A. 全部串联

B. 两只并联后与另一只串联

C. 两只串联后与一只并联

D. 每只灯泡串联合适电阻后再并联

4）标着“100Ω 4W”和“100Ω 25W”的两个电阻器串联时，允许加的最大电压是（　　）。

A. 40V　　B. 50V　　C. 70V　　D. 140V

3. 综合运用题

1）有一电流表，内阻是 3kΩ，满刻度电流是 50μA，要把它改装成量程为 10V 的电压表，应如何改装？如果要改装成 10mA 的电流表又应怎么改装？

2）额定功率分别是 100W、60W、40W，额定电压都是 110V 的灯泡，如何连接在照明电路上，使它们能正常发光。画出电路图并说明理由。

2.3.4 任务四　分析复杂直流电路

【引出任务】

比较图 2-23 所示的两个电路的不同之处，如果已知 $E=18\text{V}$、$E_1=28\text{V}$，$R_1=1\Omega$、$R_2=2\Omega$、$R_3=10\Omega$，求通过 R_3的电流，你该怎么解题？

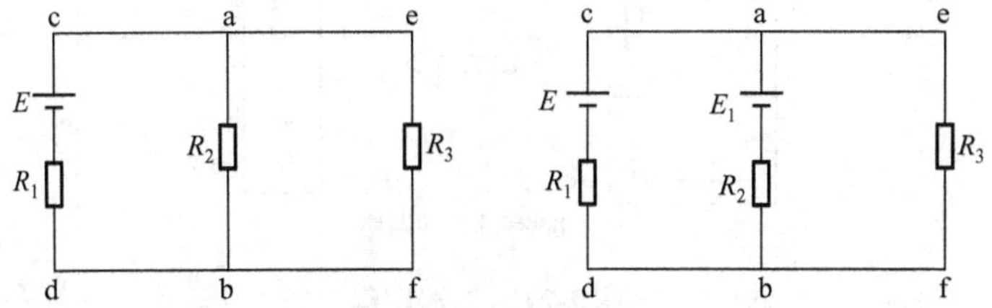

图 2-23

【知识链接】

1. 基尔霍夫定律

（1）几个概念

1）支路：电路中由一个或几个元件首尾相接构成的无分支电路。

2）节点：电路中3条或3条以上支路的连接点。

3）回路：电路中任一闭合的路径。

4）网孔：不含有分支的闭合回路。

（2）基尔霍夫电流定律

在任何时刻，电路中流入任一节点中的电流之和，恒等于从该节点流出的电流之和，即

$$\sum I_{流入}=\sum I_{流出} \tag{2-21}$$

或者表述为：在任何时刻，电路中任一节点上的各支路电流代数和恒等于零，即

$$\sum I=0 \tag{2-22}$$

（3）基尔霍夫电压定律

在任何时刻，沿着电路中的任一回路绕行方向，回路中各段电压的代数和恒等于零，即

$$\sum U=0 \tag{2-23}$$

对于电阻电路来说，任何时刻，在任一闭合回路中，各段电阻上的电压降代数和等于各电源电动势的代数和，即

$$\sum RI=\sum E \tag{2-24}$$

2. 戴维南定理

（1）几个概念

1）二端网络：具有两个引出端与外电路相连的网络，又叫做一端口网络。

2）无源二端网络：内部不含有电源的二端网络如图2-24（a）所示。

3）有源二端网络：内部含有电源的二端网络如图2-24（b）所示。

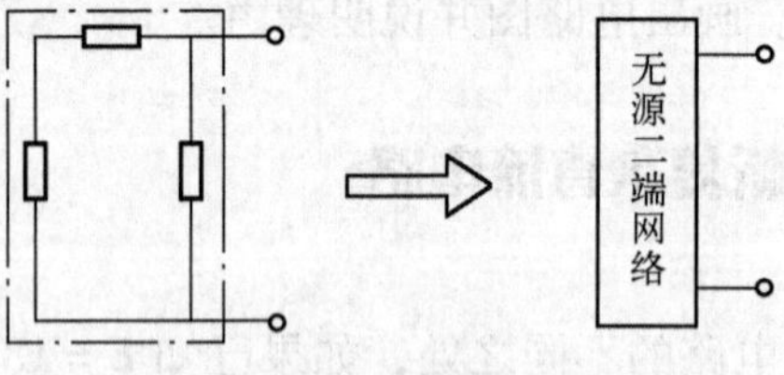

（a）无源二端网络

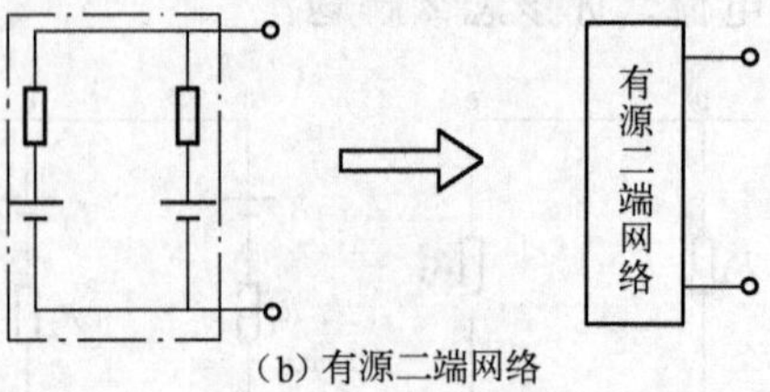

（b）有源二端网络

图2-24　二端网络

(2) 戴维南定理内容

任何一个线性有源二端网络，对外电路来说，总可以用一个等效电压源 E_0 与一个电阻 r_0 相串联的模型来替代。这个等效电压源的电动势 E_0 等于该二端网络的开路电压，等效电压源的内阻 r_0 等于该二端网络中所有电源不作用时（电压源不作用时视为短路、电流源不作用时视为开路）的等效电阻。

3. 叠加原理

在多个电源同时作用的线性电路中，任何支路的电流或两点间的电压，等于各电源单独作用时所产生的电流或电压的代数和。如图 2-25 所示的电路中，$I_1 = I_1' - I_1''$，$I_2 = -I_2' + I_2''$，$I_3 = I_3' + I_3''$。

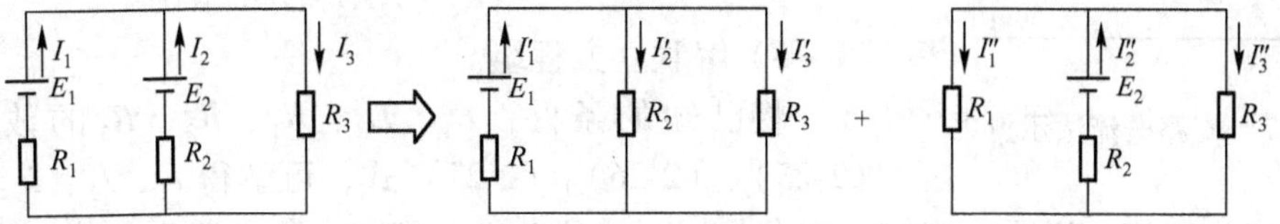

图 2-25　叠加原理示意

【技能方法】

1. 支路电流法

(1) 支路电流法

以各支路电流为未知量，应用基尔霍夫定律列出节点电流方程和回路电压方程，解出各支路电流，从而可确定各支路（或各元件）的电压及功率，这种解决电路问题的方法叫做支路电流法。对于具有 b 条支路、n 个节点的电路，可列出（$n-1$）个独立的电流方程和 $b-$（$n-1$）个独立的电压方程。

下面以图 2-26 为例说明支路电流法的解题步骤。

1）首先应确定复杂电路中共有几条支路、几个节点。

一个具有 n 个节点，m 条支路（$m>n$）的复杂电路，需列出 m 个方程式来联立求解。由于 n 个节点只能列出 $n-1$ 个独立电流方程，这样还缺 $m-(n-1)$个方程式，可由基尔霍夫电压定律列出电压方程来补足。

2）任意标出各支路电流的参考方向（1 条支路上只有 1 个电流）和网孔回路的绕行方向。

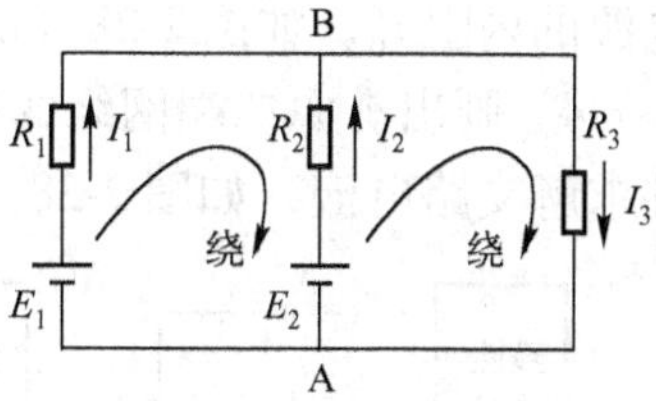

图 2-26　支路电流法示意一

3）根据基尔霍夫电流定律（$\sum I=0$）列独立的节点电流方程。

如果电路有 2 个节点，则只能列出 1 个独立的方程式。如果电路有 n 个节点，则只能列出（$n-1$）个独立的方程式。对于图中的节点 B，其电流为

$$I_1 + I_2 - I_3 = 0 \qquad (2\text{-}25)$$

4）根据基尔霍夫第二定律（$\sum U=0$）列出回路电压方程。

图 2-26 中共有 3 个未知电流，但只能列出 1 个独立的节点电流方程式，还要再列出 2

个独立的回路电压方程式，电路才能求解。为保证回路的独立，每次所取的回路须含有 1 个新支路（即其他方程式中没有利用过的支路），则此回路电压方程式就是独立的，因此我们一般选择网孔来列方程。

在列回路电压方程式时，可先标出各元件电阻两端电压的正、负极极性，如图 2-27 所示。在使用公式 $\sum U=0$ 时，各段电压的正、负号是这样规定的：如果在绕行过程中从元件的正极点到负极点，此项电压便是正的；反之从元件的负极点绕到正极点，此项电压则是负的（简言之，“先遇正得正，先遇负得负”）。

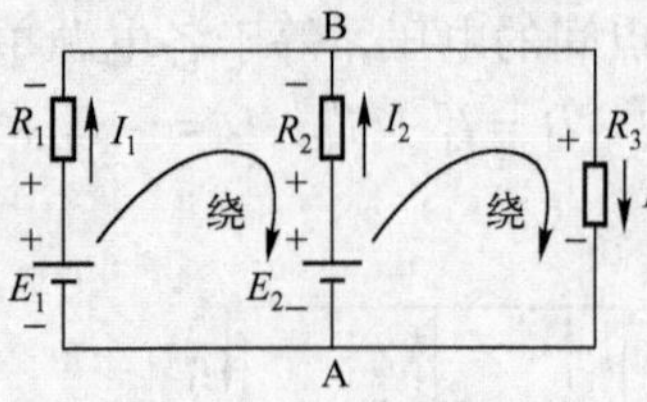

图 2-27　支路电流法示意二

例如图 2-27 中的两个网孔，沿图示绕行方向，根据 $\sum U=0$，得

$$-E_1+I_1R_1-I_2R_2+E_2=0 \quad (2\text{-}26)$$

$$-E_2+I_2R_2+I_3R_3=0 \quad (2\text{-}27)$$

5）解联立方程组。

将已知的条件：E_1、E_2、R_1、R_2、R_3 的数据都代入（2-25）、（2-26）、（2-27）式，可解得 I_1、I_2、I_3。

若电流为正值，说明电流实际方向与标明的参考方向相同；若电流为负值，说明电流的实际方向与标明的参考方向相反。

（2）利用 $\sum RI=\sum E$ 列回路电压方程的原则

1）标出各支路电流的参考方向并选择回路绕行方向（既可沿着顺时针方向绕行，也可沿着反时针方向绕行）。

2）电阻元件的端电压为 $\pm RI$，当电流 I 的参考方向与回路绕行方向一致时，选取“+”号；反之，选取“-”号。

3）电源电动势为 $\pm E$，当电源电动势的标定方向与回路绕行方向一致时，选取“+”号，反之应选取“-”号。

2. 运用戴维南定理解题的步骤

1）将电路分为待求支路和有源二端网络两部分，如图 2-28（a）所示。

2）断开待求支路，求出有源二端网络的开路电压，即为等效电源的电动势 E_0，如图 2-28（b）所示。

3）将网络内各电源置零，仅保留电源内阻，求出无源二端网络的输入电阻，即为等效电源的内阻 r_0，如图 2-28（c）所示。

4）画出有源二端网络的等效电路，和待求支路连接，形成等效简化电路，根据已知条件求解支路电流，如图 2-28（d）所示。

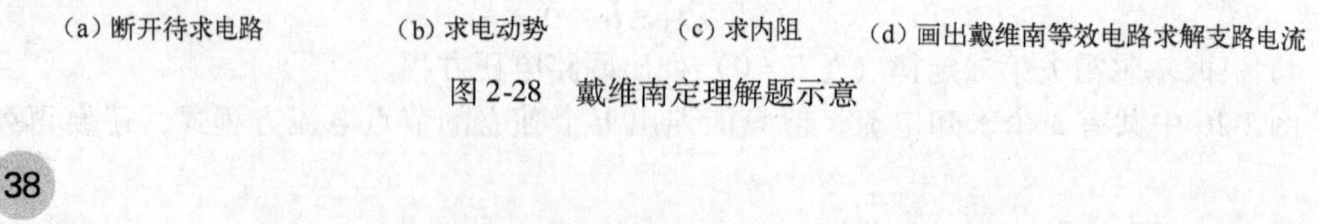

图 2-28　戴维南定理解题示意

应用戴维南定理解题时，应当注意：

1）等效电源电动势 E_0 的方向与有源二端网络开路时的端电压极性一致。

2）等效电源只对外电路等效，对内电路不等效。

【实践运用】

1．基尔霍夫电流定律的推广应用

基尔霍夫电流定律可以推广到电路中任意一个假定的封闭面 S，S 称为广义的节点。如图 2-29（a）中由 3 个电阻围成的三角形电路，图 2-29（b）中的三极管等都是广义节点。因此，就有 $I_1 - I_2 + I_3 = 0$；$I_b + I_c - I_e = 0$。

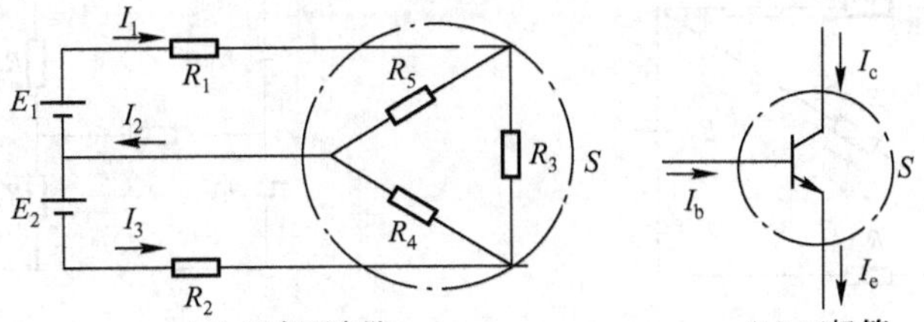

（a）三角形电路　　（b）三极管

图 2-29　广义节点

在实际中，不管电路如何复杂，都是通过两条导线与电源连接的，如图 2-30 所示。这两条导线中的电流必然相等，若将一条导线切断，则另一条导线中电流一定为零。

2．基尔霍夫电压定律的推广应用

基尔霍夫电压定律不仅适用于电路中的具体回路，也可以推广应用于电路中不闭合的假想回路，如图 2-31 所示，则有 $I_1R_1 - E_1 + E_2 + I_3R_3 + U_{ab} = 0$。

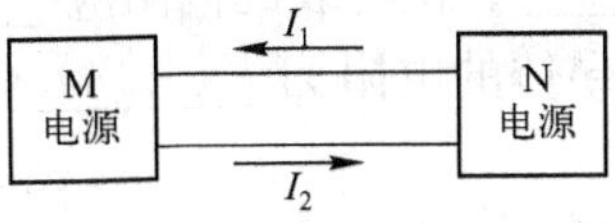

图 2-30　基尔霍夫电流定律的实际应用

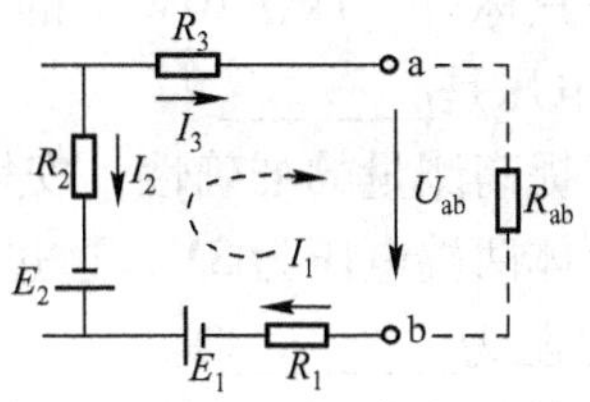

图 2-31　基尔霍夫电压定律的推广

【巩固训练】

1．填空题

1）基尔霍夫电流定律指出：在任一时刻，通过电路任一节点的________为零，其数学表达式是________。

2）任何线性有源二端网络，对外电路而言可以用一个电源代替，等效电源的电动势等于________________________________，等效电源的内阻等于________________________。

3）实验测得某有源二端网络的开路电压为 6V，短路电流为 2A，当外接负载电阻为 3Ω 时，其端电压是______。

4）叠加原理只适用于________电路，只能用来计算________和________，不能计算________。

2. 计算题

1）如图 2-32 所示的电路中，已知 $E_1=8V$，$E_2=4V$，$R_1=R_2=R_3=2\Omega$，求电阻 R_3 上消耗的电功率。

2）如图 2-33 所示的电路中，$E_1=E_2=E_3=5V$，$R_1=8.7\Omega$，$R_2=16.5\Omega$，$R_3=R_4=5.8\Omega$，求通过电阻 R_4 的电流。

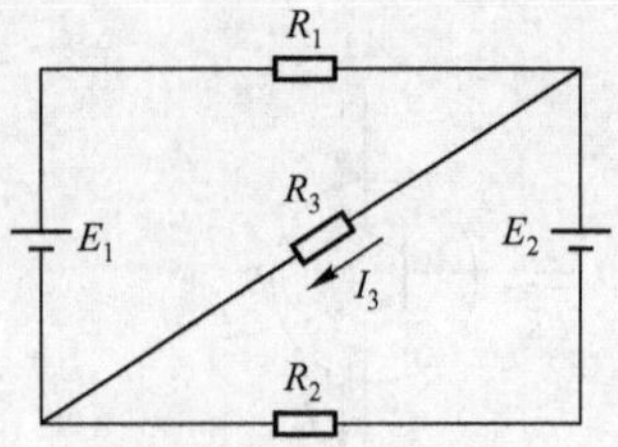

图 2-32

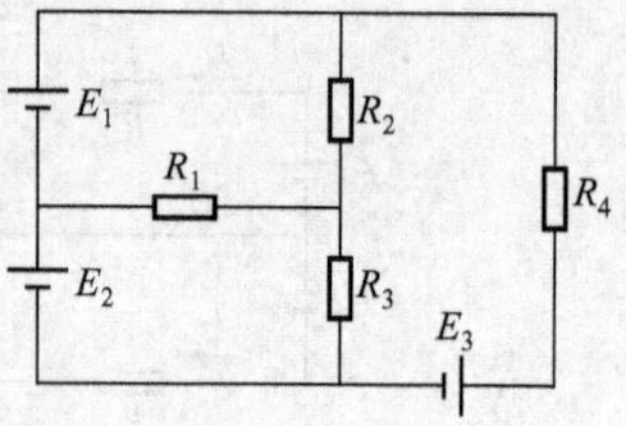

图 2-33

2.4 项目验收

【项目检测】

1. 填空题

1）有一只标有“1kΩ 10W”的电阻，允许通过的最大电流是________A，允许加在它两端的最大电压是________V。

2）为了提高测量的准确性，安培表的内阻应________，伏特表的内阻应________。

3）某导体两端电压为3V，通过的电流是0.5A，导体的电阻为________Ω，当电压改为6V时，电阻为________Ω。

4）灯A的额定电压为220V，功率为100W，灯B的额定电压为220V，功率为25W。将它们串联后接在220V的电压下，灯A的端电压是________V，灯B的端电压是________V，灯B消耗的功率是灯A的________倍。

5）两只电阻串联时阻值为10Ω，并联时阻值是1.6Ω，则两只电阻的阻值分别是____Ω和________Ω。

6）基尔霍夫电压定律指出：对电路中任一个闭合回路，________的代数和等于______的代数和，其数学表达式为________。

7）用戴维南定理计算有源二端网络时，等效电源只对________等效。

2. 选择题

1）“12V　6W”的灯泡，接入6V电路中，通过灯丝的实际电流是（　　）。

A. 0.25A　　B. 0.5A　　C. 1A　　D. 2A

2）我们通常说的负载大是指（　　）。

A. 电压大　　B. 电阻大　　C. 电流大　　D. 电能大

3）某一电路中，当负载电阻增大到原来的2倍时，电流变为原来的3/5，则该电路原来内外电阻之比为（　　）。

A. 3：5　　B. 1：2　　C. 5：3　　D. 2：1

4）将内阻为1 kΩ，量程为1V的电压表改成能测量100V的电压表，需在表头电路中串联电阻的阻值为（　　）。

A. 99Ω　　B. 99kΩ　　C. 100Ω　　D. 100kΩ

5）我国目前电能最大的来源是（　　）。

A. 水力发电　　B. 火力发电　　C. 核能发电　　D. 太阳能发电

3. 计算题

1）如图2-34所示的电路中，AB间的电压为12V，通过R_1的电流是1.5A，$R_1=6\Omega$，$R_2=3\Omega$，求R_3。

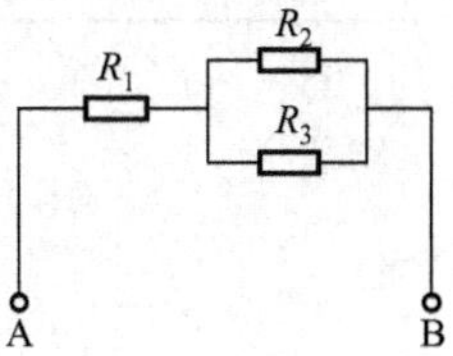

图2-34

2）如图2-35所示的电路中，已知$E_1=10V$，$E_2=20V$，$R_1=4\Omega$，$R_2=2\Omega$，$R_3=8\Omega$，$R_4=6\Omega$，$R_5=6\Omega$，求通过R_4的电流。

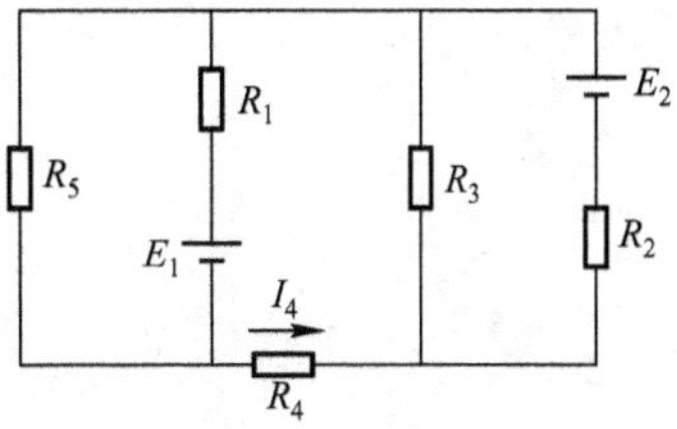

图2-35

4. 实践题

在楼梯处安装1只电灯，由楼上、楼下两个开关控制。人上楼时，拨动楼下的开关灯亮，上楼后拨动楼上的开关灯灭。下楼时，拨动楼上的开关灯亮，下楼后拨动楼下的开关灯灭。设计电路并画出电路图。

【项目评价】

请反思在本项目进程中你的收获和疑惑、写出你的体会和评价。

项目总结与评价表

内　容		你的收获	你的疑惑
获得知识			
掌握方法			
习得技能			
学习体会			
学习评价	自我评价		
	同学互评		
	老师寄语		

项目三

常用电路元件的识别与检测

3.1 项目情境

小甄同学在学校学习已有一个多月了，掌握了电路的基础知识，但从未见过组成电路的元器件，很想见见它们的庐山真面目。今天是周末，小甄就和几个同学来到了电子元器件市场……

3.2 项目分解

任务一：电阻器的识别与检测

知道电阻器的符号、作用、分类，熟悉电阻器的型号、命名方法和主要参数，能查阅元器件手册了解电阻器相关信息，掌握电阻定律；能识别电阻器并使用万用表进行简单检测。

任务二：电容器的识别与检测

知道电容器的功能、特性、分类和符号，熟悉电容器的型号、命名方法和主要参数，能说出平行板电容器电容的决定因素，能进行电容器串、并联的简单计算；能查阅元器件手册了解电容器相关信息，会识别电容器并使用万用表进行简单检测。

任务三：电感器和变压器的识别与检测

了解磁场的基本知识和基本物理量，知道电磁感应及生产的条件，能运用楞次定律判断感应电流的方向、运用电磁感应定律进行简单的计算；知道电感器的特性、图形符号、分类、命名方法和主要参数等知识；知道变压器的符号、作用、分类、型号、命名方法、主要参数、结构及工作原理；能查阅元器件手册了解电感器、变压器的相关信息，会识别电感器和变压器并使用万用表进行简单检测。

3.3 项目进程

3.3.1 任务一 电阻器的识别与检测

【引出任务】

我们都知道道路有宽有窄，狭窄的道路容易路阻，而宽阔的道路就会畅通无阻。同样，对于电路，是不是也有相同的道理呢？

【知识链接】

电阻器通常简称为“电阻”，它是电气、电子设备中使用率最多的基本元件之一。

1. 电阻器的符号及作用

电阻器的文字符号为“R”，图形符号如图 3-1 所示。如果电路图中有多个电阻器，则用“R”加数字来区分它们，如 R_1、R_2、R_3 等。它主要用于控制和调节电路中的电流和电压（限流、分流、降压、分压、偏置等），或者用作消耗电能的负载。电阻没有极性，在电路中它的两根引脚可以交换连接。

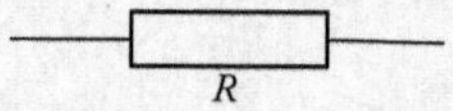

图 3-1　电阻器的图形符号

2. 电阻器的分类

电阻器可分为碳膜电阻器、金属膜电阻器、有机实芯电阻器、线绕电阻器、固定抽头电阻器、可变电阻器、滑线式变阻器和片状电阻器等，如图 3-2 所示。在业余电子制作中一般常用碳膜或金属膜电阻器。碳膜电阻器具有稳定性较高、高频特性好、负温度系数小、脉冲负荷稳定及成本低廉等特点，应用广泛。金属膜电阻器具有稳定性高、温度系数小、耐热性能好、噪声很小、工作频率范围宽及体积小等特点，应用也很广泛。

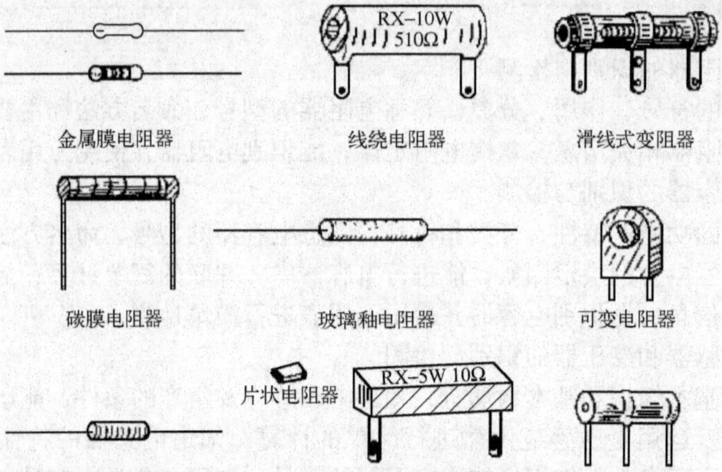

图 3-2　几种常用电阻器外形

按电阻的使用场合不同可分为：精密电阻器、大功率电阻器、高频电阻器、高压电阻器、热敏电阻器、光敏电阻器、熔断电阻器等。

按其阻值是否可以调整又可以分为固定电阻器和可变电阻器两种。

3. 电阻器的型号及命名方法

电阻器的型号命名由四部分组成，如图 3-3 所示。第一部分用字母“R”表示电阻器的主称，第二部分用字母表示构成电阻器的材料，第三部分用数字或字母表示电阻器的分类，第四部分用数字表示序号。电阻器型号的意义见表 3-1。例如：型号为 RT11，表示这是普通碳膜电阻器。型号为 RJ71，表示这是精密金属膜电阻器。

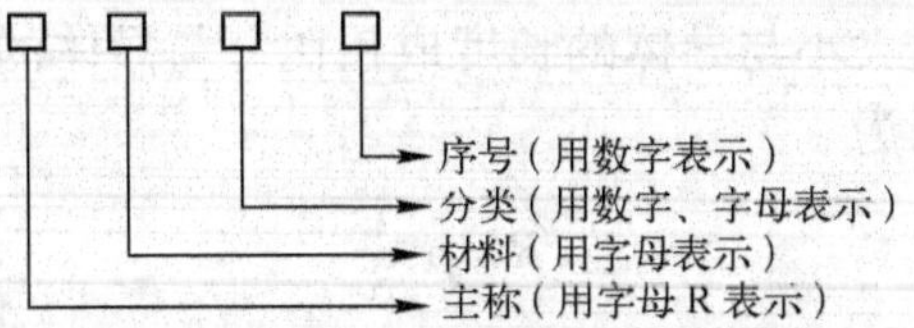

图 3-3　电阻器的型号命名

表 3-1　电阻器的型号命名方法

第一部分		第二部分		第三部分		第四部分
用字母表示主称		用字母表示材料		用数字或字母表示分类		用数字表示序号
符号	意义	符号	意义	符号	意义	
R	电阻器	T	碳膜	1	普通	
		P	硼碳膜	2	普通	
		U	硅碳膜	3	超高频	
		H	合成膜	4	高阻	
		I	玻璃釉膜	5	高温	
		J	金属膜	7	精密	
		Y	氧化膜	8	高压	
		S	有机实芯	9	特殊	
		N	无机实芯	G	高功率	
		X	绕线	X	小型	
		C	沉积膜	L	测量用	
		G	光敏	D	多圈	

4. 电阻器的主要参数

电阻器的主要参数有电阻值和额定功率。

（1）电阻值

电阻值简称阻值，基本单位是欧姆，简称欧（Ω）。常用单位还有千欧（kΩ）和兆欧（MΩ）。它们之间的换算关系是：1kΩ = 1000Ω，1MΩ = 1000kΩ。

（2）额定功率

额定功率是电阻器的另一主要参数，常用电阻器的功率有 1/8W、1/4W、1/2W、1W、2W 及 5W 等，其符号如图 3-4 所示。使用中应选用额定功率等于或大于电路要求的电阻器。电路图中不作标注的表示该电阻器工作中消耗功率很小，可不必考虑。例如：大部分业余电子制作中对电阻器功率都没有要求，这时可选用 1/8W 或 1/4W 的电阻器。

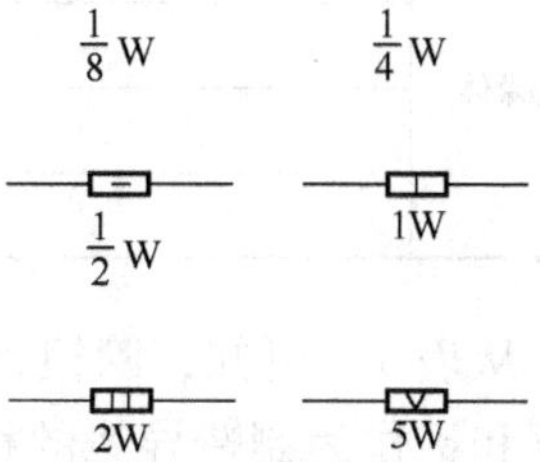

图 3-4　电阻器额定功率的符号表示

5. 电阻定律

导体的电阻不仅和导体的材料种类有关，而且还和导体的尺寸有关。实验证明，同一材

料结构均匀的导体，其电阻大小与导体的长度成正比，与导体的横截面积成反比，这个规律叫做电阻定律。用公式表示为

$$R=\rho\frac{l}{S} \tag{3-1}$$

式中 R——导体的电阻，单位是欧姆（Ω）；

l——导体的长度，单位是米（m）；

S——导体的截面积，单位是平方米（m^2）；

ρ——导体的电阻率，其大小决定于导体材料的性质及所处条件（如温度等），单位是欧·米（Ω·m）。

电阻率的大小反映材料导电性能的好坏。电阻率越小导电性能越好，电阻率越大导电性能越差。一般地，根据电阻率的大小把物质分为导体、绝缘体、半导体。

1）$\rho<10^{-6}\Omega\cdot m$ 的物体叫做导体。导体容易导电。

2）$\rho>10^{5}\Omega\cdot m$ 的物体叫做绝缘体。绝缘体很难导电。

3）导电性能介于导体和绝缘体之间的物体叫做半导体。

导体、绝缘体、半导体在电工、电器、电子设备中都有广泛的应用。表3-2列出几种材料在20°C时的电阻率。

表3-2　几种材料在20℃时的电阻率

材料名称			电阻率（20℃） ρ/（Ω·m）	电阻温度系数 α/（1/℃）
导体	纯金属	银（Ag）	1.6×10^{-8}	3.6×10^{-3}
		铜（Cu）	1.7×10^{-8}	4.1×10^{-3}
		铝（Al）	2.8×10^{-8}	4.2×10^{-3}
		钨（W）	5.5×10^{-8}	4.4×10^{-3}
	合金	锰铜（84% Cu，12% Mn，4% Ni）	$\approx44\times10^{-8}$	$\approx0.6\times10^{-5}$
		康铜（58.5% Cu，40% Ni，1.2% Mn）	$\approx48\times10^{-8}$	$\approx0.5\times10^{-5}$
半导体		碳（C）	3.5×10^{-5}	-0.5×10^{-3}
		锗（Ge）	0.6	-4.8×10^{-3}
		硅（Si）	2300	-7.5×10^{-3}
绝缘体		石英	7.5×10^{17}	—
		玻璃	$10^{10}\sim10^{14}$	—
		木材	$10^{8}\sim10^{11}$	—
		聚四氟乙烯	10^{13}	—

从表3-2可知，除银以外，铜的电阻率最小，导电性能最好，铝次之。目前，我国主要以铜和铝作为制造导线的材料。电阻率较高的镍铬合金能承受较高温度，可用来制造各种电热器的电阻丝、金属膜电阻和线绕电阻。碳则可以用来制造电机的电刷、电弧炉的电极和碳膜电阻等。

实际电路中常常需要各种不同的电阻值，因而人们制成了许多类型的电阻器。电阻值不能改变的电阻器称为定值电阻（也称为线性电阻），电阻值可以改变的称为可变电阻。常用

的可变电阻有滑动变阻器、转柄电阻器、电阻箱、电位器、热敏电阻和光敏电阻等。

6. 超导现象

1911年，荷兰科学家昂内斯（Ones）用液氦冷却汞，当温度下降到4.2K（约-269℃）时，水银的电阻完全消失，这种现象称为超导电性，此温度称为临界温度。根据临界温度的不同，超导材料可以被分为：高温超导材料和低温超导材料。但这里所说的“高温”，其实仍然是远低于冰点摄氏0℃的，对一般人来说算是极低的温度。1933年，迈斯纳和奥克森菲尔德两位科学家发现，如果把超导体放在磁场中冷却，则在材料电阻消失的同时，磁感应线将从超导体中排出，不能通过超导体，这种现象称为抗磁性。经过科学家们的努力，超导材料的磁电障碍已被跨越，下一个难关是突破温度障碍，即寻求高温超导材料。

自从荷兰科学家昂内斯于1911年首次发现超导现象以来，科学家们对低温超导体和高温超导体的研究已取得了辉煌的成就。超导体主要有两个基本特性：①零电阻性或完全导电性；②完全抗磁性。因此，它在科研、生产的各个领域都有着广泛的应用。总体来说可分为两大类：一类是用于强电，用超导体制成大尺度的超导器件，如超导磁铁、电机、电缆等，用于发电、输电、贮能和交通运输等方面。另一类是用于弱电，用超导体制成小尺度的器件，如超导量子干涉器件（简称SQVID）和制成计算机的逻辑元件，用于精密仪器仪表、计算机等方面。

【技能方法】

1. 电阻器的识别

电阻器上阻值和允许误差的标示方法有3种：

（1）直接标志法

将电阻器的阻值和误差等级直接用数字印在电阻器上。对小于1000Ω的阻值只标出数值，不标单位；对kΩ、MΩ只标注k、M。精度等级标Ⅰ或Ⅱ级，Ⅲ级不标明。常用电阻器的允许误差等级如表3-3所示。

表3-3　常用电阻器的允许误差等级

允许误差	±0.5%	±1%	±5%	±10%	±20%
等级	005	01	Ⅰ	Ⅱ	Ⅲ
文字符号	D	F	J	K	M

（2）文字符号法

将需要标志的主要参数与技术指标用文字和数字符号有规律的标志在产品表面上。如欧姆用Ω；千欧用k；兆欧（$10^6\Omega$）用M；吉欧（$10^9\Omega$）用G；太欧（$10^{12}\Omega$）用T。

例如，0.68Ω电阻的文字符号标志为：Ω68；8.2千欧姆、误差为±10%的电阻的文字符号标志为：8k2Ⅱ；3.3×10^{12}欧姆的电阻可标志为：3T3等，如图3-5所示。

（3）色环标志法

对体积很小的电阻和一些合成电阻器，其阻值和误差常用色环来标注，如图3-6所示。色环标志法有4环和5环两种。4环电阻的一端有4道色环，第1道环和第2道环分别表示电阻的第 1 位和第 2 位有效数字，第 3 道环表示 10 的乘方数（10^n，n 为颜色所表示的数字），第 4 道环表示允许误差（若无第四道色环，则误差 为 ±20%）。色环电阻的单位一律为Ω。色环一般采用黑、棕、红、橙、黄、绿、蓝、紫、灰、白、金及银 12 种颜色，表3-4 列出了色环电阻所表示的有效数字和允许误差。

图 3-5 直标法和文字符号法

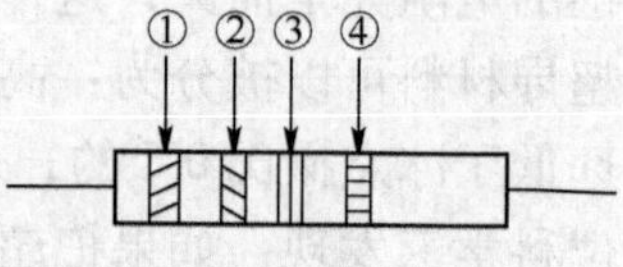

图 3-6 色环标志法

表 3-4 色环颜色所表示的有效数字和允许误差

色 别	银	金	黑	棕	红	橙	黄	绿	蓝	紫	灰	白	无色
有效数字	—	—	0	1	2	3	4	5	6	7	8	9	—
乘方数	10^{-2}	10^{-1}	10^0	10^1	10^2	10^3	10^4	10^5	10^6	10^7	10^8	10^9	—
允许误差	±10%	±5%	—	±1%	±2%	—	—	±0.5%	±0.2%	±0.1%	—	—	±20%
误差代码	K	J	—	F	G	—	—	D	C	B	—	—	M

例如：某电阻有 4 道色环，分别为黄、紫、红、金，则其色环的意义为：

①环：黄色 ②环：紫色 ③环：红色 ④环：金色

↓ ↓ ↓ ↓

4 7 10^2 ±5%

其阻值为：4700Ω ±5%。

例如：某电阻器的 4 道色环依次为“黄、紫、橙、银”，则其阻值为 47kΩ，误差为 ±10%。某电阻器的 5 道色环依次为“红、黄、黑、橙、金”，则其阻值为 240kΩ，误差为 ±5%。

精密电阻器一般用 5 道色环标注，它用前 3 道色环表示 3 位有效数字，第 4 道色环表示 10^n（n 为颜色所代表的数字），第 5 道色环表示阻值的允许误差。

如某电阻的 5 道色环为：橙橙红红棕，则其阻值为：$332\times10^2\pm1\%$ Ω。

在色环电阻器的识别中，找出第 1 道色环是很重要的，可用下法识别：

在 4 环标志中，第 4 道色环一般是金色或银色，由此可推出第 1 道色环。

在 5 环标志中，第 1 道色环与电阻的引脚距离最短，由此可识别出第 1 道色环。

采用色环标志的电阻器，颜色醒目，标志清晰，不易褪色，从不同的角度都能看清阻值和允许偏差。目前在国际上都广泛采用色标法。

2. 电阻器的检测

当电阻的参数标志因某种原因脱落或欲知道其精确阻值时，就需要用仪器对电阻的阻值进行测量。对于常用的碳膜、金属膜电阻器以及线绕电阻器的阻值，可用普通指针式万用表的电阻挡直接测量。在具体测量时应注意以下几点：

（1）合理选择量程

先将万用表功能选择置于“Ω”挡，由于指针式万用电表的电阻挡刻度线是一条非均匀的刻度线，因此必须选择合适的量程，使被测电阻的指示值尽可能位于刻度线的 0 刻度到全程 2/3 的这一段位置上，这样可提高测量的精度。

一般测量 100Ω 以下电阻器可选“R×1”挡，100Ω～1kΩ 电阻器可选“R×10”挡，1～10kΩ电阻器可选“R×100”挡，10～100kΩ 电阻器可选“R×1k”挡，100kΩ 以上电阻器可选“R×10k”挡。

（2）注意调零

所谓“调零”就是将电表的两只表笔短接，调节“调零”旋钮使表针指向表盘上的“0Ω”位置上，如图 3-7 所示。“调零”是测量电阻器之前必不可少的步骤，而且每换一次量程都必须重新调零一次。顺便指出，若“调零”旋钮已调到极限位置，但指针仍回不到“0Ω”位置，说明电表内部的电池电压已不足了，应更换新电池后再进行调零和测量。

（3）读数要准确

在观测被测电阻的阻值读数时，两眼应位于电表指针的正上方（万用表应水平放置），同时注意双手不能同时接触被测电阻的两根引线，以免人体电阻的存在影响测量的准确性，如图 3-8 所示。表头的读数乘以挡位，就是所测电阻的电阻值。

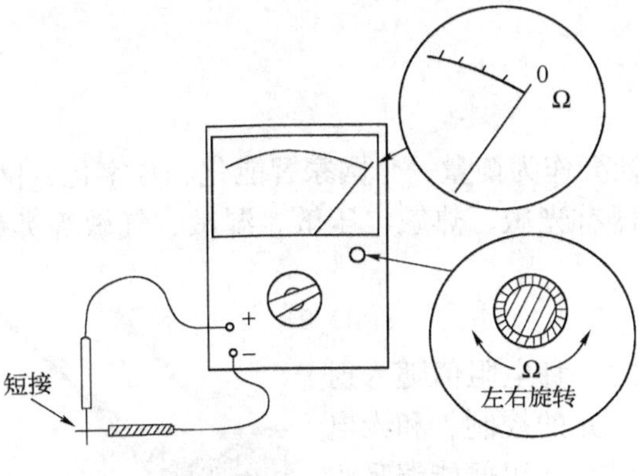

图 3-7　调零

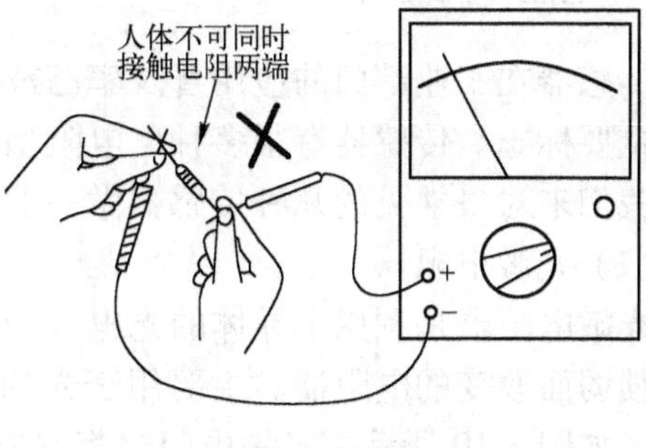

图 3-8　读数

3. 兆欧表的使用

兆欧表大多采用手摇发电机供电，故又称摇表。兆欧表的外形如图 3-9 所示，它的刻度是以兆欧（MΩ）为单位的，是电工常用的一种测量仪表。兆欧表主要用来检查电气设备、家用电器或电气线路对地及相间的绝缘电阻，以保证这些设备、电器和线路工作在正常状态，避免发生触电伤亡及设备损坏等事故。

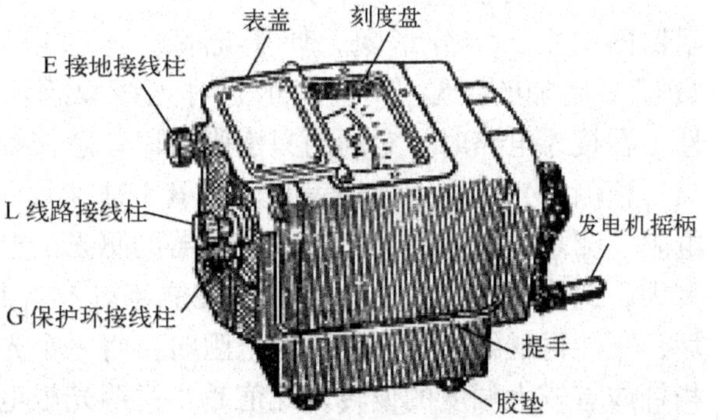

图 3-9　兆欧表的外形

兆欧表的使用方法如下：

1）选用符合电压等级的兆欧表。一般情况下，额定电压在 500V 以下的设备，应选用 500V 或 1000V 的兆欧表；额定电压在500V以上的设备，选用1000V~2500V的兆欧表。

2）只能在设备不带电，也没有感应电的情况下测量。

3）测量前应将兆欧表进行一次开路和短路试验，检查兆欧表是否良好。将两连接线开路，摇动手柄，指针应指在“∞”处，再把两连接线短接一下，指针应指在“0”处，符合上述条件者即良好，否则不能使用。

4）测量绝缘电阻时，一般只用“L”和“E”端，但在测量电缆对地的绝缘电阻或被测设备的漏电流较严重时，就要使用“G”端，并将“G”端接屏蔽层或外壳。这样就使得流经绝缘表面的电流不再经过流比计的测量线圈，而是直接流经“G”端构成回路，所以，测得的绝缘电阻只是电缆绝缘的体积电阻。

5）线路接好后，可按顺时针方向转动摇把，摇动的速度应由慢而快，当转速达到每分钟120转左右时（ZC-25型），保持匀速转动，并且要边摇边读数，不能停下来读数。

6）兆欧表未停止转动之前或被测设备未放电之前，严禁用手触及。测量结束时，对于大电容设备要放电。放电方法是将测量时使用的地线从兆欧表上取下来与被测设备短接一下即可。

7）一般最小刻度为1MΩ，测量电阻应大于100KΩ。

8）禁止在雷电时或高压设备附近测绝缘电阻，摇测过程中，被测设备上不能有人工作。此外要定期校验其准确度。

【实践运用】

1. 电阻传感器

传感器在工业部门的应用普及率已被国际社会作为衡量一个国家智能化、数字化、网络化的重要标志。传感器有很多种，电阻型传感器有光敏、热敏、压敏、湿敏、气敏等类型，下面我们来对最常见的几种传感器做一下介绍。

（1）光敏电阻器

光敏电阻器是利用半导体的光电效应制成的一种电阻值随入射光的强弱而改变的电阻器。主要用于光的测量、光的控制、和光电转换。如图3-10所示，光敏电阻器都制成薄片结构，以便能够吸收更多的光能。该类电阻器的特点是入射光越强，电阻值就越小，入射光越弱，电阻值就越大。如声控灯中采用了光敏电阻器作为白天控制灯光的装置。

图3-10 光敏电阻器实物

光敏电阻器的图形符号如图3-11所示，它是一个有光线射向电阻器的图案，十分形象，便于记忆。光敏电阻器的文字标注为“RL”，附加的字母“L”表示它对光线敏感。光敏电阻器没有极性，在接入电路时，它的两只引脚可以任意交换连接位置。

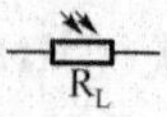

图3-11 光敏电阻器的图形符号

检测时，可以用万用表欧姆档R×1K挡，具体可分两次操作，即测量暗电阻和测量亮电阻。测量暗电阻时，将光敏电阻器的感光面遮住，万用表的指针基本不偏转，阻值接近无穷大，此值越大说明光敏电阻器性能越好。若此值很小或接近为零，说明光敏电阻器已损坏，不能再继续使用。测量亮电阻时，将一个光源对准光敏电阻器的感光面，此时万用表的指针应有较大幅度的偏转，此值越小说明光敏电阻器性能越好。若此值很大甚至无穷大，表明光敏电阻器内部开路损坏，也不能再继续使用。

测试时应注意以下几点：

1）如果测量已经焊接在电路中的光敏电阻器，应该将它的一个引脚焊开脱离电路，以消除相连元件对测量的影响。

2）由于是用较高的电阻挡测量，所以测量者的手不能同时触及被测光敏电阻器的两端。

（2）热敏电阻器

热敏电阻器是敏感元件的一类，按照温度系数不同分为正温度系数热敏电阻器（PTC）和负温度系数热敏电阻器（NTC）。热敏电阻器的典型特点是对温度敏感，不同的温度下表现出不同的电阻值，实物如图 3-12 所示。正温度系数热敏电阻器（PTC）在温度越高时电阻值越大，负温度系数热敏电阻器（NTC）在温度越高时电阻值越低，它们同属于半导体器件。

热敏电阻器的图形符号如图 3-13 所示，图形中的字母“θ”表示它对温度敏感。热敏电阻器的文字标注为“RT”，附加的字母“T”表示它与温度有关。热敏电阻器没有极性，在接入电路时，它的两只引脚可以任意交换连接位置。

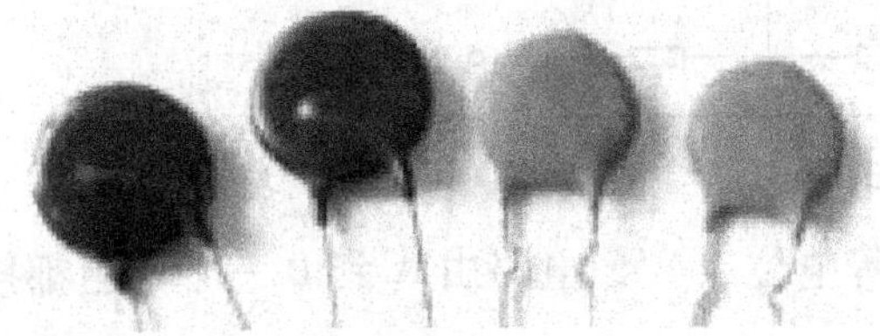

图 3-12　热敏电阻器实物

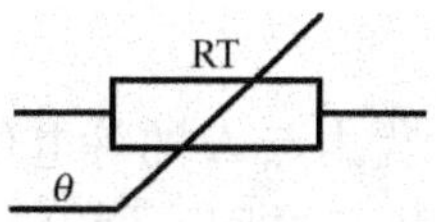

图 3-13　热敏电阻器的图形符号

检测时，用万用表欧姆挡（视标称电阻值确定挡位，一般为 R×1 挡），具体可分两步操作：首先在常温（室内温度接近 25℃）下，用万用表测出 PTC 热敏电阻的实际阻值，并与标称阻值相对比，二者相差在 ±2Ω 内即为正常。实际阻值若与标称阻值相差过大，则说明其性能不良或已损坏。其次加温检测，在常温测试正常的基础上，即可进行第二步测试——加温检测，将一热源（比如电烙铁）靠近热敏电阻对其加热，观察万用表示数，此时如看到万用示数随温度的升高而改变，这表明电阻值在逐渐改变（负温度系数热敏电阻器 NTC 阻值会变小，正温度系数热敏电阻器 PTC 阻值会变大），当阻值改变到一定数值时显示数据会逐渐稳定，说明热敏电阻正常，若阻值无变化，说明其性能变劣，不能继续使用。

测试时应注意以下几点：

1）热敏电阻器是生产厂家在环境温度为 25℃时所测得的，所以用万用表测量热敏电阻器时，也应在环境温度接近 25℃时进行，以保证测试的准确度。

2）测量功率不得超过规定值，以免电流热效应引起测量误差。

3）注意正确操作。测试时，不要用手捏住热敏电阻体，以防止人体温度对测试产生影响。

4）注意不要使热源与热敏电阻器靠得过近或直接接触热敏电阻器，以防止将其烫坏。

2. 等效电阻的计算

在简单直流电路中，混联电路计算的关键是能否求出等效电阻。有的混联电路，连接比较特别，一下子看不清各电阻之间的串并联关系。为了能够正确分析电路的组成，在不改变电阻连接关系的基础上，把电路适当整理，改变电阻的排列位置，缩短某些连接线，把这些较复杂、不易一目了然的电路改画成易看的电路图，这种改画后的电路称做原电路的等效电路。在求等效电阻时，有一种求等效电阻的方法，称之为“节点分析法”。所谓“节点分析法”是指能够正确找出电路中的节点，然后画出等效电阻电路图，并分析各电阻之间的串并联关系。用节点分析法求等效电阻的步骤如下：

(1) 确定等电位点，标出相应的符号

导线的电阻和理想电流表的电阻可忽略不计，可以认为导线与电流表连接的两点是等电位点。对等电位点标出相应的符号。

(2) 画出串联、并联关系清晰的等效电路图

由等电位点先确定电阻的连接关系，再画电路图，先画电阻最少的支路再画次少的支路，从电路的一端画到另一端。

(3) 求解

运用前面所写的欧姆定律，电阻串并联的特点和电功率计算公式列出方程求解。

【例 3.1】 在图 3-14 中，求 A、B 两点间的等效电阻。

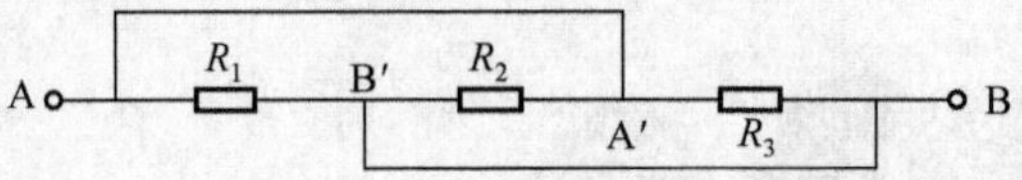

图 3-14

分析：找出点 A 的等电位点 A′及点 B 的等电位点 B′，电路由 A 到 B 三个电阻都接在 A（A′）、B（B′）之间，所以三个电阻并联。

解：标出点 A 的等电位点 A′及点 B 的等电位点 B′

把电路改为

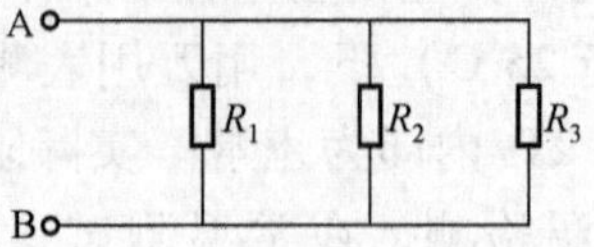

所以

$$\frac{1}{R}=\frac{1}{R_1}+\frac{1}{R_2}+\frac{1}{R_3}=\frac{1}{2}+\frac{1}{4}+\frac{1}{2}=\frac{5}{4}$$

【巩固训练】

1. 判断题

1）电阻器在电子产品中是必不可少、使用最多的元器件之一。（　　）

2）电阻器按其材料不同可分为碳膜电阻、金属膜电阻、线绕电阻器等。（　　）

3）电阻器的主要参数有电阻值和额定功率。（　　）

4）色环标志法有 4 环、5 环，还有 6 环。（　　）

5）测量电阻时，双手可同时接触被测电阻的两根引线。（　　）

6）光敏电阻器的特点是入射光越强，电阻值就越大，入射光越弱，电阻值就越小。（　　）

7）用万用表测量热敏电阻器时，应在环境温度接近 60℃时进行。（　　）

8）用兆欧表测量绝缘电阻时，一般只用“L”和“E”端。（　　）

2. 计算题

1）在如图 3-15 所示的电路中，已知 $R_1=4\Omega$，$R_2=2\Omega$，$R_3=4\Omega$，$R_4=2\Omega$，求 A、B 点

间的等效电阻 R_{AB}。

2）在如图3-16所示电路中，已知 $R_1=8\Omega$，$R_2=4\Omega$，$R_3=R_4=12\Omega$，当 R_5 阻值为多少时，A、B两点间的等效电阻 $R_{AB}=4\Omega$。

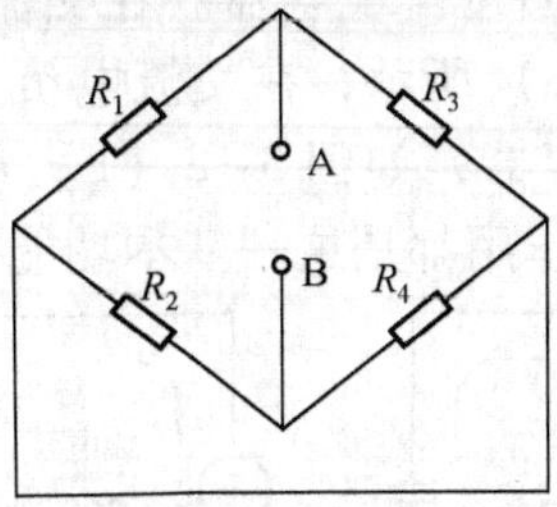

图3-15

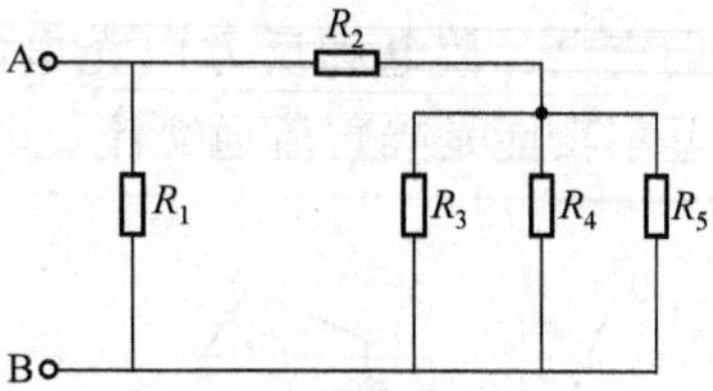

图3-16

3. 实践题

准备各类电阻若干只，进行电阻的识别与检测训练，并将结果填写在下表中。

序号	标示	识别				检测		判断是否合格
		材料	阻值	允许误差	额定功率	量程	阻值	
1								
2								
3								
4								
5								
6								
7								
8								
9								
10								

3.3.2 任务二 电容器的识别与检测

【引出任务】

拿一个杯子，往里面倒水，倒满水后，再把杯子里的水倒掉。在这里，杯子就是一个水的容器，一个杯子能容纳多少水取决于什么？有没有容纳电荷的容器？

【知识链接】

电容器是一种储存电荷的“容器”，通常简称为“电容”。它是组成电子电路的基本元件之一，在电子设备中被大量使用。

1. 电容器的功能和特性

电容器的功能是储存电荷或电能。利用电容器充、放电和隔断直流电、通过交流电的特性，在电路中用于交流耦合、滤波、去耦、隔直、交流旁路、调谐、能量转换和组成振荡电路等。

电容器的构造非常简单：将两块电极板互相面对，中间用绝缘物质（称为电介质）分隔开，就构成了电容器，如图 3-17 所示。不同种类电容器的电介质使用不同的原材料。

电容器的两电极之间是互相绝缘的，直流电无法通过电容器。但是对于交流电来说情况就不同了，交流电可以通过在两电极之间充、放电而“通过”电容器。在交流电正半周时，电容器被充电，有一充电电流通过电容器，如图 3-18（a）所示；在交流电负半周时，电容器放电并反方向充电，放电和反方向充电电流通过电容器，如图 3-18（b）所示。归纳起来，电容器的基本功能是隔直流通交流。电容器的各项作用都是这一基本功能的具体应用。

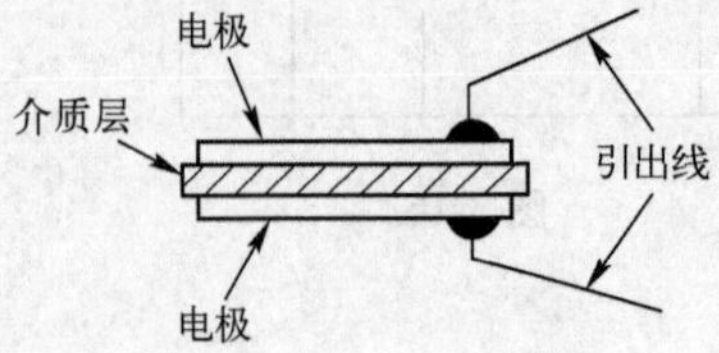

图 3-17　电容器的构造

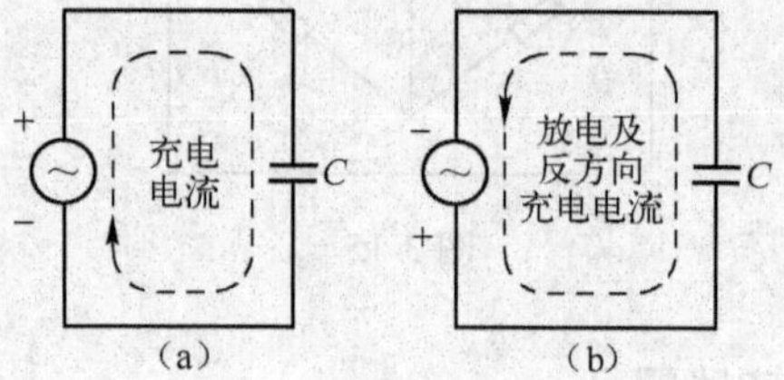

图 3-18　电容器的充电与放电

2. 电容器的分类

电容器按结构可分为固定电容和可变电容，可变电容中又有半可变（微调）电容和全可变电容之分。

电容器按材料介质可分为气体介质电容、纸介电容、有机薄膜电容、瓷介电容、云母电容、玻璃釉电容、电解电容、钽电容等，如图 3-19 所示。

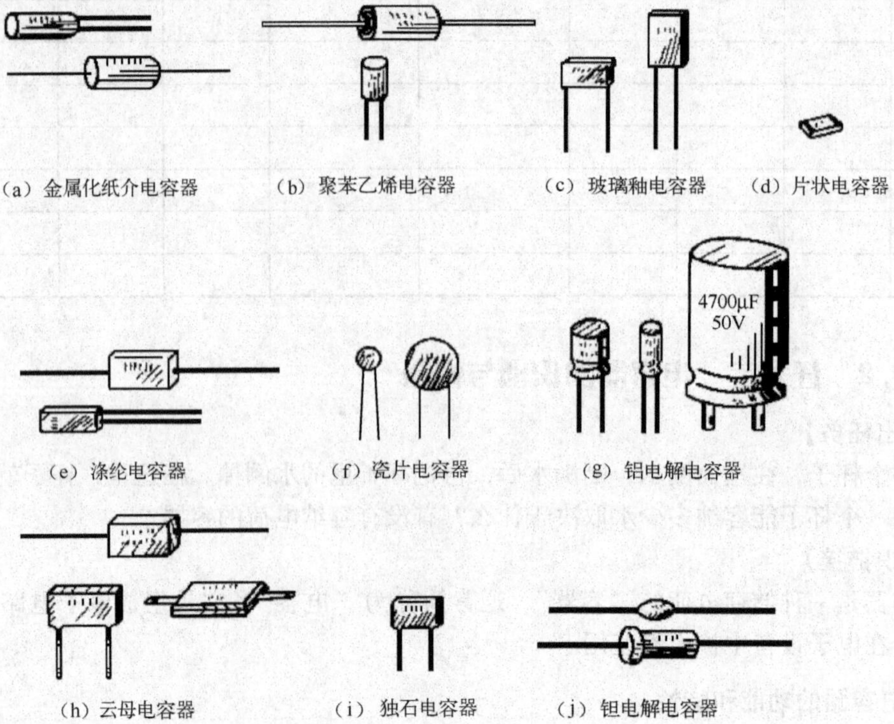

（a）金属化纸介电容器　（b）聚苯乙烯电容器　（c）玻璃釉电容器　（d）片状电容器

（e）涤纶电容器　（f）瓷片电容器　（g）铝电解电容器

（h）云母电容器　（i）独石电容器　（j）钽电解电容器

图 3-19　几种常用电容器外形

电容器按用途可分为高频旁路电容器、低频旁路电容器、滤波电容器、调谐电容器、高频耦合电容器、低频耦合电容器等。

3. 电容器的符号

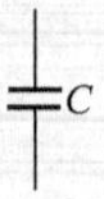

图 3-20　电容器的图形符号

在电路图中，电容器的图形符号如图 3-20 所示，文字标注为字母"C"。当电路中有多个电容器时，增加数字来加以区别，如 C_1、C_2、C_3等。

常用电容器的图形符号，见表 3-5。

表 3-5　常用电容器的图形符号

图形符号		 有极性	 无极性			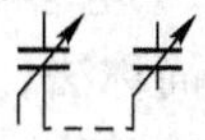
名 称	电容器	电解电容器		可变电容器	半可变电容器	同轴双可变电容

4. 电容器的型号及命名方法

根据国标 GB 2470—1995《电容器型号命名方法》的规定，电容器的产品型号一般由 4 部分组成，各部分含义见表 3-6。

表 3-6　电容器型号及命名方法

第一部分		第二部分		第三部分		第四部分
用字母表示主体		用字母表示材料		用字母表示特征		用数字或字母表示序号
符号	意义	符号	意义	符号	意义	意义
C	电容器	C	瓷介	T	铁电	包括：
		I	玻璃釉	W	微调	品种、尺寸代号、温度特
		O	玻璃膜	J	金属化	性、直流工作电压、标称值、
		Y	云母	X	小型	允许误差、标准代号等
		V	云母纸	S	独石	
		Z	纸介	D	低压	
		J	金属化纸	M	密封	
		B	聚苯乙烯	Y	高压	
		F	聚四氟乙烯	C	穿心式	
		L	涤纶			
		S	聚碳酸脂			
		Q	漆膜			
		H	纸膜复合			
		D	铝电解			
		A	钽电解			
		G	金属电解			
		N	铌电解			
		T	钛电解			
		M	压敏			
		E	其他电解材料			

示例：

某电容器的标号为：CJX－250－0. 33－ ±10%，则其含义如图 3-21 所示。

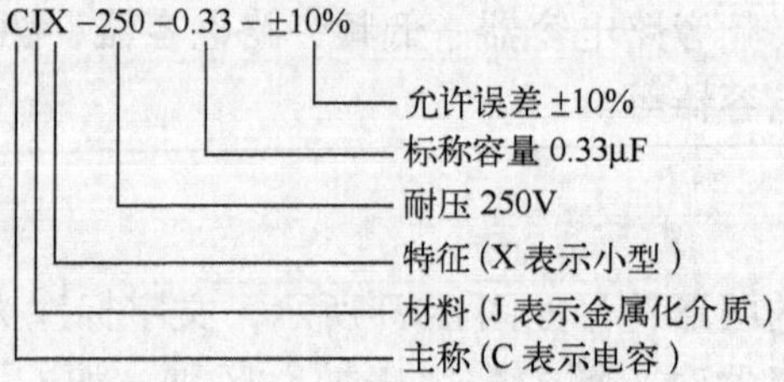

图 3-21　电容器的标号含义

5. 电容器的主要参数

电容器的主要参数有电容量和耐压。

1）电容器储存电荷的能力叫做电容量，简称容量。在国际单位制中，电容的单位是法拉，简称法，符号是 F。电容器的容量一般非常小，法拉（F）这个单位太大，实际中常用较小的单位：微法（μF）和皮法（pF）。他们与法拉的换算关系是：$1\text{F} = 10^6\ \mu\text{F} = 10^{12}\ \text{pF}$。

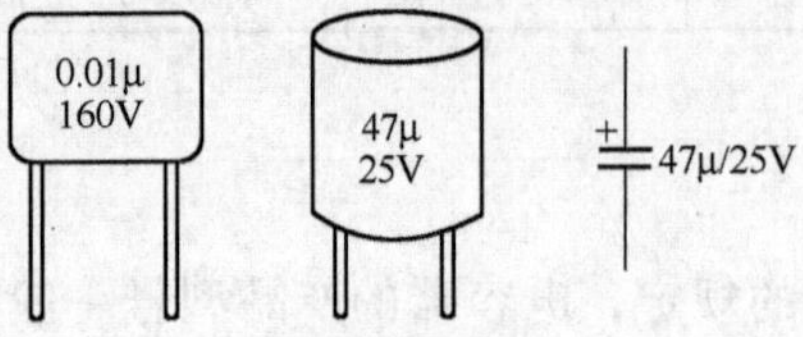

图 3-22　电容器的电容量和耐压

2）耐压是电容器的另一个主要参数，表示电容器在连续工作中所能承受的最高电压。耐压值一般直接印在电容器上，也有一些体积很小的小容量电容器不标示耐压值。电路图中对电容器耐压的要求一般直接用数字标出，如图 3-22 所示。电路图中不作标示的可根据电路的电源电压选用电容器。使用中应保证加在电容器两端的电压不超过其耐压值，否则将会损坏电容器。

6. 电容

充电后电容器的两极板间就有电势差，这个电势差跟电容器所带的电荷量的多少有关。这里说的电容器所带的电荷量，是指每个极板所带的电荷量 Q 与电容器的两极板间电势差 U 成正比，比值 Q/U 是一个常数。不同的电容器，这个比值一般是不同的。可见，这个比值表征了电容器储存电荷的特性。

电容器所带的电荷量 Q 与电容器两极板间的电势差 U 的比值，叫做电容器的电容。用 C 表示电容，则有

$$C = \frac{Q}{U} \tag{3-2}$$

上式表示，电容器的电容在数值上等于使两个极板间的电势差为 1V 时电容器需要带的电荷量。需要的电荷量多，表示电容器的电容大。这类似于用不同的容器装水，要使容器中的水深度为 2cm，横截面积大的容器需要的水多。可见，电容是表示电容器容纳电荷本领大小的物理量。与电容器上有无电荷及电势差的大小无关。

7. 相对介电常数

前面介绍电容器两极板间的绝缘物质是电介质。电介质的介电常数由介质的本身性质所决定。真空中的介电常数 $\varepsilon_0 \approx 8.86 \times 10^{-12}\ \text{F/m}$，某种介质的介电常数 ε 与 ε_0 的比值，叫做该介质的相对介电常数，用 ε_r 表示，即 $\varepsilon_r = \varepsilon/\varepsilon_0$，或 $\varepsilon = \varepsilon_r \varepsilon_0$。几种常见介质的相对介电常数见表 3-7。

表 3-7　几种常见介质的相对介电常数

介质名称	相对介电常数	介质名称	相对介电常数
空气	1	云母	7
聚苯乙烯	2.2	超高频瓷	7～8.5
硬橡胶	3.5	三氧化二铝	8.5
石英	4.2	酒精	35
无线电瓷	6～6.5	纯水	80

8. 平行板电容器

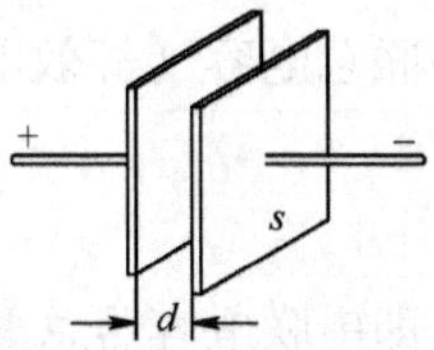

图 3-23　平行板电容器

最简单的电容器是平行板电容器，它是由两块相互平行靠得很近而又彼此绝缘的金属板组成，如图 3-23 所示。下面具体研究平行板电容器的电容跟哪些因素有关。

让平行板电容器带电后，不改变两极板所带的电荷量 Q，只改变两极板间的距离 d，用静电计来测量两极板间的电压 U。可以观察到，距离越大，静电计指出的电压越大。

这表明平行板电容器的电容随两极板距离的增大而减小。

若不改变两极板所带的电荷量和它们之间的距离，只改变两极板的正对面积 S。可以观察到，正对面积越小，静电计指出的电压越大，这表明平行板电容器的电容随两极板的正对面积的增大而增大。

若保持两极板所带的电荷量，它们的距离及正对面积都不改变，只在两极板间插入电介质，可以观察到，静电计指出的电压减小了。这表明平行板电容器的电容由于插入电介质而增大，改变不同的电介质，平行板电容器的电容的大小也不同。

根据理论上的推导，可以论证，平行板电容器的电容，跟介电常数成正比，跟正对面积成正比，跟极板间的距离成反比，即

$$C = \varepsilon \frac{S}{d} \tag{3-3}$$

式中　C——电容，单位是法（F）；

S——两极板的正对面积，单位是平方米（m^2）；

d——两极板的距离，单位是米（m）；

ε——电介质的介电常数，单位是法每米（F/m）。

电容是电容器的固有属性，外界条件的变化，电容器是否带电，或有无电压都不会使电容发生改变。只有当电容器两极板间的距离、正对面积或电介质发生改变时，电容器的电容才发生改变。

9. 电容器的串联

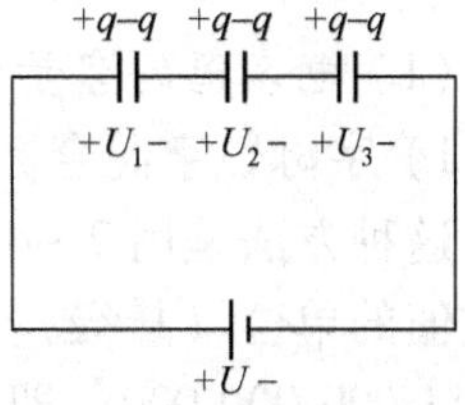

图 3-24　3 个电容器的串联

把几个电容器的极板首尾相连，连成一个无分支电路的连接方式叫做电容器的串联。图 3-24 是 3 个电容器的串联。接上电压为 U 的电源之后，两极板分别带等量的正负电荷，电荷量

为 $+q$ 和 $-q$。由于静电感应，中间各极板所带的电荷量也等于 $+q$ 或者 $-q$。所以，串联时每个电容器所带的电荷量都是 q。如果各个电容器的电容分别为 C_1、C_2、C_3，电压分别为 U_1、U_2、U_3，则

$$U_1=\frac{q}{C_1},\quad U_2=\frac{q}{C_2},\quad U_3=\frac{q}{C_3} \tag{3-4}$$

总电压 U 等于各个电容器上的电压之和，所以

$$U=U_1+U_2+U_3=q\left(\frac{1}{C_1}+\frac{1}{C_2}+\frac{1}{C_3}\right)$$

设串联总电容（等效电容）为 C，则由 $C=\frac{q}{U}$，可得

$$\frac{1}{C}=\frac{1}{C_1}+\frac{1}{C_2}+\frac{1}{C_3} \tag{3-5}$$

即串联电容器总电容的倒数等于各电容器电容的倒数之和。电容器串联之后，相当于增大了电容器的两个极板之间的距离，所以总电容小于每一个电容器的电容的大小。

10. 电容器的并联

把几个电容器的一端连在一起，另一端也连在一起的连接方式，叫电容器的并联。如图 3-25 所示，是把电容器并联，接在电动势为 U 的电源上，这样每个电容器上的电压都相等，大小都为电源的电动势 U。

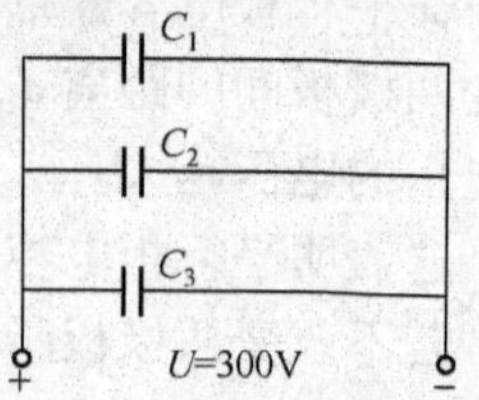

图 3-25　3 个电容器并联

设电容器的电容分别为 C_1、C_2、C_3，所带的电量分别为 q_1、q_2、q_3，则

$$q_1=C_1U,\quad q_2=C_2U,\quad q_3=C_3U \tag{3-6}$$

电容器组储存的总电量 q 等于各个电容器所带电量之和，即

$$q_1+q_2+q_3=(C_1+C_2+C_3)U$$

设并联电容器的总电容（等效电容）为 C，由

$$q=CU$$

得

$$C=C_1+C_2+C_3 \tag{3-7}$$

即并联电容器的总电容等于各个电容器的电容之和。电容器并联之后，相当于增大了两个极板之间的正对面积，所以总电容大于每个电容器的电容。

【技能方法】

1. 电容器的识别

(1) 电容器的容量值标注方法

1）字母数字混合标法。这是国际电工委员会推荐的表示方法。

这种方法是用 2～4 位数字和 1 个字母表示标称容量，其中数字表示有效数值，字母表示数值的单位（量级）。其中 m 代表 1/1000，即 10^{-3}；μ 代表 1/1 000 000，即 10^{-6}；n 代表 1/1 000 000 000，即 10^{-9}；p 代表 1/1 000 000 000 000，即 10^{-12}。

字母有时既表示单位也表示小数点。

例如：

① 3μ3 表示 3.3μF。

② μ22 表示 0.22μF。

③ 47n 表示 47nF（$47nF=47\times10^{-3}\mu F=0.047\mu F$）。

④ 5n1 表示 5.1nF（$5.1nF=5.1\times10^{3}pF=5100pF$）。

⑤ 2p2 表示 2.2pF。

2）数字直接表示法。这种方法是用 1～4 位数字表示，不标单位，如图 3-26 所示。

① 当数字部分大于 1 时，其单位为 pF（皮法）。

例如：

a. 3300 表示 3300pF。

b. 680 表示 680pF。

c. 7 表示 7pF。

② 当数字部分大于 0 小于 1 时，其单位为 μF（微法）。

例如：

a. 0.056 表示 0.056μF。

b. 0.1 表示 0.1μF。

3）数码表示法。这种方法一般用 3 位数字表示电容量的大小，如图 3-27 所示。3 位数字中的前面 2 位数字为电容器标称容量的有效数字，第 3 位数字表示 10 的 n 次方（即有效数字后面零的个数）。它们的单位是 pF。

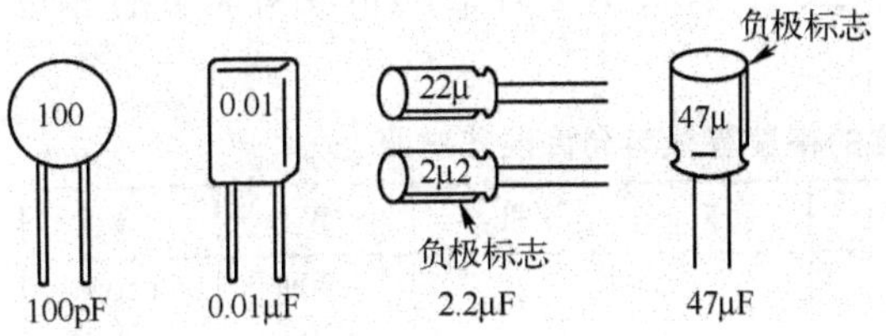

图 3-26　数字直接表示法

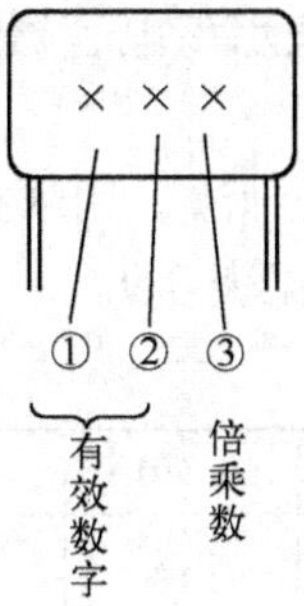

图 3-27　数码表示法

注意：在 $n=0\sim7$ 时是表示 10 的 n 次方，特殊情况是当 $n=9$ 时，不表示 10 的 9 次方，而表示为 10 的 −1 次方（$10^{-1}=0.1$）；$n=8$ 时是 10 的 −2 次方（$10^{-2}=0.01$）。

例如：

① 221 表示 $22\times10^{1}=22\times10=220pF$。

② 102 表示 $10\times10^{2}=10\times100=1000pF$。

③ 473 表示 $47\times10^{3}=47\times1000=47000pF=0.047\mu F$。

④ 508 表示 $50\times10^{-2}=50\times0.01=0.5pF$。

⑤ 159 表示 $15\times10^{-1}=15\times0.1=1.5pF$。

通常，这种标示方法还用于贴片电容器的标示。

4）色码表示法。色码表示法是用不同颜色的色环或色点来表示电容器的主要参数，其颜色含义和识别方法与电阻色码表示法基本相同。第1、第2色码为数字的有效位，第3色码为倍乘数，第4色码为误差范围，第5色码为温度系数。其单位为皮法（pF）。

（2）电容器容量误差的表示法

电容器容量误差的表示法有3种：

1）直接表示法。即把电容量的绝对误差范围直接标志在电容器上，如2.2pF ±0.2pF。

2）字母表示法。在表示电容量的有效数字后面用字母表示允许误差等级，各字母代表的允许误差值见表3-8。常用的允许误差等级为J、K、M。

表3-8 电容器允许误差等级

字母（误差等级）	允许误差值	字母（误差等级）	允许误差值
C	±0.25%	K	±10%
D	±0.5%	M	±20%
F	±1%	N	±30%
G	±2%	P	+100% ~ -0%
H	±3%	S	+50% ~ -20%
J	±5%	Z	+80% ~ -20%

例如：

① 102K表示该电容器的容量是1000pF，误差为±10%。

② 473M表示该电容器的容量是47000pF（0.047μF），误差为±20%。

③ 334K表示该电容器的容量是0.33μF，误差为±10%。

④ 103P表示该电容器的容量是0.01μF，误差为+100%；注意不要把P误认为是电容器的单位pF。

3）数字表示法。用阿拉伯数字和罗马数字来表示电容器的精度等级，各精度等级所对应的允许误差见表3-9。

表3-9 电容器的精度等级与允许误差对照

精度等级	00（01）	0（02）	Ⅰ	Ⅱ	Ⅲ	Ⅳ	Ⅴ	Ⅵ
允许误差	±1%	±2%	±5%	±10%	±20%	+20% -10%	+50% -20%	+50% -30%

一般电容器常用Ⅰ、Ⅱ、Ⅲ级，电解电容器常用Ⅳ、Ⅴ、Ⅵ级，根据实际用途选取。

（3）电容器耐压的标注

1）一种是把耐压值直接印在电容器上，例如电解电容器通常直接在外壳上标注耐压。

2）另一种是采用1个数字和1个字母组合而成。数字表示10的幂指数，字母表示数值，单位是伏（V），见表3-10。

表3-10 电容器的耐压数值与字母代号对照

字　母	A	B	C	D	E	F	G	H	J	K	Z
耐压值/V	1.0	1.25	1.6	2.0	2.5	3.15	4.0	5.0	6.3	8.0	9.0

例如：

① 1J代表$6.3\times10^1=6.3\times10=63$V。

② 1K 代表 $8.0 \times 10^1 = 8.0 \times 10 = 80V$。

③ 2F 代表 $3\text{-}15 \times 10^2 = 3.15 \times 100 = 315V$。

④ 3A 代表 $3\text{-}0 \times 10^3 = 1.0 \times 1000 = 1000V$。

数字最大值为 4，如 4Z 代表 90000V。

2. 电容器的检测

电容器的好坏可用万用表的电阻挡检测。检测时，首先根据电容器容量的大小，将万用表上的挡位旋转到适合的 Ω 挡位。例如：100μF 以上的电容器用“R×100”挡，1～100μF 的电容器用“R×1k”挡，1μF 以下的电容器用“R×10k”档，如图 3-28 所示。

检测时，用万用表的两表笔（不分正、负）分别去与电容器的两引线相接，在刚接触的一瞬间，表针应向右偏转，然后缓慢向左回归，如图 3-29 所示。对调两表笔后再测，表针应重复以上过程。电容器容量越大，表针右偏越大，向左回归也越慢。对于容量小于 0.01μF 的电容器，由于充电电流极小，几乎看不出表针右偏，只能检测其是否短路。

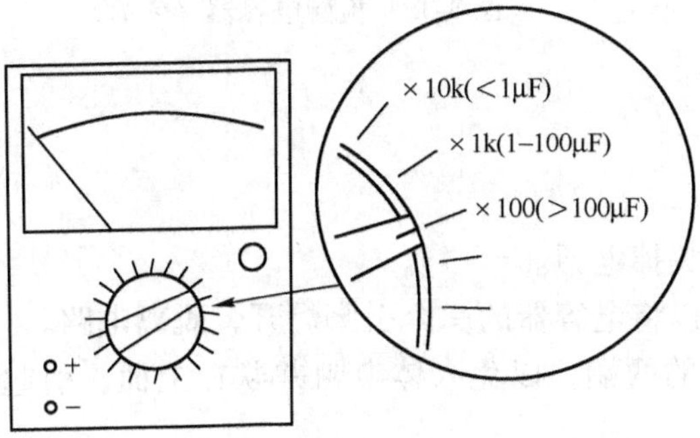

图 3-28　检测电容器（一）

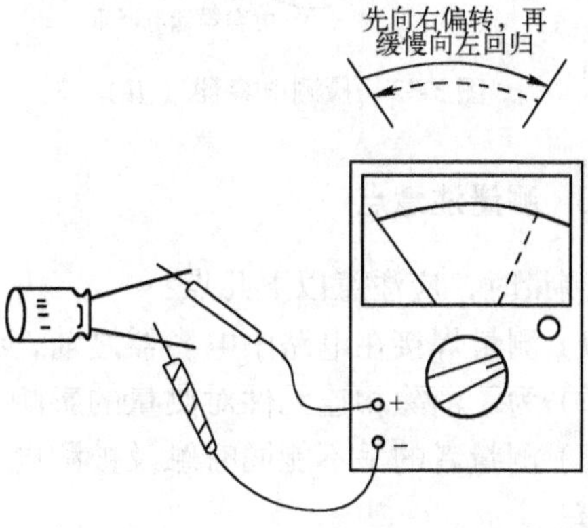

图 3-29　检测电容器（二）

如果万用表表针不动，说明该电容器已断路损坏，如图 3-30 所示；如果表针向右偏转后不向左回归，说明该电容器已短路损坏，如图 3-31 所示；如果表针向右偏转然后向左回归稳定后，阻值指示小于 500kΩ，如图 3-32 所示，说明该电容器绝缘电阻太小，漏电流较大，也不宜使用。

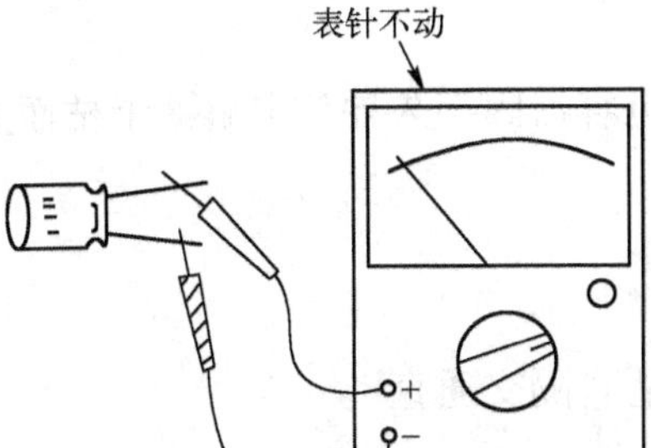

图 3-30　检测电容器（三）

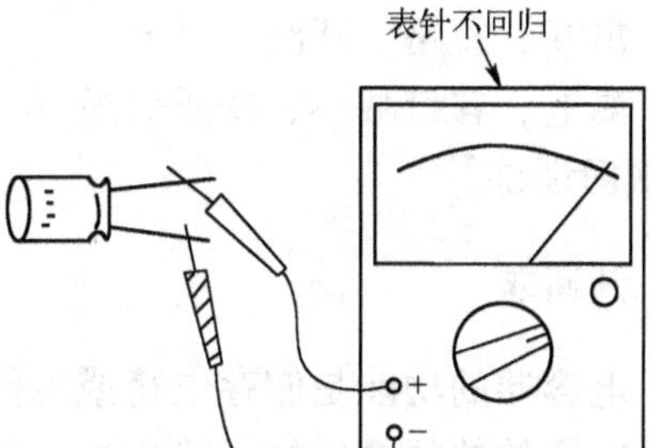

图 3-31　检测电容器（四）

对于正负极标志模糊不清的电解电容器，可用测量其正、反向绝缘电阻的方法，判断出其引脚的正、负极。具体方法是：用万用表“R × 1k”档测出电解电容器的绝缘电阻，将红、黑表笔对调后再测出第二个绝缘电阻。两次测量中，绝缘电阻较大的那一次，黑表笔（与万用表中电池正极相连）所接为电解电容器的正极，红表笔（与万用表中电池负极相连）所接为电解电容器的负极，如图 3-33 所示。

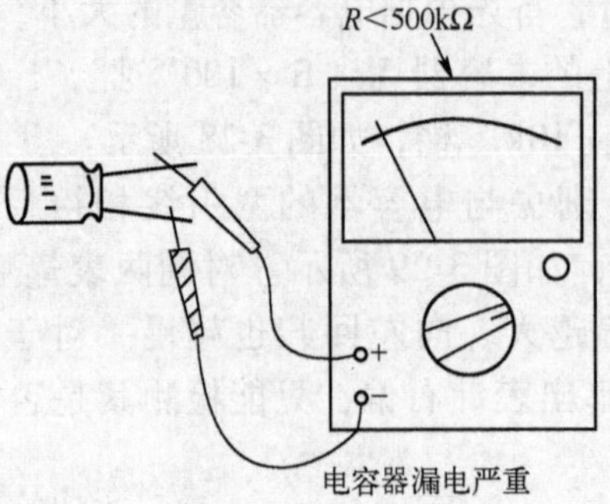

图 3-32　检测电容器（五）

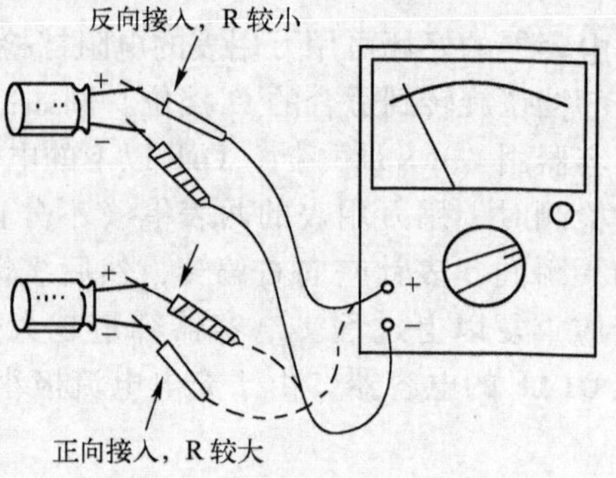

图 3-33　检测电容器（六）

3. 测量注意点

测量时，应注意以下几点：

1）测量焊接在电路中电容器之前，必须关掉电源。

2）为了消除相连元件对测量的影响，可以将电容器的一个引脚焊开，脱离电路。

3）测量者的手不能同时触及被测电容器的两端，以免人体电阻并联在上面，引起测量的误差。

4）对于高压大容量的电容器，测量前应该先将两只引脚短接一下放电，以避免电容器贮存的电能对万用表放电，而损坏万用表。在交换引脚进行第二次测量时，也应先短接两只引线进行放电，以便释放上次测量中充电累积的电荷。

4. 电容器的主要故障

电容器的主要故障为：

1）击穿、短路、断路。

2）漏电、容量减小、变质失效（多数是电解电容器因年久导致电解液干枯而失效）。

【巩固训练】

1. 判断题

1）电容器的功能是储存电荷或电能，其特点是“隔交通直”。　（　　）

2）电容的单位是法拉，简称法，符号是 F。　（　　）

3）电容器按结构可分为固定电容和可变电容。　（　　）

4）采用万用表测量电阻器应使指针指在刻度尺的 1/3 ~ 2/3 为宜。　（　　）

5）电容器在代用时要与原电容器的容量基本相同。　（　　）

2. 实践题

准备各类电容器若干只，进行电容识别与检测训练，并将结果填写在下表中。

序号	标示	识别			检测		判断是否合格
		材料	容量	耐压	量程	漏电阻值	
1							
2							
3							
4							
5							

3.3.3 任务三 电感器和变压器的识别与检测

【引出任务】

磁铁可以吸引铁，还有什么可以吸引铁呢？拆开一台收音机，会看到一根碳棒上绕有许多线圈，这是什么？有什么作用？

【知识链接】

1. 磁的基本知识

1）磁性和磁体。物体具有吸引铁、钴、镍等物质的性质叫磁性。具有磁性的物体叫磁体。磁体分天然磁体和人造磁体。常见的条形磁铁、马蹄形磁铁和针形磁铁都是人造磁体，如图 3-34 所示。

图 3-34 人造磁体

2）磁极及相互作用。磁体两端磁性最强的区域叫磁极。实验证明：任何磁体都有两个磁极且强度相等，不存在只有一个磁极的磁体。这两个磁极一个叫南极，用 S 表示，另一个叫北极，用 N 表示。小磁针的 S 极总是指向南方，N 极总是指向北方。

磁极之间存在相互作用力，同名磁极互相推斥，异名磁极互相吸引。

3）磁场和磁感线。磁极之间存在相互作用力是通过存在于磁体周围的一种特殊物质传递的，这种特殊的物质就是磁场。

磁场与电场相似，看不见也摸不着，但也有方向。在磁场中某点放一个能自由转动的小磁针，小磁针静止时 N 极所指的方向，就是该点的磁场方向。

磁场还可以用磁感线形象地表示，如图 3-35 所示。所谓磁感线就是在磁场中画出一系列曲线，以表示磁场的强弱和方向。磁感线具有以下特征：

① 磁感线上任意点切线方向表示该点的磁场方向。

② 磁感线的疏密反映磁场的强弱，磁感线越密的地方磁场越强，磁感线越疏的地方磁场越弱。

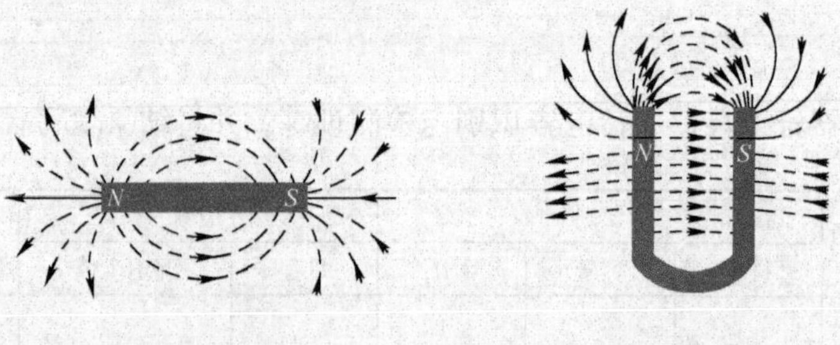

（a）条形磁铁的磁感线　　（b）马蹄形磁铁的磁感线

图 3-35　磁感线

③ 磁感线是互不相交的闭合曲线，在磁体外部，磁感线从 N 极到 S 极，在磁体内部磁感线从 S 极到 N 极。

4）电流的磁效应。1820 年，丹麦物理学家奥斯特从实验中发现：放在导线旁边的小磁针，当导线通过电流时，磁针会发生偏转。这说明通电导体周围存在磁场，即电流具有磁效应。电流的磁效应说明了运动电荷能产生磁场。据此，法国物理学家安培提出了著名的分子电流假说，揭示了磁现象的电本质。即磁铁的磁场和电流的磁场一样，都是由电荷运动产生的。

通电导体产生的磁场强弱和电流的大小有关，电流越大，磁场越强。它还与通电导体的距离有关，离导体越近的地方磁场越强。通电导体产生的磁场的方向决定于电流的方向，可以用安培定则判断。安培定则又称右手螺旋法则，具体使用方法如下：

① 通电直导线的磁场。通电直导线的磁场的磁感线是以导线上各点为圆心的同心圆，这些同心圆都在与导线垂直的平面上，如图 3-36（a）所示。判断其方向的方法是：右手握住导线，把拇指伸开并指向电流方向，那么弯曲的四指所指的方向就是磁感线环绕的方向，如图 3-36（b）所示。

② 通电螺线管的磁场。通电螺线管的磁场类似条形磁铁，其方向的判定方法是：用右手握住通电螺线管，让弯曲的四指指向电流方向，那么大拇指所指的方向就是螺线管内部磁场的方向，即大拇指指向通电螺线管的 N 极，如图 3-37 所示。

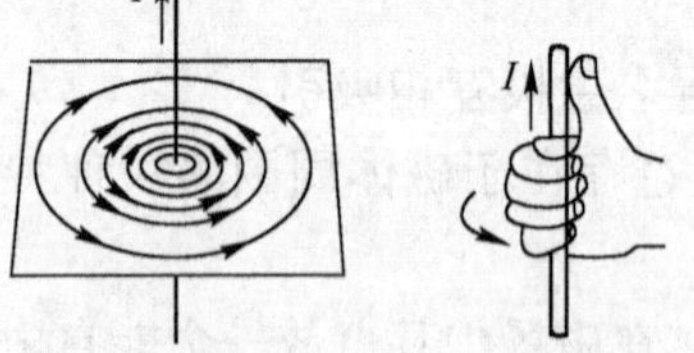

（a）磁感线分布　　（b）安培定则

图 3-36　通电直导线的磁场方向

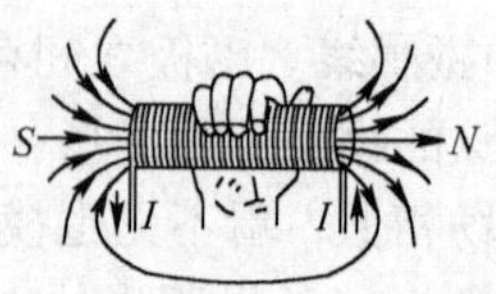

图 3-37　通电螺线管的磁场方向

2. 磁场的基本物理量

用磁感线描述磁场，虽然形象直观，但只能进行定性的分析。要定量地分析磁场，需引入一些物理量。

(1) 磁通

磁通是磁通量的简称，是衡量某一定面积的区域中磁场强弱的物理量，其大小就等于通过与磁场方向垂直的某一平面上的磁感线总数。用希腊字母 Φ 表示，单位是韦伯，简称韦（用符号 Wb 表示）。

(2) 磁感应强度

磁感应强度是衡量某一确定点磁场强弱的物理量，等于与磁场方向垂直的单位面积平面上的磁通。因此，磁感应强度也称为磁通密度，用英文字母 B 表示。磁感应强度的单位是特斯拉，简称特（用符号 T 表示）。

在匀强磁场中，磁感应强度与磁通的关系可以用公式表示为

$$B = \frac{\Phi}{S} \tag{3-8}$$

式中　B——匀强磁场的磁感应强度，单位是特斯拉（T）；

Φ——与磁场方向垂直的某一平面上的磁通，单位是韦伯（Wb）；

S——与磁场方向垂直的某一平面的面积，单位是平方米（m^2）。

磁感应强度是个矢量，它的方向就是该点的磁场方向。

如果磁场中某一区域，磁感应强度的大小处处相等、方向也相同，这个区域就叫匀强磁场。

(3) 磁导率

通电导体产生的磁场中各点磁感应强度的大小不仅与电流的大小和导体的形状有关，还与磁场内媒介质的性质有关。

磁导率就是一个衡量媒介质的导磁性能的物理量，用希腊字母 μ 表示，单位是亨利每米（H/m）。真空中的磁导率是一个常数，用 μ_0 表示，$\mu_0 = 4\pi \times 10^{-7}$ H/m。

为了便于比较各种物质的导磁性能，我们把任一物质的磁导率与真空磁导率的比值称为相对磁导率，用 μ_r 表示。即

$$\mu_r = \mu / \mu_0 \quad 或 \quad \mu = \mu_0 \mu_r \tag{3-9}$$

相对磁导率没有单位，只是表明在其他条件相同的情况下，某种媒介质磁导率是真空的多少倍。

根据相对磁导率的大小，可以将物质分为三类：

1）反磁物质：μ_r 小于 1，如氢、铜、石墨、银、锌等。在磁场中放置反磁物质，磁感应强度减小。

2）顺磁物质：μ_r 略大于 1，如空气、锡、铝、铅等。

3）铁磁物质：μ_r 远大于 1，如铁、钢、铸铁、镍等。在磁场中放置铁磁物质，磁感应强度将增加几千甚至几万倍。

(4) 磁场强度

磁场中各点的磁感应强度与磁导率有关，这样计算比较复杂。为了方便计算，引入磁场强度这个物理量。磁场中某点的磁场强度等于该点的磁感应强度与媒介质的磁导率的比值，用公式表示为

$$H = B / \mu \quad 或 \quad B = \mu H \tag{3-10}$$

式中　H——磁场强度，单位是安每米（A/m）。

3. 磁场对电流的作用

通电导体在磁场中会受到力的作用。我们把这种力称为安培力。磁场对通电导体具有力的作用是磁场的重要特性，从本质上讲，是磁场和通电导体形成的磁场相互作用的结果。

实验证明：在匀强磁场中，当通电导体与磁场方向垂直时，安培力的大小与导体中电流大小成正比、与导体在磁场中的有效长度成正比、与通电导体所在的磁场磁感应强度成正比。用公式表示为

$$F = BIL \tag{3-11}$$

式中 F——通电导体所受的安培力，单位是牛顿（N）；

B——匀强磁场的磁感应强度，单位是特斯拉（T）；

I——导体中的电流强度，单位是安培（A）；

L——导体在磁场中的有效长度，单位是米（m）。

如果通电导体和磁感线方向成 α 角时，则安培力大小为 $F = BIL\sin\alpha$。

通电导体在磁场中所受的安培力方向可用左手定则来判断。如图3-38所示，伸出左手，大拇指与其余四指在同一平面内垂直，让磁感线穿过手心，四指指向电流方向，那么，大拇指所指的方向就是安培力的方向。

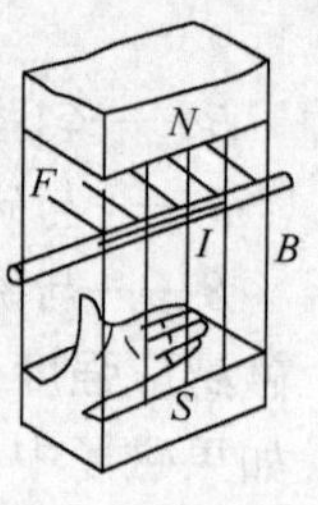

图3-38　左手定则

4. 电磁感应

自从1820年丹麦物理学家奥斯特发现电流的磁效应后，人们自然就想到：既然电流能产生磁场，那么磁场能否产生电流呢？许多科学家从此开始了探索。经过10年不懈的努力，英国物理学家法拉第终于发现了由磁场产生电流的条件和规律。

（1）电磁感应现象

当导体相对于磁场做切割磁感线运动，或穿过线圈中的磁场发生变化时，在导体或线圈中都会产生电动势，若导体或线圈是闭合电路的一部分，则导体或线圈中就有电流。这种由变化的磁场在导体中引起电动势的现象就是电磁感应现象。在电磁感应中产生的电动势（电流）叫感应电动势（电流）。

（2）法拉第电磁感应定律

实验证明：感应电动势的大小与磁通变化的快慢有关。磁通变化的快慢用磁通的变化率表示，即单位时间内磁通的变化量。

线圈中感应电动势的大小与穿过这线圈的磁通变化率成正比，这就是法拉第电磁感应定律。用公式表示为

$$E = N\frac{\Delta\Phi}{\Delta t} \tag{3-12}$$

式中 E——感应电动势，单位是伏特（V）；

N——线圈的匝数；

$\Delta\Phi$——磁通的变化量，单位是韦伯（Wb）；

Δt——磁通变化所需的时间，单位是秒（s）。

闭合回路中一部分导体相对于磁场做切割磁感线运动，如图3-39所示，产生的感应电动势可用如下公式计算

$$E = BLv\sin\theta \tag{3-13}$$

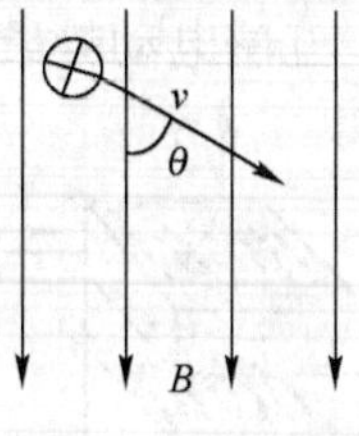

图 3-39　部分导体做切割磁感线运动

式中　E——感应电动势，单位是伏特（V）；

B——匀强磁场的磁感应强度，单位是特斯拉（T）；

L——导体的长度，单位是米（m）；

v——导体的运动速度，单位是米每秒（m/s）；

θ——导体切割运动方向与磁感线方向的夹角。

（3）楞次定律

感应电流的方向总是使感应电流的磁场阻碍引起感应电流的磁通的变化，这就是楞次定律。利用它可以判断感应电流方向。判断的方法是：

1）首先确定原磁通的方向及其变化趋势（是增加还是减少）。

2）根据楞次定律判断感应磁通的方向，如果原磁通增加，则感应磁通与原磁通方向相反，反之，则相同。

3）根据感应磁通的方向，应用安培定则判断出感应电动势（电流）方向。

闭合回路的一部分导体做切割磁感线运动时，感应电流的方向可以用楞次定律判定，但用右手定则判定更方便。

如图3-40所示，伸出右手，大拇指与其余四指垂直且在同一平面内，让磁感线穿过手心，大拇指指向导体切割运动的方向，四指所指的就是感应电流方向。

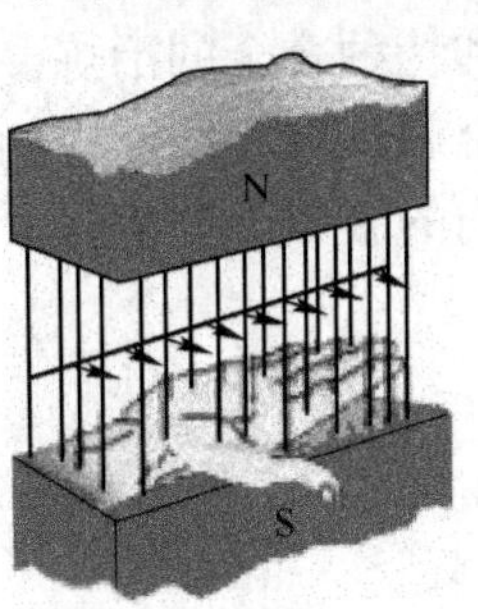

图 3-40　右手定则

（4）电磁感应的几种特殊形式

1）自感现象。由于线圈自身电流的变化而产生的电磁感应现象叫自感现象，简称为自感。在自感现象中产生的电动势，称自感电动势。自感电动势总是阻碍线圈中电流的变化。

自感电动势的大小与线圈中电流的变化率成正比。可用公式表示为

$$E = L\frac{\Delta I}{\Delta t} \tag{3-14}$$

式中　E——自感电动势，单位是伏特（V）；

L——自感系数，单位是亨利（H）；

ΔI——线圈中电流的变化量，单位是安培（A）；

Δt——电流变化所需的时间，单位是秒（s）。

对于同一线圈，电流变化越快，自感电动势越大，反之也一样。对于不同的线圈，电流变化快慢一样，自感电动势会不一样。这说明：自感电动势除了与线圈中的电流变化快慢有关外，还与线圈本身的特性有关。自感系数就是衡量线圈这种特性的物理量。自感系数简称自感，又称电感，用 L 表示。国际单位制里的单位是亨利（H），常用单位还有毫亨（mH）和微亨（μH）。1H＝1000mH，1mH ＝1000μH。

2）互感现象。由于一个线圈的电流变化，导致另一个线圈产生电磁感应的现象称为互感现象。在互感现象中产生的电动势叫互感电动势。互感电动势的大小正比于穿过本线圈磁通的变化率，或正比于另一个线圈中电流的变化率。当一个线圈的磁通全部穿过另一个线圈

时，互感电动势最大；当两个线圈互相垂直时，互感电动势最小。

通常把线圈绕向一致，在电磁感应中极性保持相同的线圈端点称为同名端。

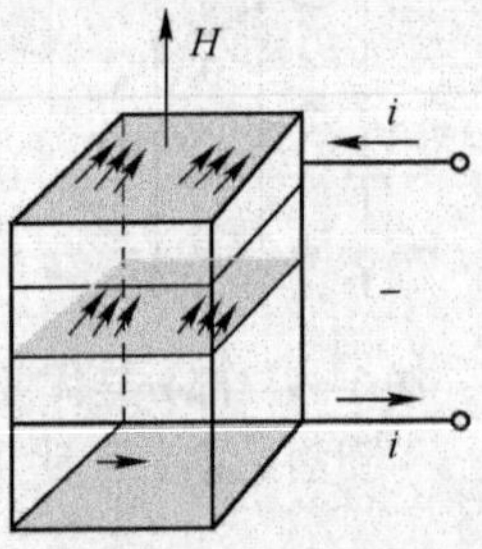

图 3-41　涡流

3）涡流。如图 3-41 所示，将绝缘导线绕在金属块上，当变化的电流通过导线时，穿过金属块的磁通发生变化就会产生感应电流，这种电流在金属块中自成回路，像水的旋涡一样，所以叫涡电流，简称涡流。由于整块金属电阻很小，因此涡流很大，使金属块发出大量的热，这就是涡流的热效应。

在电动机和变压器中，线圈通过交流电流时，铁心要产生强大的涡流，使铁心发热，温度升高，白白损耗大量的能量，并引起绝缘性能下降，甚至破坏绝缘造成事故。为了有效减小涡流损失，电动机和变压器的铁心通常是用涂有绝缘漆的薄硅钢片叠压制成的。这样，涡流就被限制在狭窄的薄片里，回路电阻很大，涡流大为减小。

在冶金工业上，利用涡流的热效应，制成高频炉用于有色金属和特种合金的冶炼。高频炉的主要结构是一个与大功率高频交流电源相接的线圈，被加热的金属就放在线圈中间的坩埚内，当线圈中通过强大的高频电流时，它产生的交变磁场在坩埚内的金属中产生强大的涡流，发出大量的热，使金属熔化。

【实践运用】

1. 电感器

(1) 电感器的特性及图形符号

图 3-42　电感器的图形符号

电感器（简称电感）也是构成电路的基本元件，在电路中有阻碍交流电通过的特性。其基本特性是通直流、阻交流，通低频、阻高频，在交流电路中常用于扼流、降压、谐振等，其图形符号，如图 3-42 所示。

(2) 电感器的分类

电感器可分为固定电感和可变电感两大类。按导磁性质可分为空心线圈、磁心线圈和铜心线圈等；按用途可分为高频扼流线圈、低频扼流线圈、调谐线圈、退耦线圈、提升线圈和稳频线圈等；按结构特点可分为单层、多层、蜂房式、磁心式等，如图 3-43 所示。

1）小型固定式电感线圈。这种电感线圈是将铜线绕在磁心上，再用环氧树脂或塑料封装而成。它的电感量用直标法和色标法表示，又称色码电感器。它具有体积小、质量小、结构牢固和安装使用方便等优点，因而广泛用于收录机、电视机等电子设备中，在电路中用于滤波、陷波、扼流、振荡、延迟等。固定电感器有立式和卧式两种，其电感量一般为 0.1 ~ 3000μH，允许误差分为Ⅰ、Ⅱ、Ⅲ三档，即 ±5%、±10%、±20%，工作频率在 10kHz ~ 200MHz 之间。

2）低频扼流圈。低频扼流圈又称滤波线圈，一般由铁心和绕组等构成。其结构有封闭式和开启式两种，封闭式的结构防潮性能较好。低频扼流圈常与电容器组成滤波电路，以滤除整流后残存的交流成分。

3）高频扼流圈。高频扼流圈用在高频电路中用来阻碍高频电流的通过。在电路中，高频扼流圈常与电容串联组成滤波电路，起到分开高频和低频信号的作用。

4）可变电感线圈。在线圈中插入磁心（或铜心），改变磁心的位置就可以达到改变电

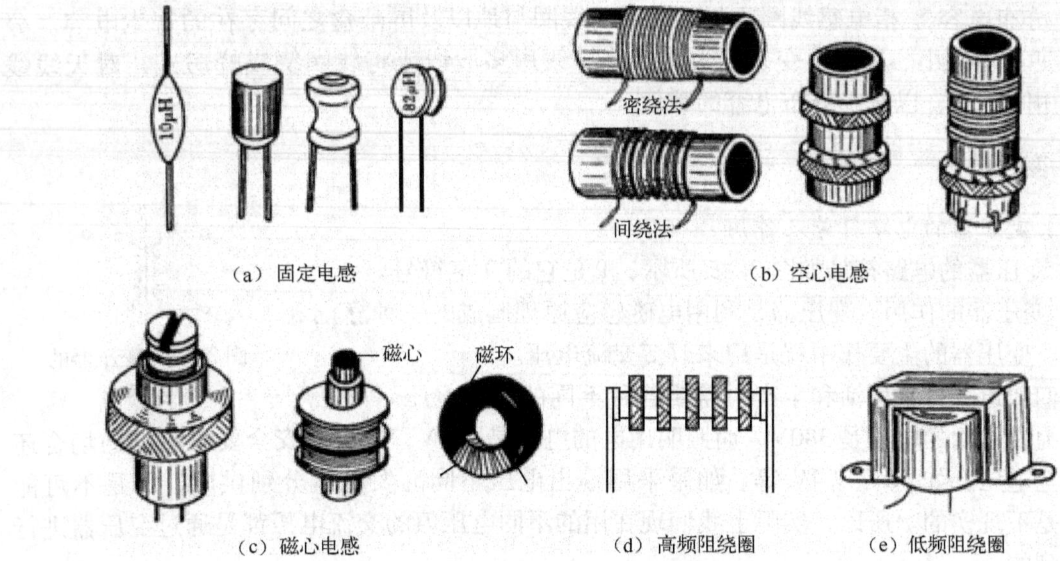

（a）固定电感　（b）空心电感

（c）磁心电感　（d）高频阻绕圈　（e）低频阻绕圈

图 3-43　几种常见电感器外形

感量的目的。如磁棒式天线线圈就是一个可变电感线圈，其电感量可在一定的范围内调节。它还能与可变电容组成调谐器，用于改变谐振回路的谐振频率。

（3）电感线圈的命名方法

电感线圈的命名方法，如图 3-44 所示。

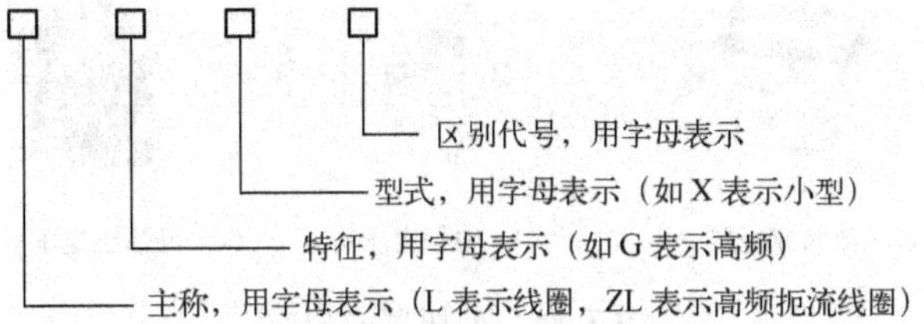

图 3-44　电感线圈的命名方法

（4）电感器的主要参数

1）电感量标称值与误差。电感器的电感量也有标称值，单位有 μH（微亨）、mH（毫亨）和 H（亨利）。它们之间的换算关系为：$1H = 10^3 mH = 10^6 \mu H$。电感量的误差是指线圈的实际电感量与标称值的差异，对振荡线圈的要求较高，允许误差为 0.2% ~0.5%；对耦合阻流线圈要求则较低，一般在 10% ~15% 之间。电感器的标称电感量和误差的常见标志方法有直接法和色标法，标志方式类似于电阻器的标志方法。目前大部分国产固定电感器将电感量、误差直接标在电感器上。

2）品质因数。电感器的品质因数 Q 是线圈质量的一个重要参数。它表示在某一工作频率下，线圈的感抗对其等效直流电阻的比值，即 $Q = \omega L/R$，Q 越高，线圈的铜损耗越小。在选频电路中，Q 值越高，电路的选频特性也越好。

3）额定电流。指在规定的温度下，线圈正常工作时所能承受的最大电流值。对于阻流线圈、电源滤波线圈和大功率的谐振线圈，这是一个很重要的参数。

4）分布电容 。指电感线圈匝与匝之间、线圈与地以及屏蔽盒之间存在的寄生电容。分布电容使 Q 值减小、稳定性变差，为此可将导线用多股线或将线圈绕成蜂房式，对天线线圈则采用间绕法，以减少分布电容的数值。

2. 变压器

（1）变压器的电路符号及作用

1）变压器的电路符号如图 3-45 所示，T 是它的文字符号。

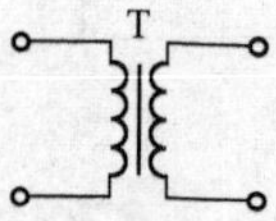

图 3-45　变压器的电路符号

2）变压器的作用。变压器是利用电磁感应原理制成的一种静止电气设备。变压器的主要作用就是用来改变交流电压。

我们知道，日常生活和生产中需要各种不同的交流电压。如工厂中的动力设备用的电压是 380V，而照明用电的电压是 220V，还有些安全要求较高的场合还需要安全电压：如 36V、24V 等。如果采用输出电压不同的发电机分别供电，那是不可能的，也是不现实的。所以，实际上我们现在用的不同电压值的交流电压都是通过变压器进行变换得到的。

当然变压器还可以用来改变交流电流、变换阻抗、改变相位。变压器是输配电、电子技术和电工测量中十分重要的电气设备。

（2）变压器的分类

变压器是用做变换电路中电压、电流和阻抗的的器件，按其工作频率的高低可分为低频变压器、中频变压器、高频变压器和行输出变压器等，如图 3-46 所示。

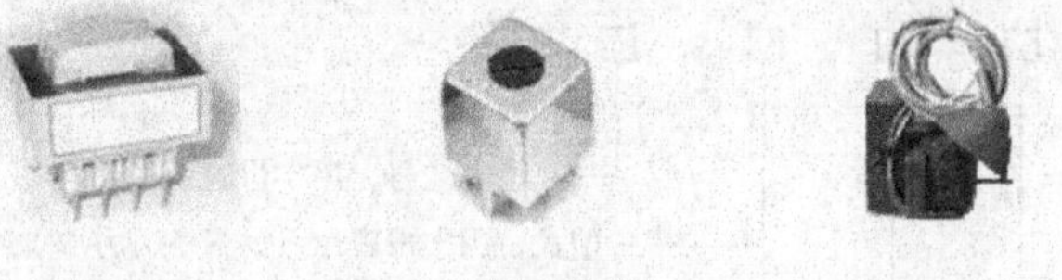
（a）低频变压器　（b）中频变压器　（c）行输出变压器

图 3-46　变压器的分类

1）低频变压器。低频变压器又分为音频变压器和电源变压器两种，它主要用在阻抗变换和交流电压的变换上。音频变压器的主要作用是实现阻抗匹配、耦合信号、将信号倒相等，因为只有在电路阻抗匹配的情况下，音频信号的传输损耗及其失真才能降到最小；电源变压器是将 220V 交流电压升高或降低，变成所需的各种交流电压。

2）中频变压器。它是超外差式收音机和电视机中的重要元件，又叫中周。中周的磁心和磁帽是用高频或低频特性的磁性材料制成的，低频磁心用于收音机，高频磁心用于电视机和调频收音机。中周的调谐方式有单调谐和双调谐两种，收音机多采用单调谐电路。常用的中周有 TFF－1、TFF－2、TFF－3 等型号，为收音机所用；10TV21、10LV23、10TS22 等型号为电视机所用。中频变压器的适用频率范围从几千赫兹到几十兆赫兹，在电路中起选频和耦合等作用，在很大程度上决定了接收机的灵敏度、选择性和通频带。

3）高频变压器。高频变压器又分为耦合线圈和调谐线圈两类。调谐线圈与电容可组成串、并联谐振回路，用于选频等作用。天线线圈、振荡线圈等都是高频线圈。

4）行输出变压器。它又称为逆行程变压器，接在电视机行扫描的输出级，将行逆程反峰电压经过升压整流、滤波，为显像管提供阳极高压、加速极电压、聚焦极电压以及其他电路所需的直流电压。新产品均为一体化行输出变压器。

(3) 变压器的型号及命名方法

变压器型号的命名方法由3部分组成：

1) 第一部分：主称，用字母表示。

2) 第二部分：功率，用数字表示，计量单位用伏安（VA）或瓦（W）表示，但RB型变压器除外。

3) 第三部分：序号，用数字表示。

主称部分字母表示的意义见表3-11。

表3-11　变压器型号中主称部分字母所表示的意义

字　母	意　义	字　母	意　义
DB CB RB GB	电源变压器 音频输出变压器 音频输入变压器 高频变压器	HB SB或ZB SB或EB	灯丝变压器 音频（定阻式）输送变压器 音频（定压式或自耦式变压器）

(4) 变压器的主要参数

1) 额定功率：指在规定的频率和电压下，变压器能长期工作而不超过规定温升的最大输出视在功率，单位为V·A。

2) 效率：指在额定负载时变压器的输出功率和输入功率的比值。即

$$\eta=\frac{P_2}{P_1}\times 100\% \tag{3-15}$$

3) 绝缘电阻：表征变压器绝缘性能的一个参数，是施加在绝缘层上的电压与漏电流的比值，包括绕组之间、绕组与铁心及外壳之间的绝缘阻值。由于绝缘电阻很大，一般只能用兆欧表（或万用表的“R×10k”挡）测量其阻值。如果变压器的绝缘电阻过低，在使用中可能出现机壳带电甚至将变压器绕组击穿烧毁。

(5) 小型电源变压器的结构及工作原理

电源变压器是最常用的一类变压器。电源变压器一般可分为：降压变压器（$U_1>U_2$）、升压变压器（$U_1<U_2$）、隔离变压器（$U_1=U_2$）、多绕组变压器等，如图3-47所示。

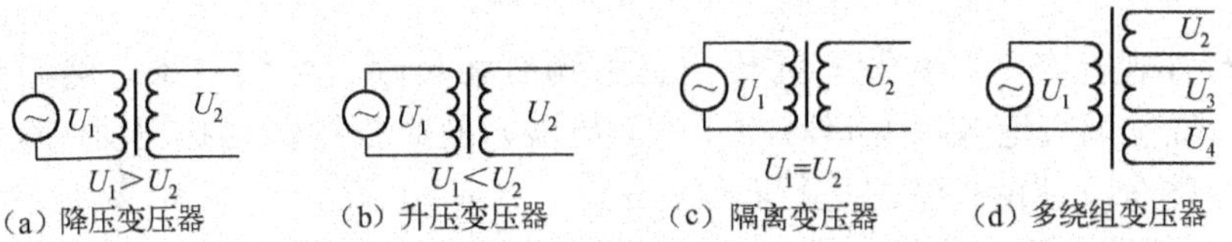

图3-47　小型电源变压器

1) 结构特点。小型电源变压器广泛应用于电子仪器中，它一般有1~2个一次侧绕组和几个不同的二次侧绕组，这样的变压器也叫多绕组变压器。可以根据实际需要连接组合，以获得不同的输出电压，图3-48所示为外形图，图3-49所示为小型电源变压器的原理图。

2) 工作原理。图3-48中左图有两个一次侧绕组，在接110V电网时，则两个绕组可单独使用或并联使用；当供电电网电压为220V时，可将两个绕组串联起来使用。在各绕组进行串

联和并联使用时要注意：绕组串联时应将绕组的异名端相接，绕组并联时应将同名端相接。

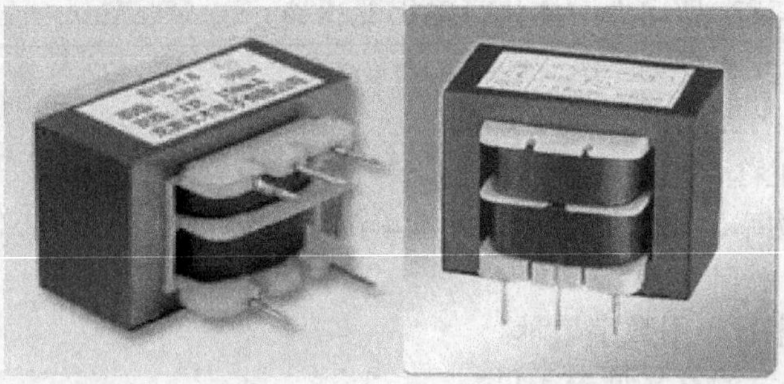

图 3-48　小型电源变压器外形图

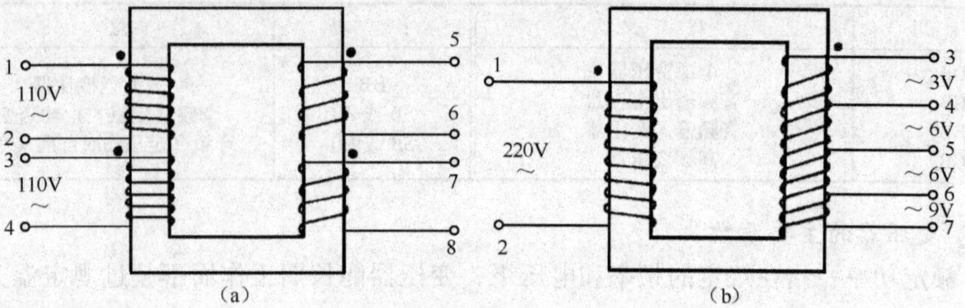

图 3-49　小型电源变压器原理图

这种多绕组变压器各二次侧和一次侧绕组的电压关系仍符合变压比的关系，即

$$\frac{U_1}{U_2}=\frac{N_1}{N_2}$$
$$\frac{U_1}{U_3}=\frac{N_1}{N_3} \tag{3-16}$$

图 3-49（b）中一次侧只有一个绕组，额定是电压为 220V，而二次侧可根据需要自由选择联接，它可获得 3V、6V、9V、12V、15V、21V 及 24V 等不同数值的电压。

【技能方法】

1. 电感器的检测

首先进行外观检查，看线圈有无松散，引脚有无折断、生锈现象。然后将万用表置于"R×1"挡，红、黑表笔各接电感器的任一引出端，此时指针应向右摆动。根据测出的电阻值大小，可具体分下述两种情况进行鉴别：

1）被测电感器电阻值为零，其内部有短路性故障。

2）被测电感器直流电阻值的大小与绕制电感器线圈所用的漆包线径、绕制圈数有直接关系，只要能测出电阻值，则可认为被测电感器是正常的。

2. 变压器的检测

(1) 检测绕组线圈

用万用表"R×1"挡测量各绕组线圈，应有一定的电阻值，如图 3-50 所示。如果表针不动，说明该绕组内部断路；如果阻值为0，说明该绕组内部短路。对于某些晶体管收音机中使用的输入、输出变压器，由于它们体积相同，外形相似，一旦标志脱落，直观上很难区分，此时可根据其线圈直流电阻值进行区分。

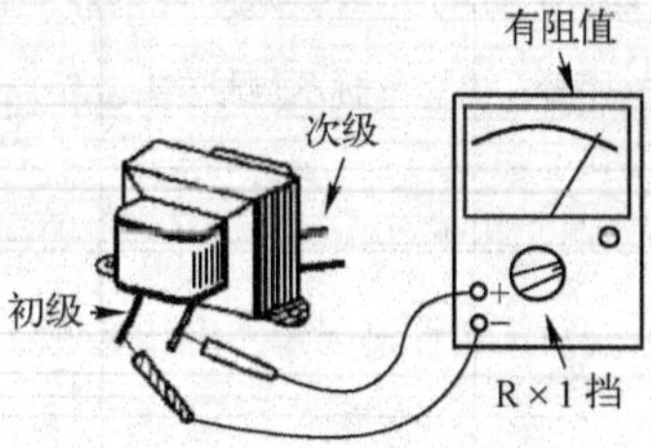

图3-50　检测绕组线圈

(2) 检测绝缘电阻

用万用表“R×1k”挡或“R×10k”挡，测量每两个绕组线圈之间的绝缘电阻，均应为无穷大，如图3-51所示。

用万用表“R×1k”挡或“R×10k”挡，测量每个绕组线圈与铁心之间的绝缘电阻，均应为无穷大，如图3-52所示。否则说明该变压器绝缘性能太差，不能使用。

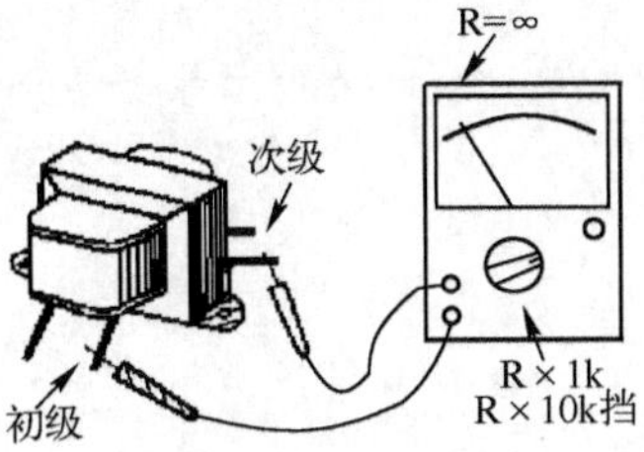

图3-51　检测绝缘电阻（一）

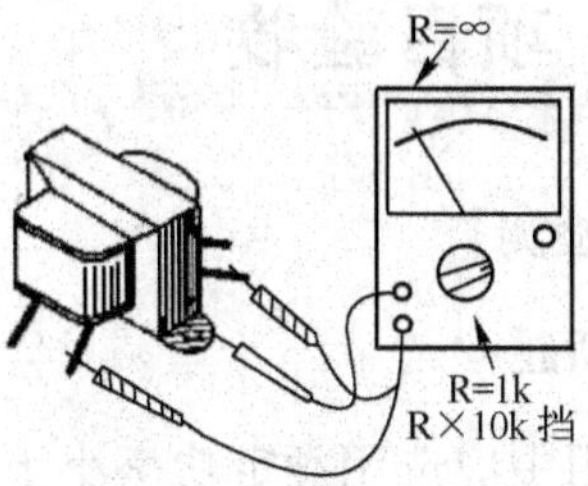

图3-52　检测绝缘电阻（二）

【巩固训练】

1. 判断题

1）电感器是构成电路的基本元件，其基本特性是通低频、阻高频。　(　　)

2）电感器是一些线圈组成，它的主要参数中没有额定电流这一项。　(　　)

3）变压器是利用电磁感应原理制成的一种静止电气设备。　(　　)

4）判别变压器的初、次级线圈，可根据变压器外观来识别。　(　　)

5）检测变压器的绝缘电阻，可将万用表置于“R×10k”挡测量。　(　　)

2. 实践题

准备各类电感器、变压器若干只，进行电感器、变压器识别与检测训练，并将结果填入下表中。

序号	标示型号	识别			检测		判断是否合格
		主称	特征	意义	量程	阻值	
1							
2							
3							
4							
5							

续表

序号	标示型号	识别			检测		判断是否合格
		主称	特征	意义	量程	阻值	
6							
7							
8							
9							
10							

3.4 项目验收

【项目检测】

1. 判断题

1）使用中应选用额定功率小于电路要求的电阻器。

2）电容器在使用时允许超过耐压值。

3）对电感器的外观检查，如看线圈有无松散，引脚有无折断、生锈等，是判断电感器是否能正常使用的基本方法。

4）一般用万用表的“R×1k”挡来测绕组的电阻值，可判断绕组有无短路或断路现象。

5）小型电源变压器初级线圈的阻值小于次级线圈的阻值。

2. 实践题

1）准备不同型号的电阻、电容、电感、变压器若干只，万用表1块。

2）要求在规定的时间内区分元器件的种类。

3）读出电阻的标称值，再用万用表测量阻值，将测量结果填入下表中。

序号	读取色环	由色环写出阻值	由万用表测量出的结果
1			
2			
3			
4			
5			
6			
7			
8			
9			
10			

4）读出电容容量，并用万用表测出漏电电阻，将结果填入下表中。

序号	读取标称值	由标示写出电容容量耐压等	万用表测量漏电阻	
			万用表挡位	实测结果
1				
2				
3				
4				
5				

5）电感器、变压器识别与检测，并将结果填入下表中。

序号	标示型号	万用表检测阻值		判断结果
		量　程	阻　值	
1				
2				
3				
4				
5				
6				

【项目评价】

请反思在本项目进程中你的收获和疑惑、写出你的体会和评价。

项目总结与评价表

内　容		你的收获	你的疑惑
获得知识			
掌握方法			
习得技能			
学习体会			
学习评价	自我评价		
	同学互评		
	老师寄语		

项目四

家居用电

4.1 项目情境

不久前甄浩雪同学邻居家的一场大火，给小甄的爸爸敲响了警钟，促使他决定更换室内线路。小甄的舅舅是变电所的电工，邀请他来帮忙，可舅舅工作很忙，画了些电工图，要小甄爸爸先备料。小甄爸爸看不懂，来问小甄。小甄能给他爸爸满意的答复吗？

4.2 项目分解

任务一：识读简单电工图

能说出正弦交流电的生产，会用多种形式表示正弦交流电；能认识电工图中的基本符号，能识读简单的电工图。

任务二：室内布线与检修

能选用导线，会使用电工基本工具，能利用工具进行导线连接和室内敷线。

任务三：照明线路的安装

能说出单相交流电路的特点，会进行单相交流电路的简单分析和计算；知道电气照明和电光源的分类，能说出照明装置安装的原则，能安装照明装置并对其进行检修。

任务四：家用低压量配电板的安装

能识别常用低压配电电器，会进行家用低压量配电板的安装。

4.3 项目进程

4.3.1 任务一　识读简单电工图

【引出任务】

放学回家，一按开关，电灯就亮了；一按遥控器，电视机就播放节目……我们日常生活中用的是什么电？怎么产生的？有什么特点？

【知识链接】

1. 正弦交流电的产生

(1) 交流电的基本概念

在电路中，大小和方向都随时间作周期性变化的电流和电压，分别称为交变电流和交变电压，统称为交流电。交流电分正弦交流电和非正弦交流电。大小和方向随时间按正弦规律变化的电压和电流称为正弦交流电。我们日常生活中照明线路所用的就是正弦交流电。其文字符号用英文字母“AC”表示，图形符号用“～”表示，其波形如图 4-1（a）所示。非正弦交流电常见的有矩形波交流电、三角波交流电等，如图 4-1（b）、（c）所示。

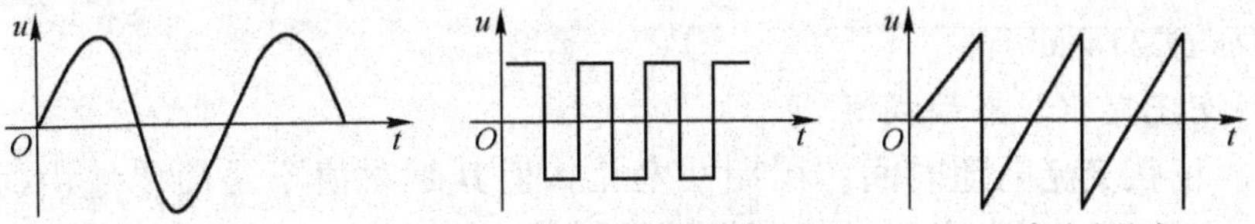

（a）正弦交流电　（b）矩形波交流电　（c）三角波交流电

图 4-1　各种交流电波形

(2) 正弦交流电的产生

如图 4-2 所示，让矩形线圈在匀强磁场中匀速转动。观察电流计的指针，可以看到，指针随着线圈的转动而摆动，并且线圈每转一周，指针左右摆动一次。这表明转动的线圈里产生了感应电流，并且感应电流的大小和方向都在随时间做周期性变化。图 4-2 所示的就是最简单的交流发电机的原理示意图。

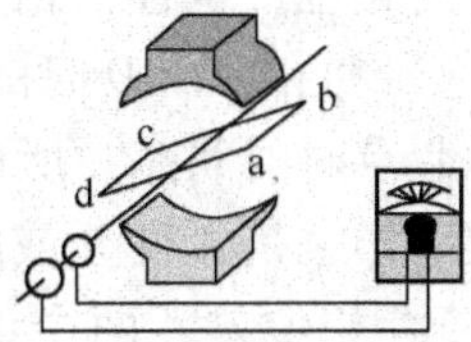

图 4-2　正弦交流电的产生

2. 交流电特性的描述

(1) 交流电的值的描述

1）瞬时值。交流电的大小和方向都随时间作周期性变化，但在某一个时刻其大小和方向是确定的，这个确定的值就是交流电的瞬时值。交流电的瞬时值用小写英文字母表示，i、u、e 就分别表示交流电流、电压、电动势的瞬时值。

2）最大值。交流电的最大值就是交流电在一个周期内所能达到的最大数值，可以用来表示交流电的变化范围。交流电的最大值又称振幅、幅值、峰值，用带有下标 m 的大写英文字母表示。I_m、U_m、E_m 分别表示交流电流、电压、电动势的最大值。

3）有效值。交流电的最大值不能反映交流电产生的效果，在工程上常用有效值来表示。交流电的有效值是根据电流的热效应来规定的，让直流电和交流电分别通过阻值相等的电阻，如果在相同的时间内产生的热量相等，这一直流电的数值就是交流电的有效值。交流电的有效值用大写英文字母表示，I、U、E 分别表示交流电流、电压、电动势的有效值。

理论和实验证明，正弦交流电的最大值和有效值间存在如下关系：

$$I_m = \sqrt{2}I; U_m = \sqrt{2}U; E_m = \sqrt{2}E \tag{4-1}$$

(2) 交流电变化快慢的描述

1）周期。正弦交流电完成一次周期性变化所需的时间，称为正弦交流电的周期，用英文字母 T 表示，单位是秒（s）。

2）频率。正弦交流电在1s内完成周期性变化的次数，称为正弦交流电的频率，用英文字母f表示，单位是赫兹（Hz）。

3）角频率。正弦交流电每变化一次，发电机的转子线圈转动2π弧度，即正弦交流电的电角度变化了2π弧度。正弦交流电在1s内变化的电角度，称为角频率。用希腊字母ω表示，单位是弧度每秒（rad/s）。

角频率与周期、频率之间的关系为

$$\omega = 2\pi f = \frac{2\pi}{T};T = \frac{1}{f} \tag{4-2}$$

在我国供电系统中，交流电的频率是50Hz，习惯上称为“工频”，周期是0.02s，角频率是100πrad/s或314rad/s。

（3）正弦交流变化状态的描述

1）相位。正弦交流电随时间作周期性变化，但其瞬时值不是简单地由时间t决定的，而是由$\omega t+\varphi_0$决定的，即发电机转子的转速、转动时间和初始位置决定。这个相当于角度的量决定了正弦交流电的变化状态，是反映正弦交流电随时间变化的核心部分，称为正弦交流电的相位，也称为相角。

2）初相。$t=0$时的相位称为初相位，简称为初相，用φ_0表示。初相决定了正弦交流电计时起点时的状态。所取的计时起点不同，正弦交流电的初相也不同。初相的单位与相位的单位一样也是弧度（或度），初相的取值范围是$-\pi<\varphi_0\leqslant\pi$。

3）相位差。两个正弦交流电的相位之差称为相位差，用$\Delta\varphi$表示。如果这两个正弦交流电的频率相同，它们的相位差就等于初相之差，即：$\Delta\varphi=(\omega t+\varphi_{01})-(\omega t+\varphi_{02})=\varphi_{01}-\varphi_{02}$。

相位差与时间无关，在正弦交流电的变化过程中的任一时刻都是一个常数，只表示两个交流电在时间上的超前或滞后的关系，即相位关系。在实际应用中，规定相位差的范围一般为$-\pi<\varphi_0\leqslant\pi$。

3. 正弦交流电的表示法

有效值（或最大值）、频率（或周期、角频率）、初相是表征正弦交流电的三个重要物理量，称为正弦交流电的三要素。只有知道这三个要素，才能完整表示正弦交流电。

（1）解析式表示法

用正弦函数式表示正弦交流电周期性变化规律的方法称为解析式表示法，简称为解析法。其表示方法为：

瞬时值 = 最大值 sin(角频率 t+ 初相位)

正弦交流电的电流、电压和电动势的解析式分别表示为

$$\begin{aligned} i &= I_m\sin(\omega t+\varphi_{i0}) \\ u &= U_m\sin(\omega t+\varphi_{u0}) \\ e &= E_m\sin(\omega t+\varphi_{e0}) \end{aligned} \tag{4-3}$$

(2) 波形图表示法

用正弦函数曲线表示正弦交流电周期性变化规律的方法称为波形图表示法，简称波形图或图像法。一般地，横坐标表示时间（或电角度），纵坐标表示电流（或电压、电动势）。

(3) 相量图表示法

就是以正弦交流电的最大值（或有效值）为长度，以正弦交流电的初相为与 x 轴的夹角在平面中画一矢量来表示正弦交流电。为了与一般的空间矢量（如：力、速度等）加以区别，称为相量，用大写英文字母上加“·”表示。用相量表示正弦交流电的图就是相量图。如图 4-3 所示就是正弦交流电的电流 $i=I_m\sin(\omega t+\varphi_0)$ 的相量图。还可以把同频率的多个相量画在一个图上，如图 4-4 所示，表示的是正弦交流电的电流、电压和电动势的相量图：

$$e=60\sin(\omega t+60°)\,V$$
$$u=45\sin(\omega t+30°)\,V$$
$$i=5\sin(\omega t-30°)\,A$$

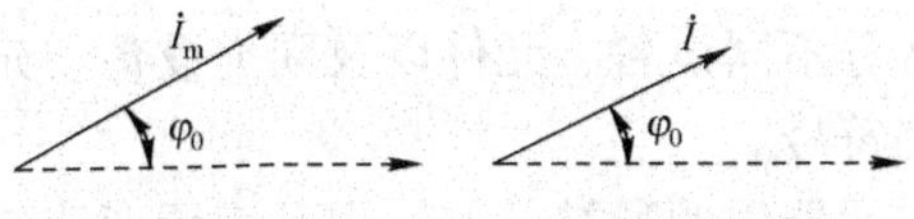

(a) 最大值相量　(b) 有效值相量

图 4-3　交流电流相量图

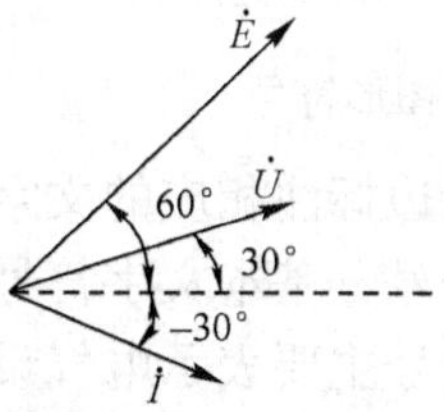

图 4-4　表示多个正弦量的相量图

【技能方法】

1. 交流电流、电压的测量

(1) 用交流电流表和交流电压表测量

测量方法与直流电流、直流电压的测量基本相同，不同之处是不必考虑电流表或电压表的极性。如果要测量交流高压电路的电流或大电流要使用电流互感器将高压隔离或使大电流变小，要测量高压电路的电压，也应使用电压互感器降低电压。

(2) 使用万用表测量交流电压的方法和注意事项

1) 测量前，必须将转换开关置于相应的交流电压量程挡。如果误用直流电压挡，表头指针会不动或略微抖动；如果误用直流电流档或电阻挡，轻则打弯指针，重则烧毁表头。

2) 测量时将表笔并联在被测电路或元器件两端。

3) 要养成单手操作的习惯，在测高电压时更要如此。要预先把一支表笔固定在被测电路的公共接地端，单手拿另一支笔进行测量。

4) 表盘上交流电压刻度线是按正弦交流电的有效值刻度的，如果被测电量不是正弦交流电时，误差会很大，测量数据只能作为参考。

5) 表盘上大多数都标明了使用频率范围，一般为 45 ~ 1000Hz，如果被测交流电压的频率超过这范围，误差会增大，测量数据也只能作为参考。

2. 电工图的表示方法

电工图是以国家规定的图形符号和文字符号按照统一的画法绘制出来的，能提供电路中各元器件的功能、位置、连接方式及工作原理等信息的图纸。它是电气技术中应用最广泛的技术资料，是从事电气工程技术工作工人与工程技术人员进行技术交流和生产活动的“工程语言”，有着文字语言不可替代的作用。

（1）图形符号和文字符号

要识读电工图，首先要认识图中的各种符号，了解和熟悉这些符号的形式、内容、含义及它们之间的关系。在电工图中，最重要的是图形符号和文字符号。

图形符号是指用于图样或其他技术文件中表示电气元件或电气设备性能的图形、标记或字符。图形符号中最常用的是一般符号和限定符号。

一般符号是表示同一类元器件或设备特征的一种简单符号，它是各类元器件或设备的基本符号，如图 4-5（a）所示。

（a）一般符号　（b）限定符号

图 4-5　图形符号

限定符号是用以提供附加信息的一种加在其他符号上的符号，不能单独使用，而必须与其他符号组合使用，如图 4-5（b）所示。

在电气图中，除了用图形符号表示各种设备、元件外，还在图形符号旁边标注相应的文字符号，以区分不同设备、元件以及同类设备、元件中的不同功能。文字符号分基本文字符号和辅助文字符号。

基本文字符号主要表示电气设备、装置和元器件的种类。如：用 E 表示照明灯，Q 表示开关，M 表示电动机，T 表示变压器等。

辅助文字符号用来表示电气设备、装置和元器件以及线路的功能、状态和特征。如：H 表示高，AC 表示交流，OFF 表示断开，ST 表示启动等。

（2）电工图的种类

电工图按其用途可分为电气原理图、安装接线图、平面布置图、端子排图、展开图等，其中电气原理图和安装接线图是最常见的。

1）电气原理图。电气原理图是用电气符号表明电气系统的基本组成、各元件间的连接方式、电气系统的工作原理及其作用，而不反映电气设备、元件的结构和实际位置的一种简图。如图 4-6 所示是某住宅楼供电系统电气原理图。

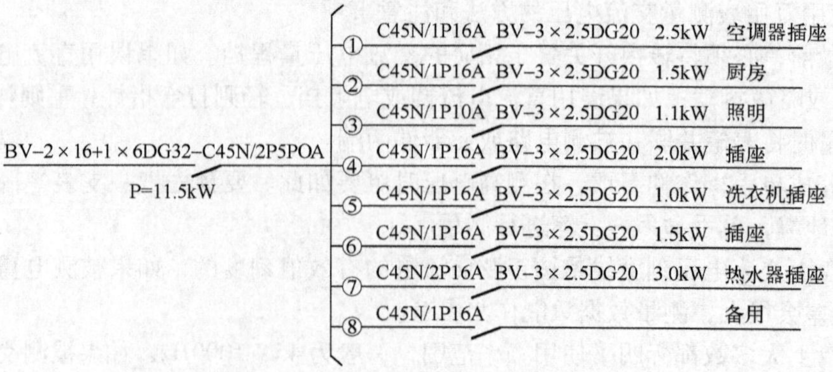

图 4-6　某住宅楼供电系统电气原理图

图 4-6 表示某住宅楼照明的电源取自供电系统的低压配电线路，进户线穿过进户开关后，先接入配电屏，再接到用户的分配电箱，经电度表、刀开关或空气开关，最后接到灯具和其他设备上。为了使每个用电器的工作不影响其他用电器，各条控制线路都并接在相线和中性线上，并在各自线路中串接控制开关。

2）安装接线图。安装接线图简称为安装图，是反映电气系统或设备各部分连接关系的图，是根据电气设备或元件的实际结构和安装要求绘制的，只考虑设备或元件的安装配线而不必表示设备或元件的动作原理。如图 4-7 所示是某住宅楼供电系统安装接线图。该图表示某一住房各房间电气安装的走线情况。

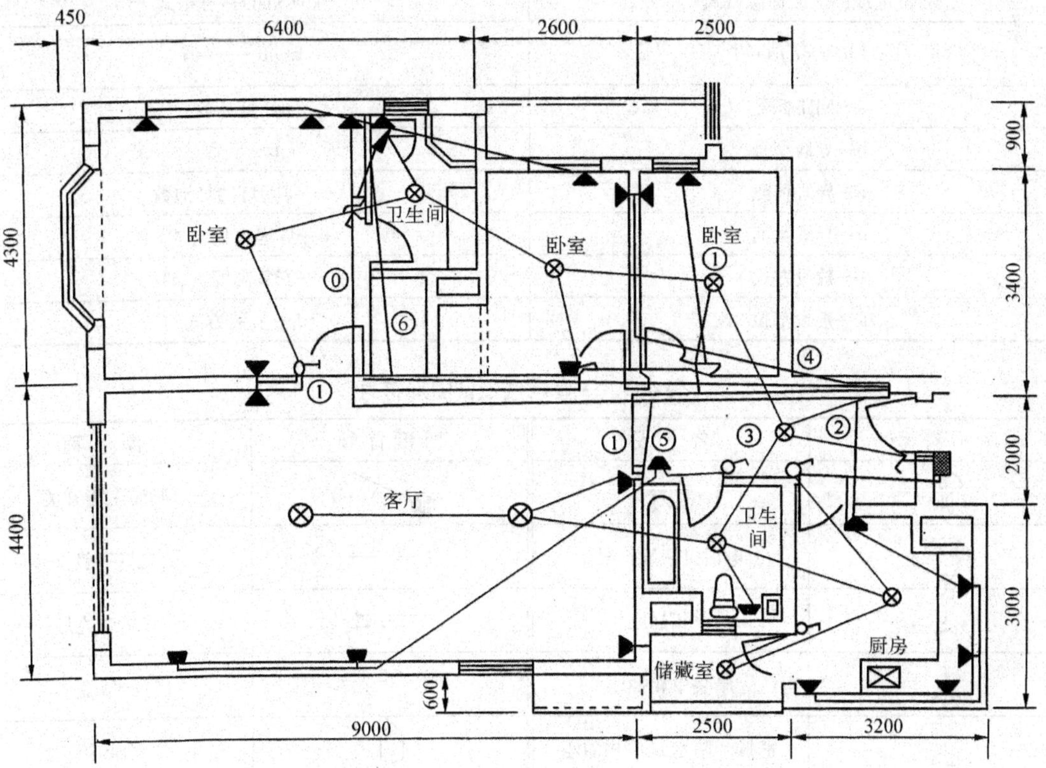

注：1. 空调插座距地面 1.8m　　2. 冰箱，洗衣机，厨房插座距地面 1.3 m
3. 开关距地面 1.3 m　　4. 卫生间电热水器，排风扇距地面 2.4 m
5. 油烟机距地面 2.4 m　　6. 其他插座距地面 0.3 m

图 4-7　某住宅楼供电系统安装接线图（单位：mm）

【实践运用】

识读电工图要按照读图的基本要求，掌握读图的一般步骤。

1. 读图的基本要求

1）结合相关图例符号说明读图。电工图的设计、绘制与识读，离不开相关图例符号，只有认识相关图例符号，才能理解图纸的含义。如：表 4-1 所列的是一些文字符号及意义，表 4-2 所列的是配电线路和照明灯的标志格式，表 4-3 所列的是一些电气设备图形符号。

表 4-1　一些文字符号及意义

文字符号	名　称	文字符号	名　称
M	明敷设	ZM	沿柱敷设
A	暗敷设	CM	沿墙敷设
CT	用瓷夹瓷卡敷设	PM	沿天花板敷设
CB	沿隔板敷设	DM	沿地敷设

表 4-2　配电线路和照明灯的标志格式

配电线路上的标志格式	照明灯的标志格式
$a-b(c\times d)e-f$	$a-b\frac{c-d}{c}-f$
a—网路标号	a—灯具数
b—导线型号	b—型号
c—导线根数	c—每盏灯的灯泡数
d—导线截面	d—灯泡容量（W）
e—敷设方式	e—安装高度（m）
f—敷设部位	f—安装方式

表 4-3　一些电气设备图形符号

图形符号	名　称	图形符号	名　称
	电铃		暗装三极开关
	电话机一般符号		荧光灯一般符号
	单相插座		三管荧光灯
	暗装单相插座		分线盒
	密封（防水）单相插座		分线箱
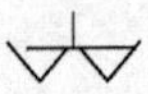	需接地插孔的三相插座		球形灯
	单极开关		壁灯
	暗装单极开关		辉光启动器
	双极开关		保护接地
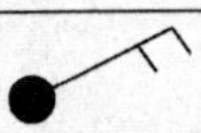	暗装双极开关		接地
	三极开关		电流表

2）结合电工基本原理读图。电工图的设计离不开电工的基本原理。要看懂电工图的结构和工作原理，必须懂得电工的相关知识。这样，才能分析线路，理解图纸的含义。

3）结合电器件的结构原理读图。在线路图中往往有各种相关的电器件，如熔断器、控制开关、接触器、继电器等，必须先懂得这些电器件的基本结构、性能、动作原理、电器件间的相互关系及其在整个电路中的地位和作用等，才能读懂并理解电路图。

4）结合典型电路读图。典型电路是构成电路图的基本电路，如一只开关控制一盏灯的线路、两只开关控制一盏灯的线路、荧光灯控制线路，电动机启动、正反转控制、制动线路等。分析出典型电路，就容易看懂图纸上的完整线路。

5）结合线路图的绘制特点读图。线路图的绘制是有规律的，如工厂机床动力控制图的主辅电路，它在图纸上的位置及线条粗细有明确规定。在垂直方向绘制图纸时是从上向下，在水平方向则是从左到右，懂得这些绘制图纸的规律，有利于看懂图纸。

2. 读图的一般步骤

1）阅读图纸的有关说明。图纸的有关说明包括图纸目录、技术说明、器件（元件）明细表及施工说明书等。阅读图纸的有关说明，可以了解工程的整体轮廓、设计内容及施工的基本要求。

2）读识电气原理图。根据电工基本原理，在图纸上首先分出主回路和辅助回路、交流回路和直流回路。然后一看主回路，二看辅助回路。看主回路时，应从用电设备开始，经过控制器件（元件）往电源方看。看辅助回路时，应从左到右或自上而下看。

在对主回路识读中，要掌握工程的电源供给情况。电源在送往用电设备中要经过哪些控制器件（元件），这些器件（元件）各有什么作用，它们在控制用电设备时是怎样动作的。在对辅助回路识读中，应掌握该回路的基本组成，各器件（元件）之间的相互联系以及各器件（元件）的动作情况，从而理解辅助回路对主回路的控制原理，以便读懂整个电路工作程序及原理。

3）识读安装图。先读主回路，后读辅助回路。读主回路时，可以从电源引入处开始，根据电流流向，依次经控制器件（元件）和线路到用电设备。读辅助回路时，仍从交流相电源出发，根据假定电流方向经控制器件（元件）巡行到另一相电源。在读图时还应注意施工中所有器件（元件）的型号、规格、数量和布线方式、安装高度等重要资料。

3. 室内照明线路图的识读

从图4-6所示的某住宅楼供电系统电气原理图可识读出：单元总线为2根16mm^{2}加1根6mm^{2}的BV型铜芯电线，设计使用功率11.5kW，经空气开关（型号C45N/2P50A）控制，安装管道直径为32mm。电气线路分8路控制（其中路在配电箱内作备用），各由空气开关（型号：C45N/lPl6A）控制一路。每条支路（线路）由直径2.5 mm^{2}的BV铜芯线3根，穿线管道直径为20mm。各支路设计使用功率分别为2.5kW、1.5kW、1.1kW、2kW、1kW、1.5kW、3kW。

在“注”标目中，标出空调器插座、厨房冰箱插座、洗衣机用插座及开关等电器件距地面的安装技术数据。

从图4-7所示的某住宅楼供电（照明）系统安装图可识读出：有客厅1间、卧室3间、卫生间2间和厨房、储藏室各1间，共计8间。在门厅过道有配电箱一个，分8路（其中1路在配电箱内作备用）引出，室内顶棚灯座10处、插座24处，开关及连接这些灯具（电器）的线路。所有的开关和线路为暗敷设，并在线路上标出①、②、③、④、⑤、⑥字样，与图4-7中的①、②、③、④、⑤、⑥字样一一对应。此外，还有门厅墙壁座灯一盏。

【巩固训练】

1. 填空题

1）某发电动机的转子在0.2s内转动了5周，则这发电机生产的交流电的周期是_______，频率等于_______。

2）我国照明电路的交流电压是_______，最大值是_______，频率是_______。

3）正弦交流电的三要素是_______、_______、_______。

4）已知一正弦交流电压 $u=20\sin(100\pi t+30°)$ V，则其有效值是_______，频率是_______，初相位是_______。

5）已知一正弦交流电流的最大值是50A，周期是0.02s，初相位是120°，则其解析式是__________。

2. 实践题

综合下面两图，如图4-8所示，你能了解哪些情况（包括建筑概况、供电电源、线路状况、照明及电气设备等）

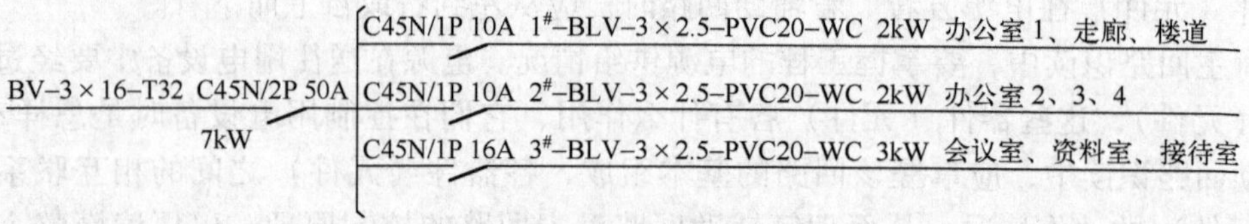

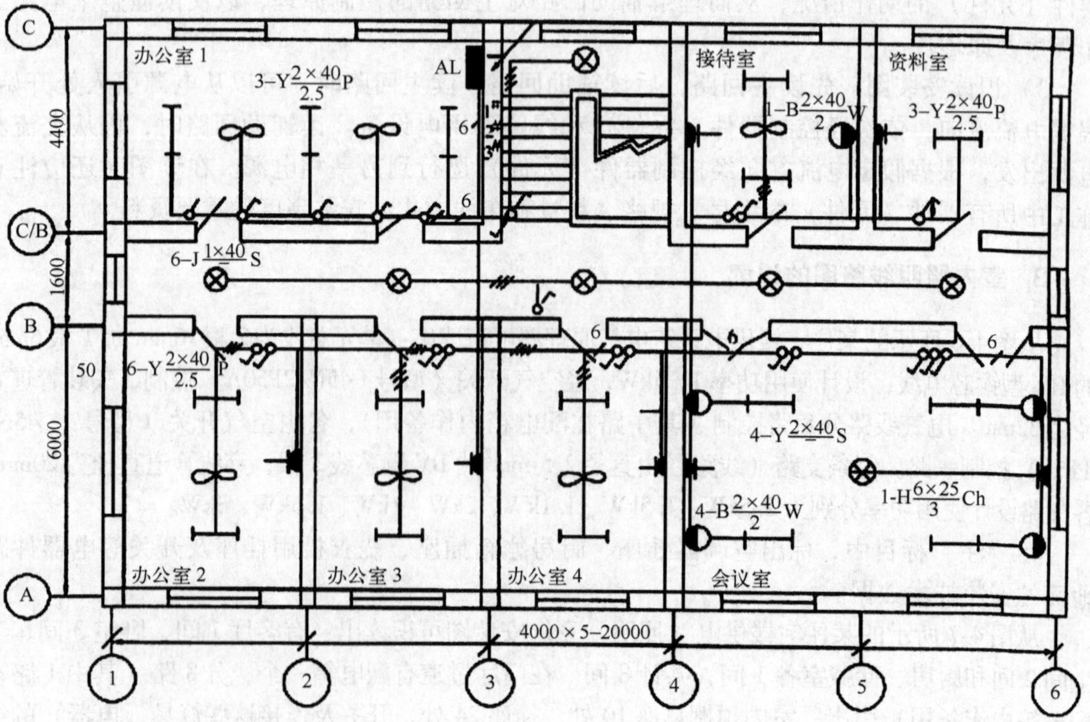

图4-8

4.3.2　任务二　室内布线与检修

【引出任务】

小甄同学，看懂舅舅画的图纸了吗？要更换室内线路，除了能看懂图纸外，接下来就要备料了。星期天，爸爸要小甄同学一起去电工材料市场，小甄同学知道要买些什么吗？

【知识链接】

导线概述

1. 导线及其种类

导线是电路中的最主要的组成部分，无论是供电线路、配电线路，还是电器设备的连接，都离不开导线。导线一般是由导电良好的金属材料（如铜、铝等）制成的线状物体。导线的种类繁多。按制造的材料，可分为铜导线、铝导线、钢芯铝绞线等。按芯线形式，可分为单股导线（硬导线）、多股导线（软导线）。按结构特点，可分为裸导线、绝缘导线和电缆等。

2. 常用绝缘导线

绝缘导线是用铜或铝作为线芯，外层敷以聚氯乙烯塑料或橡胶等绝缘材料的导线。常用的有 B 系列和 R 系列塑料、橡皮导线。

B 系列塑料、橡皮导线由于结构简单、质量轻、价格低廉、电气和机械性能好，广泛应用于各种动力、配电和照明线路，并可用做中小型电气设备的安装线。B 的含义是硬线，它们的交流工作耐压是 500V，直流工作耐压是 1000V。

R 系列塑料、橡皮导线的线芯是用多股细铜丝绞合而成的，除了具备 B 系列导线的特点外，还比较柔软，广泛用于家用电器、仪表及照明线路。R 的含义是软线。

常用绝缘导线的结构、型号和用途见表 4-4。

表 4-4　常用绝缘导线的结构、型号和用途

结　构	型　号	名　称	用　途
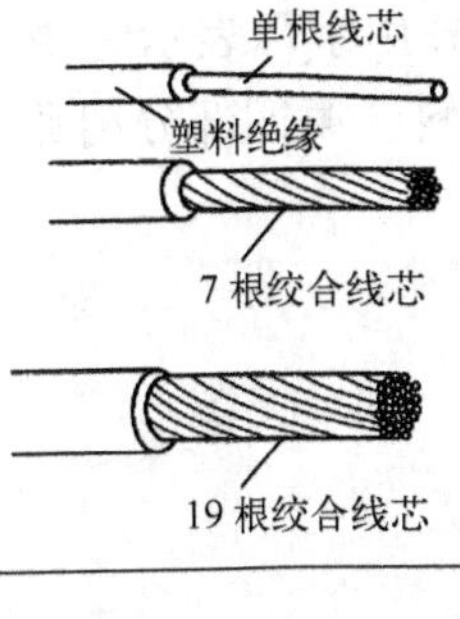	BV－70 BLV－70	聚氯乙烯绝缘铜芯线 聚氯乙烯绝缘铝芯线	用来作为交直流额定电压为 500V 及以下的户内照明和动力线路的敷设导线，以及户外沿墙支架线路的架设导线
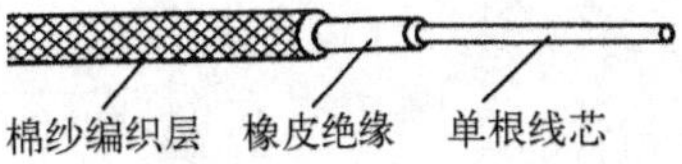	BX BLX	铜芯橡皮线 铝芯橡皮线 （俗称皮线）	

续表

结　构	型　号	名　称	用　途
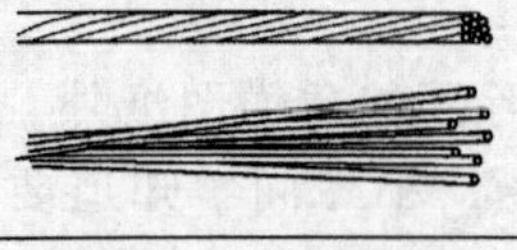	LJ LGJ	裸铝绞线 钢芯铝绞线	用来作为户外高低压架空线路的架设导线，其中 LGJ 应用于气象条件恶劣、电杆挡距大、跨越重要区域或电压较高等线路场合
	BVR BLVR	聚氯乙烯绝缘铜芯软线 聚氯乙烯绝缘铝芯软线	适用于不作频繁活动的场合的电源连接线，但不能作为不固定的或处于活动场合的敷设导线
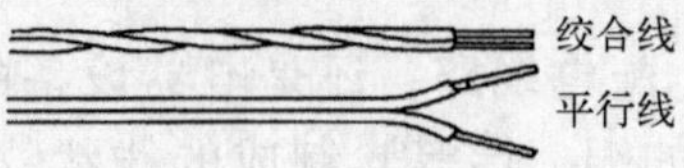	RVB－70 （或 RFB） RVS－70 （或 RFS）	聚氯乙烯绝缘双根平行软线（丁腈聚氯乙烯复合绝缘） 聚氯乙烯绝缘双根绞合软线（丁腈聚氯乙烯复合绝缘）	用来作为交直流额定电压为 250V 及以下的移动电具、吊灯的电源连接导线
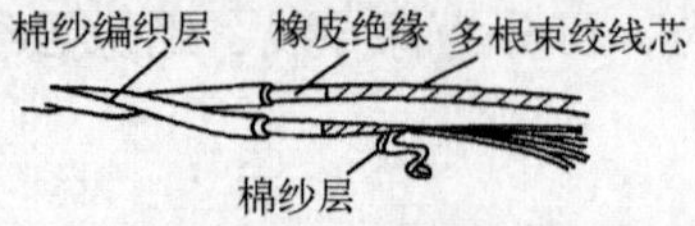	BXS	棉纱编织橡皮绝缘双根绞合软线（俗称花线）	用来作为交直流额定电压为 250V 及以下的电热移动电具（如小型电炉、电熨斗和电烙铁）的电源连接导线
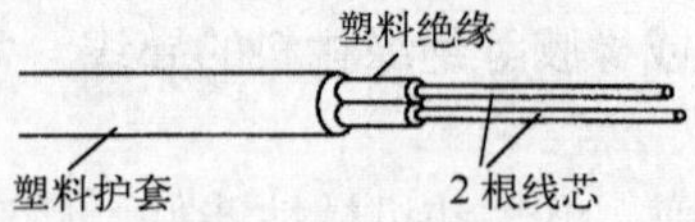	BVV－70 BLVV－70	聚氯乙烯绝缘和护套 2 根或 3 根铜芯护套线 聚氯乙烯绝缘和护套 2 根或 3 根铝芯护套线	用来作为交直流额定电压为 500V 及以下的户内外照明和小容量动力线路的敷设导线
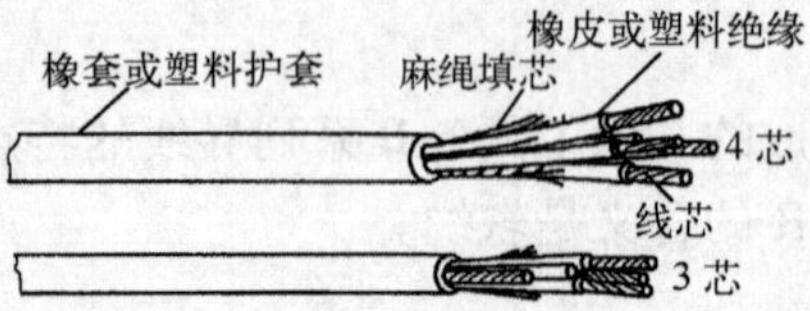	RHF RH	氯丁橡套软线 橡套软线	用于移动电器的电源连接导线，插座板电源连接导线或短期临时送电的电源馈线

3. 绝缘导线的型号

绝缘导线的型号一般由 4 部分组成，如图 4-9 所示。第一部分用字母表示绝缘导线的类型。第二部分用字母表示导体材料。第三部分用字母表示绝缘材料。第四部分用数字表示导线的标称截面，单位为 mm^2。

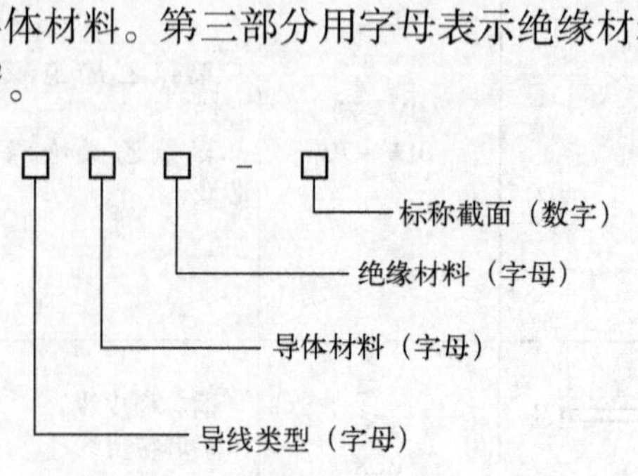

图 4-9　绝缘导线的型号

绝缘导线型号的意义见表4-5。

表4-5 绝缘导线型号的意义

类　型	导体材料	绝缘材料	标称截面
B：硬导线 R：软导线	L：铝芯 （无）：铜芯	X：橡胶 V：聚氯乙烯塑料	单位：mm^2

例如：BLX－2.5为标称截面2.5mm^2的铝芯橡胶绝缘导线；RV－1.0为标称截面1.0mm^2的铜芯聚氯乙烯塑料绝缘软导线。

4. 选用导线的一般原则

选用导线的首要原则是必须保证线路安全、可靠地长期运行，在此前提下兼顾经济性和敷设施工的方便。由于用电负载、使用环境、采购条件和施工条件千差万别，在实际工作中应在以下原则的前提下根据实际情况灵活掌握。

（1）允许载流量

允许载流量是指导线长期安全运行所能够承受的最大电流，选用导线时必须使其允许载流量大于或等于线路的最大电流值。允许载流量与导线的材料和截面有关，导线的截面积越大其允许载流量越大，截面相同时铜芯导线比铝芯导线的允许载流量要大。允许载流量还与导线的使用环境和敷设方式有关，相同的导线，明线敷设使用（环境散热条件较好）时的允许载流量，比暗线敷设使用或多根导线集中穿管敷设使用（环境散热条件较差）时要大一些。环境温度较高时，导线的允许载流量也会小一些。表4-6为部分铜芯绝缘导线标称截面与允许载流量的对应值。

表4-6 部分铜芯绝缘导线的允许载流量

导线直径/mm	标称截面/mm^2	允许载流量/A	
		橡胶绝缘	塑料绝缘
0.98	0.75	18	16
1.12	1.0	21	19
1.38	1.5	27	24
1.58	2.0	31	28
1.78	2.5	35	32
2.24	4.0	45	42
2.76	6.4	58	55
3.56	10.0	85	75

（2）额定电压

额定电压是指绝缘导线在长期安全运行中，其绝缘层所能承受的最高工作电压。低压线路中常用绝缘导线的额定电压有250V、500V、1000V等，应根据线路的电源电压选用。

（3）机械强度

机械强度是指导线的承受重力、拉力和扭折的能力，选用时应充分考虑导线的机械强度，以满足使用环境对导线强度的要求。

【技能方法】

基本电工工具的使用

1. 验电笔

验电笔又称为低压验电器，简称为电笔，是用来检测导线、开关、插座等电器及电气设备是否带电的工具。检测电压在60～500V之间。如图4-10所示，常用的验电笔有笔式和螺丝刀式，其结构由氖管、电阻、弹簧、笔身和笔尖组成。用验电笔时，被测带电体通过电笔、人体与大地之间形成电位差，产生电场，电笔中的氖管在电场作用下发出红光。因此，使用验电笔要注意正确的握持方法，并使氖管的窗口面向自己的眼睛。

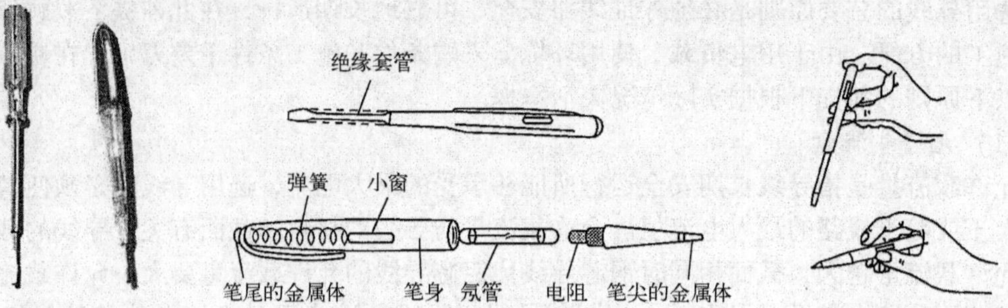

（a）验电笔　（b）验电笔结构　（c）验电笔的使用方法

图4-10　验电笔及使用方法

2. 螺丝刀

螺丝刀又称螺丝旋具或起子，是用来拆卸、紧固螺钉的工具。按头部形状分，有一字型和十字型两种。如图4-11所示，使用小螺丝刀时可用大拇指和中指夹住握柄，用食指顶住柄的末端捻旋。使用大螺丝刀时，除大拇指、食指、中指要夹住握柄外，手掌还要顶住柄的末端，以防止旋转时滑脱。

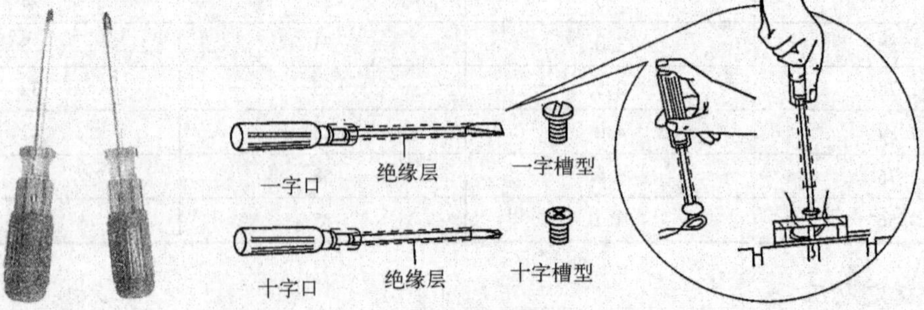

（a）螺丝刀　（b）螺丝刀结构及其使用方法

图4-11　螺丝刀及使用方法

在电工作业时使用螺丝刀还应注意：①不能使用通心螺丝刀；②手不可接触螺丝刀的铁杆，以防触电。

3. 钳子

钳子的种类很多，常用的有尖嘴钳、平口钳、剥线钳和断线钳等。由于用途不同，各种钳子的形状也不相同，各自具有不同的特点，如图 4-12 所示。

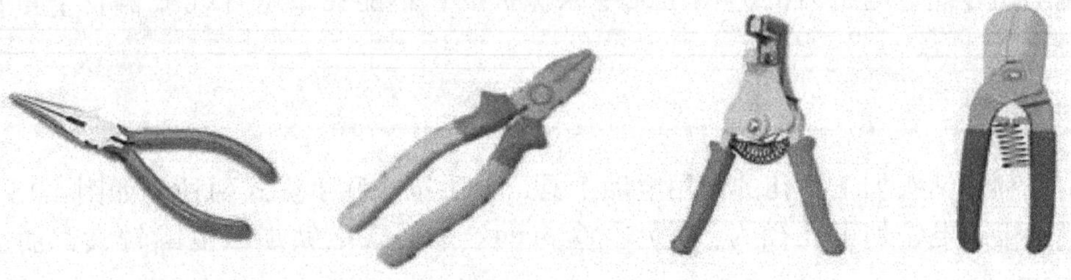

（a）尖嘴钳　（b）平口钳　（c）剥线钳　（d）断线钳

图 4-12　各种钳子

（1）尖嘴钳

尖嘴钳的头部尖细，适合于在狭小的空间使用。有铁柄与绝缘柄、带刃口与不带刃口等几种不同的类型。电工作业中必须使用带塑料绝缘柄的，其绝缘柄工作电压为 500V。

尖嘴钳在电工作业中的用途主要有：夹持小螺母、小垫圈等小零件；将单根导线弯曲成型；带有刃口的尖嘴钳还能剪断细小金属丝。

（2）平口钳

平口钳又称钢丝钳。由钳头和钳柄两部分组成，钳头由钳口、齿口、刀口和铡口四部分组成，如图 4-13 所示。钳口用来弯绞或钳夹导线线头；齿口可以紧固或起松螺母；刀口用来剪切导线或剖削软导线绝缘层；铡口用来铡切导线线芯、钢丝或铁丝等较硬金属。

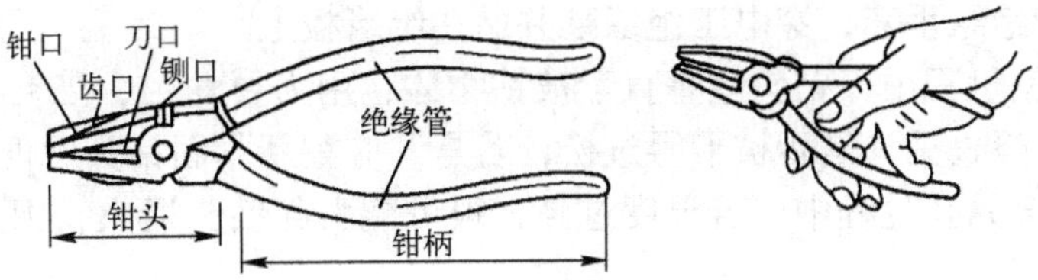

图 4-13　平口钳及使用

（3）剥线钳

剥线钳是用来剥掉电线端部绝缘层的专用工具。使用剥线钳剥离绝缘层，效率高、剥线尺寸准确、不易损坏芯线。剥线钳的手柄是绝缘的，可带电操作，工作电压为 500V。剥线钳的钳口有数个不同直径的槽，可以适合不同直径的电线。使用剥线钳时，先选好被剥除导线的绝缘层长度，然后将导线放入相应的刃口中（刃口比导线的直径稍大），用手将钳柄一握，导线的绝缘层即被割破而断开。

（4）断线钳

断线钳又名偏口钳或斜口钳，专门用于剪切多余的线头、绝缘套管、尼龙线卡，剪断较粗的金属丝、线材、电线电缆等。

4. 电工刀

电工刀是用来剖削导线线头，切割圆木、木台缺口，削制木榫的工具，如图 4-14 所示。使用电工刀时，应将刀口朝外剖削，以免伤手；剖削绝缘层时，应使刀面与导线成较小的锐角，以免割伤导线；电工刀的刀柄是无绝缘保护的，不能在带电导线或器材上剖削，以免触电。

5. 电钻

电钻是利用钻头加工小孔的常用电动工具，分手枪式和手提式两种，如图 4-15 所示。

一般手枪式电钻加工孔径为 $\phi0.3 \sim \phi6.3$mm。手提式电钻加工范围较大，加工孔径为 $\phi6 \sim \phi13$mm。

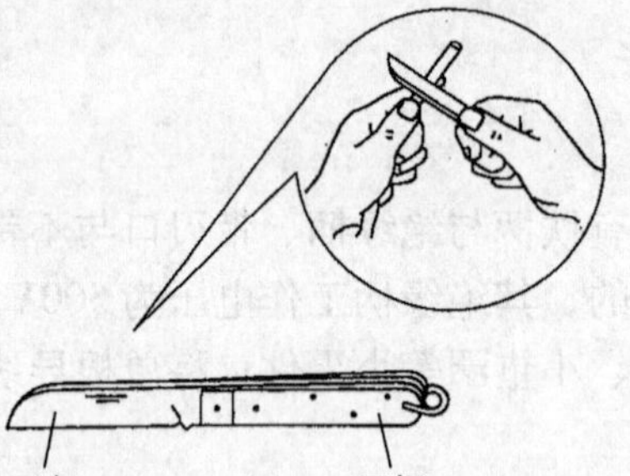

图 4-14　电工刀及使用方法

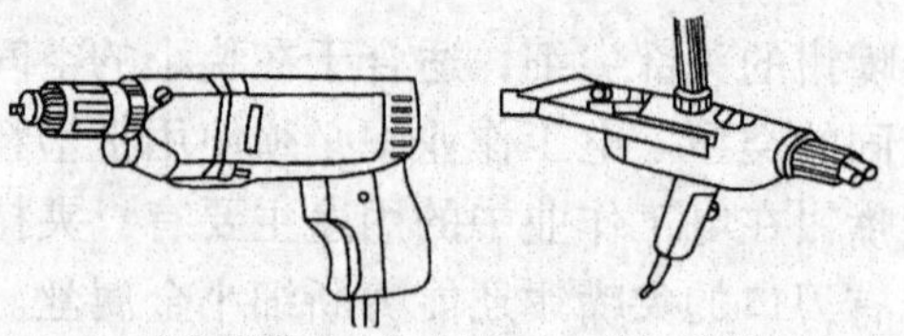

（a）手枪式　（b）手提式

图 4-15　电钻

电钻在使用中应注意以下几点：

1）使用前首先要检查电线绝缘是否良好，如果电线有破损，可用绝缘胶布包好。

2）电钻接入电源后，要用电笔测试外壳是否带电，带电不能使用。操作中需接触手电钻外壳时，应佩带绝缘手套，穿电工绝缘鞋并站在绝缘板上。

3）在使用电钻过程中，钻头应垂直于被钻物体，用力要均匀，当钻头卡在被钻物体内时，应停止钻孔，检查钻头是否被卡得过松，若是，应重新紧固钻头后再使用。

4）钻头在钻金属孔过程中，若温度过高，很可能引起钻头退火，因此钻孔时要适量加一些冷却润滑油。

【实践运用】

1. 室内布线的基本要求

布线应根据线路要求、负载类型、场所环境等具体情况，设计相应的布线方案，采用合适的布线方式和方法。室内布线要达到以下基本要求。

（1）选用符合要求的导线

对导线的要求包括电气性能和机械性能两方面。导线的载流量应符合线路负载的要求，并留有一定的余量。导线应有足够的耐压性能和绝缘性能，同时具有足够的机械强度。一般室内布线常采用塑料护套导线。

（2）尽量避免布线中的接头

布线时，应使用绝缘层完好的整根导线一次布放到头，尽量避免布线中的导线接头。因为导线的接头往往造成接触电阻增大和绝缘性能下降，给线路埋下了故障隐患。如果是暗线敷设，一旦接头处发生接触不良或漏电等故障，很难查找与修复。必需的接头应尽可能安排在接线盒、开关盒、灯头盒或插座盒内。

(3) 布线应牢固、美观

明线敷设的导线走向应保持横平竖直、固定牢固。暗线敷设的导线一般也应水平或垂直走线。导线穿过墙壁或楼板时应加装保护用套管。敷设中注意不得损伤导线的绝缘层。

2. 室内布线的一般工序

1）按设计图纸的要求确定灯具、插座、开关、配电板等的位置。

2）沿建筑物确定导线敷设的路径以及穿过墙壁、楼板的位置和所有敷设的固定位置。

3）在所确定的固定点上打好孔眼，预埋木枕（或木砧）、膨胀螺栓、保护管、角钢支架等。

4）装设绝缘支持物、线夹或管子。

5）敷设导线。

6）导线连接。

3. 室内布线的方法

室内布线的方法常有明线敷设和暗线敷设两种。

(1) 明线敷设

明线敷设是指将导线沿墙壁或天花板敷设，包括塑料线卡固定、钢精扎头固定、塑料线槽板固定、瓷夹板固定等形式。明敷的导线通常采用单股绝缘硬导线或塑料护套硬导线，这样有利于固定和保持走线平直。

1）塑料线卡固定。塑料线卡如图4-16所示，由塑料线卡和固定钢钉组成，图4-16（a）为单线卡，用于固定单根护套线；图4-16（b）为双线卡，用于固定两根护套线。线卡的槽口宽度具有若干规格，以适用于不同粗细的护套线。敷设时，首先将护套线按要求放置到位，然后从一端起向另一端逐步固定。固定时，按图4-17所示将塑料线卡卡在需固定的护套线上，钉牢固定钢钉即可。一般直线段可每间隔20cm左右固定一个塑料线卡，并保持各线卡间距一致。

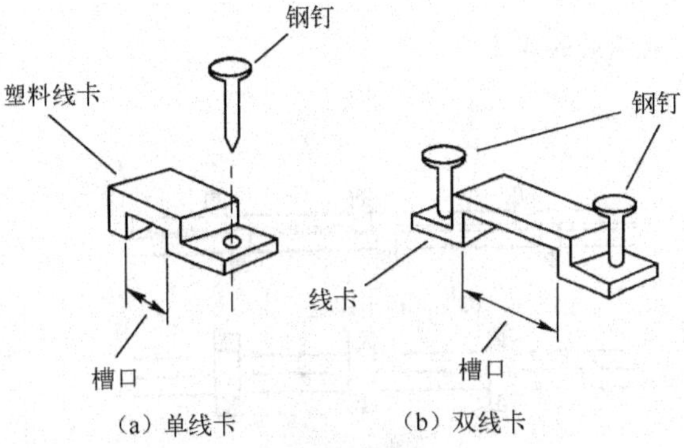

图4-16　塑料线卡

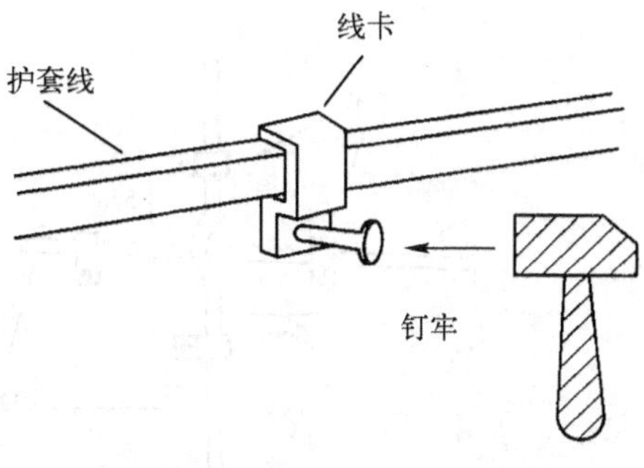

图4-17　塑料线卡的固定

在护套线转角处及进入开关盒、插座盒或灯头时，应在相距 5 ~ 10cm 处固定一个塑料线卡，如图 4-18 所示。走线应尽量沿墙角、墙壁与天花板夹角、墙壁与壁橱夹角敷设，并尽可能避免重叠交叉，既美观也便于日后维修，如图 4-19 所示。如果走线必须交叉，则应按图 4-20 所示用线卡固定牢固。两根或两根以上护套线并行敷设时，可以用单线卡逐根固定如图 4-21（a）所示，也可用双线卡一并固定如图 4-21（b）所示。布线中如需穿越墙壁，应给护套线加套保护套管，如图 4-22 所示。保护套管可用硬塑料管，并将其端部内口打磨圆滑。

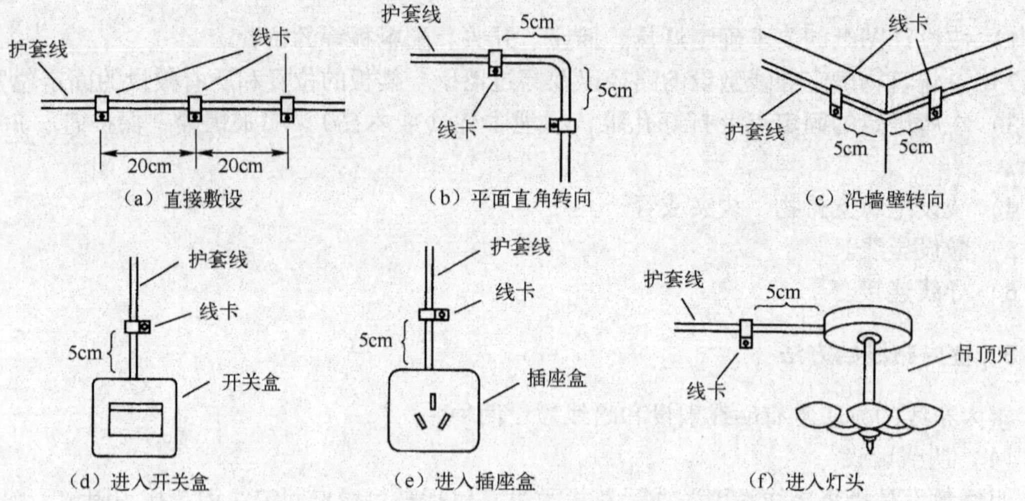

图 4-18　转角处、开关盒、插座盒和灯头处的固定

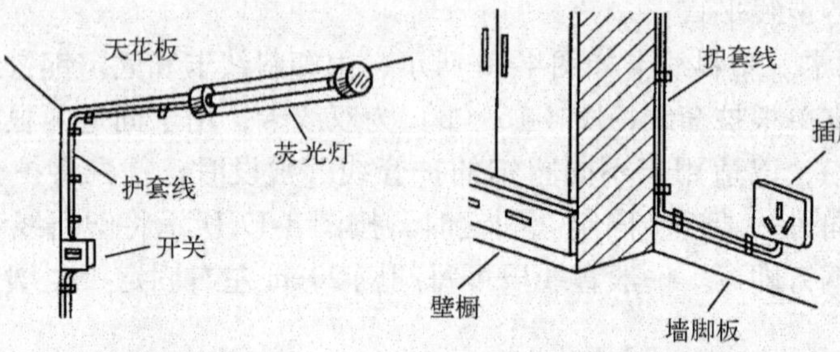

图 4-19　转角处的敷设

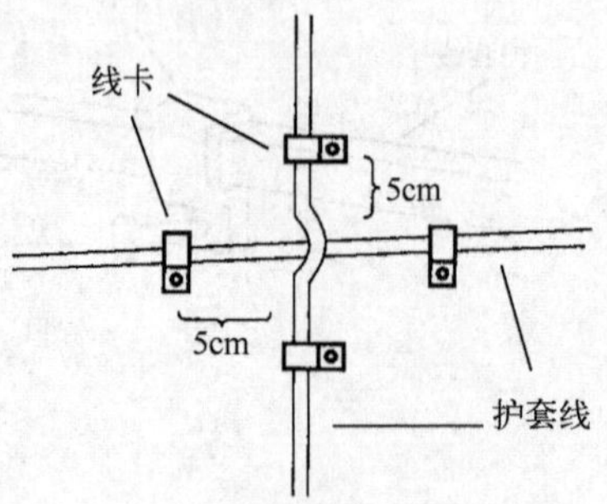

图 4-20　交叉处的固定

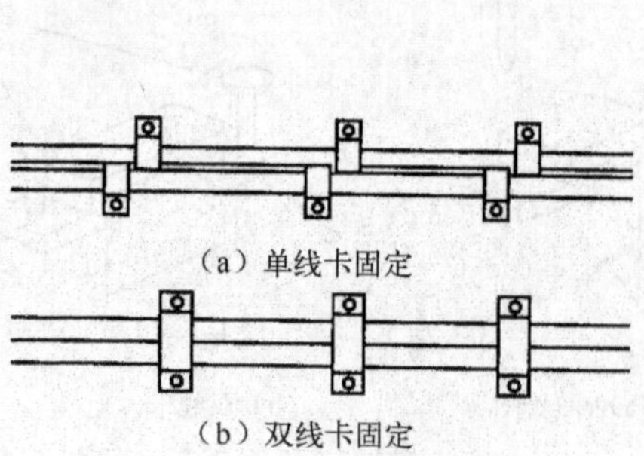

图 4-21　并行敷设

2）钢精扎头固定

钢精扎头由薄铝片冲轧制成，形状如图 4-23 所示。用钢精扎头固定护套线的方法与使用塑料线卡类似。需注意的是，采用钢精扎头固定时应先将钢精扎头固定到墙上，方法如图 4-24 所示。沿确定的布线走向，用小钢钉将钢精扎头钉牢在墙上，各钢精扎头间的距离一般为 20cm 左右，并保持间距一致。然后将护套线放置到位，从一端起向另一端逐步固定。固定时，按图 4-25 所示用钢精扎头包绕护套线并收紧即可。

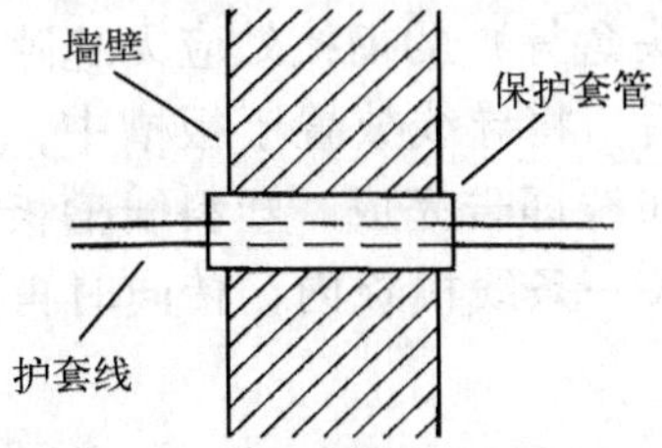

图 4-22　穿墙敷设

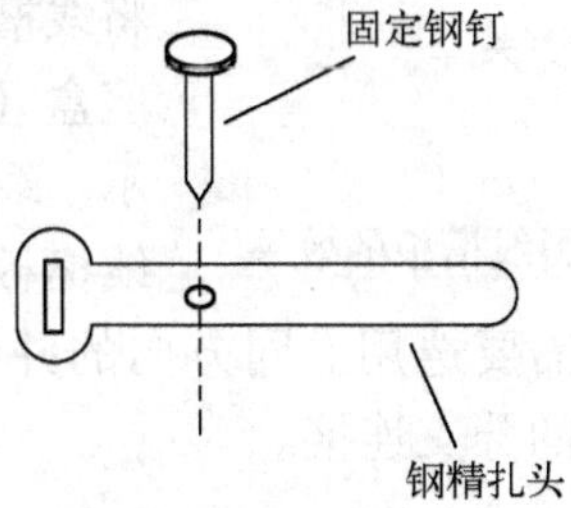

图 4-23　钢精扎头

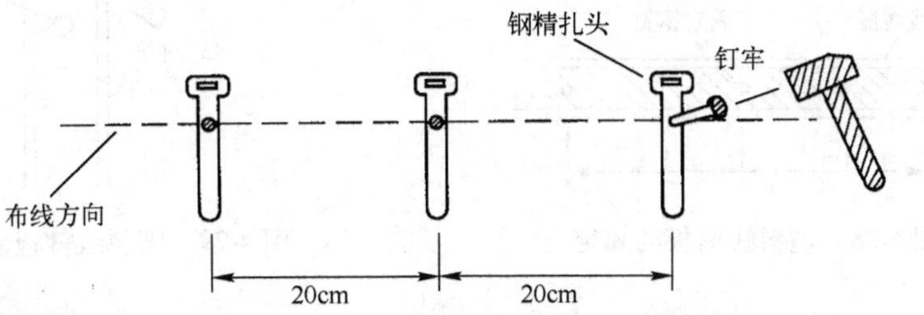

图 4-24　钢精扎头的固定

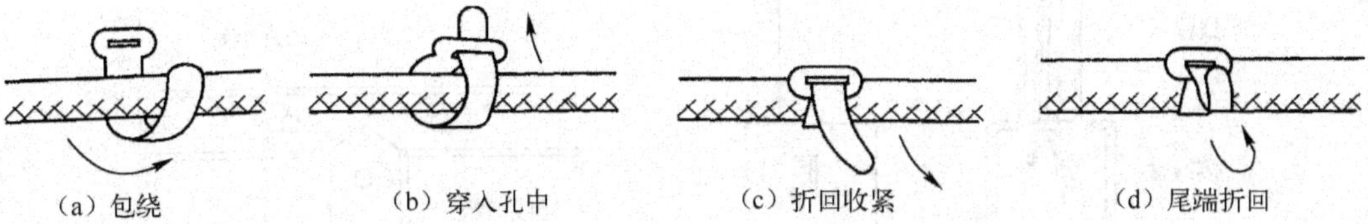

图 4-25　钢精扎头包绕护套线的方法

3）塑料线槽板固定。塑料线槽板结构如图 4-26 所示，由线槽板和盖板组成，盖板可以卡在线槽板上。采用塑料线槽板固定布线，是指将导线放在线槽板内固定在墙壁或天花板表面，如图 4-27 所示，直接看到的是线槽板而不是导线，因此比直接敷设导线要美观一些。

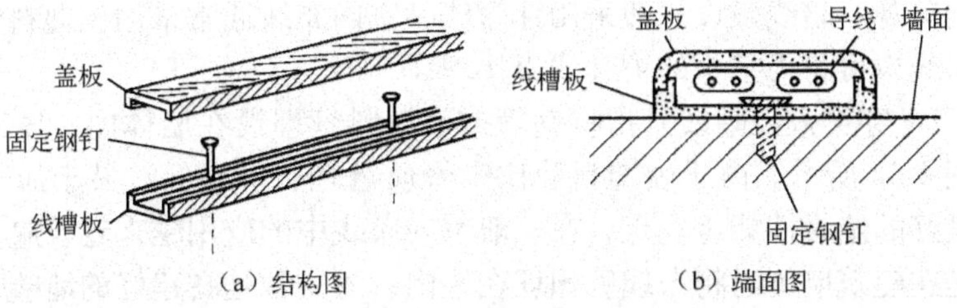

图 4-26　塑料线槽板的结构

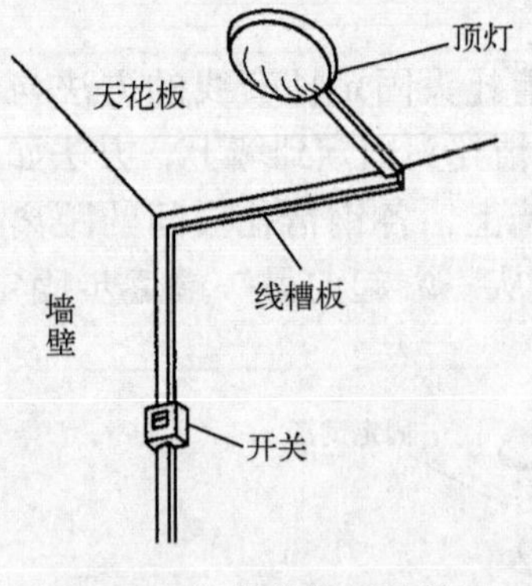

图 4-27　塑料线槽板的效果

由于线槽板一般由阻燃材料制成，所以采用塑料线槽板布线还提高了线路的绝缘性能和安全性能。布线时，首先按设计的线路走向将线槽板固定到墙壁上，如图 4-28 所示每隔 1m 左右用一钢钉钉牢。如在大理石或瓷砖墙面等不易钉钉子的地方布线，则可用强力胶将线槽板粘牢在墙壁上。固定线槽板时要保持横平竖直，力求美观。在导线 90°转向处，应将线槽板裁切成 45°角进行拼接，如图 4-29 所示。线槽板与插座盒（开关盒、灯头盒等）的衔接处应无缝隙，如图 4-30 所示。线槽板固定好后，将导线放置于板槽中，再将盖板盖到线槽板上并卡牢，布线即告完成。塑料线槽板有若干种宽度规格，可根据需要选用。同方向的并行走线可放入一条线槽板内，转向时再分出。图 4-31 所示为线槽板的分支连接。

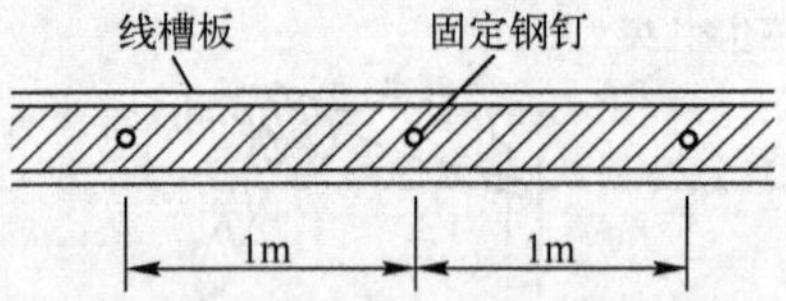

图 4-28　塑料线槽板的固定

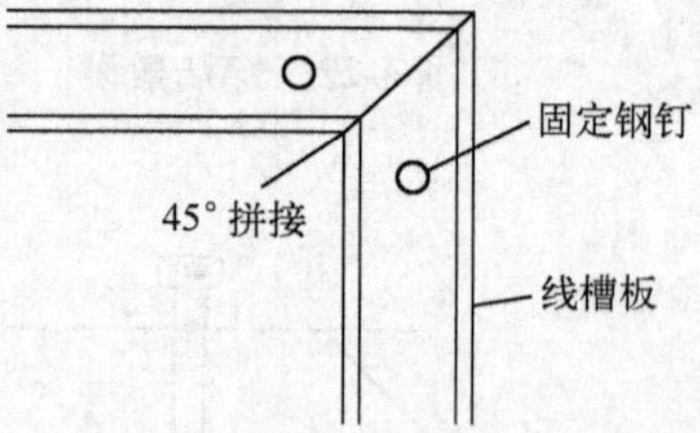

图 4-29　塑料线槽板的转角

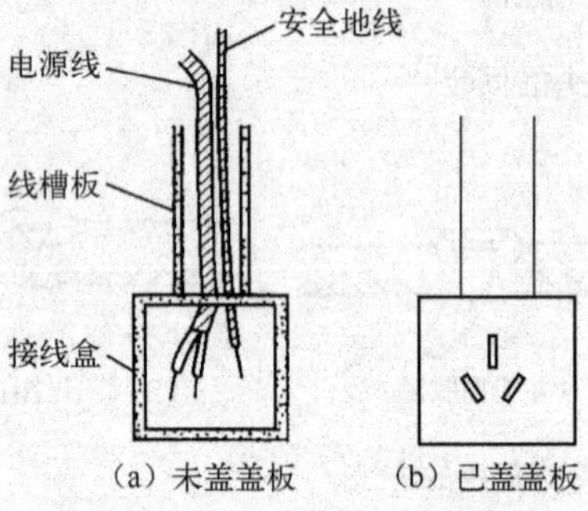

图 4-30　线槽板与插座盒的对接

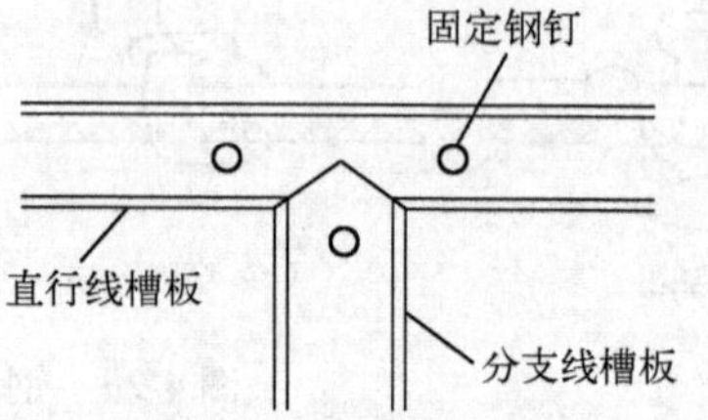

图 4-31　线槽板的分支连接

（2）暗线敷设

暗线敷设是指将导线埋设在墙内、天花板内或地板下面，表面上看不见电线，可更好地保持室内的整洁美观。暗线敷设一般采用穿管法，室内布线通常采用硬塑料管。在一般居室墙面上短距离布线也可将无接头的护套线直接埋设。

1）穿管敷设。穿管敷设暗线是指将钢管或硬塑料管埋设在墙体内，导线穿入在管子中进行布线，如图 4-32 所示。由于硬塑料管比钢管质量轻、价格低、易于加工，且具有耐酸碱、耐腐蚀和良好的绝缘性能等优点，在一般室内布线中的应用越来越普遍。穿管敷设方式有两种：一种是在建筑墙体时将布线管预埋在墙内；另一种是在建好的墙壁表面开槽放入线管，再填平线槽恢复墙面。下面介绍后一种方式。

① 硬塑料管的选用。布线用管应选用聚乙烯或聚氯乙烯等热塑性硬塑料管，要便于弯

曲、具有良好的弹性和一定的机械强度，具有阻燃性能。管壁厚度不小于3mm。管子的粗细根据所穿入导线的多少决定，一般要求穿入管中所有导线（含绝缘外皮层）的总截面不超过管子内截面的40%，如图4-33所示。

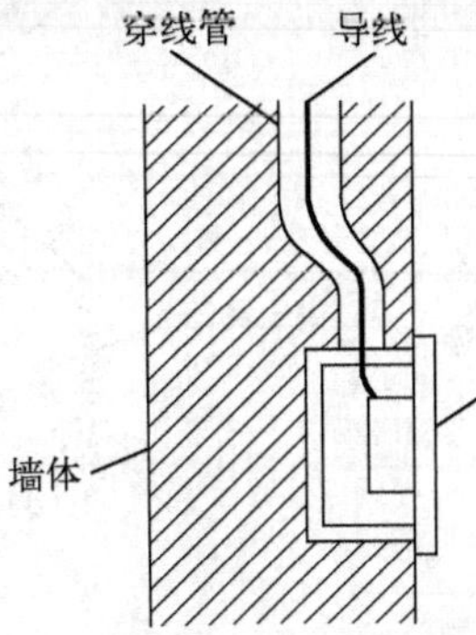

图4-32　管子埋设

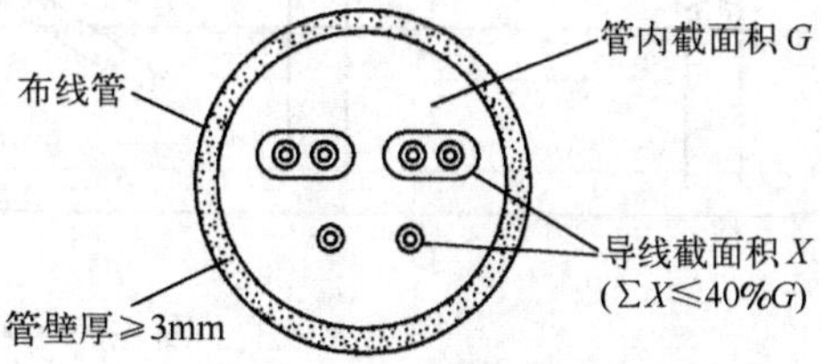

图4-33　塑料管的选用

② 硬塑料管的弯曲。热塑性硬塑料管可以局部加热弯曲，方法是将硬塑料管需弯曲的部位靠近热源，旋转并前后移动烘烤，待管子略软后靠在木模上，两手握住两端向下施压进行弯曲，如图4-34所示。没有木模时可将管子靠在较粗的木柱上弯曲，如图4-35所示。也可徒手进行弯曲。弯曲半径不宜太小，否则穿线困难。为防止弯曲硬塑料管时将管子弯扁，可取一根直径略小于待弯管子内径的长弹簧，插入到硬塑料管内的待弯曲部位，然后再按前面方法弯管，弯好后抽出长弹簧即可，如图4-36所示。对于管径较大又不太长的管子，可在待弯管子内灌满干黄沙，堵塞两头后再行弯管，弯管成型后倒出黄沙，如图4-37所示。

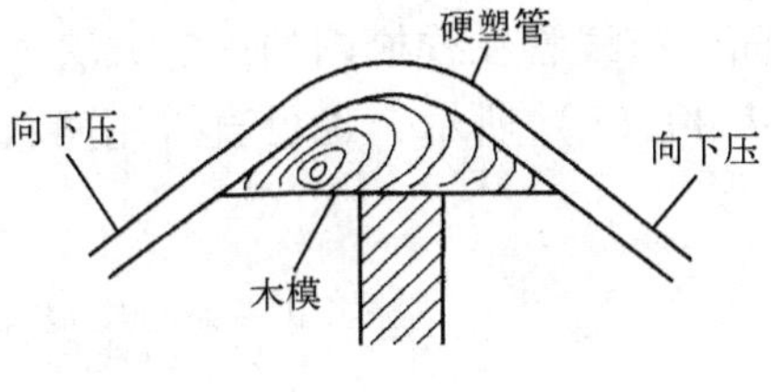

图4-34　利用木模弯曲

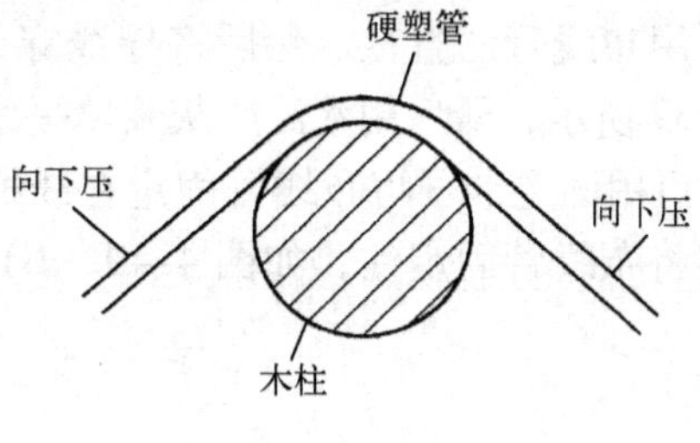

图4-35　利用木柱弯曲

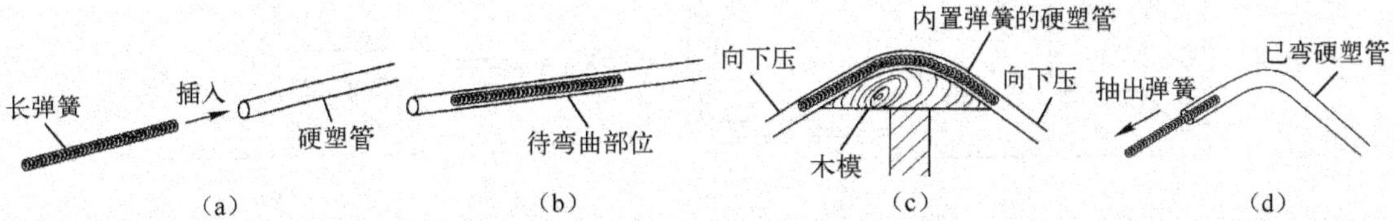

图4-36　利用长弹簧弯管

③ 硬塑料管的连接。热塑性硬塑料管可以局部加热后直接插接，首先将待连接的两根管子分别做倒角处理，如图4-38（a）所示，然后将外接管的准备插接的部分均匀加热烘烤，待其软化后，将内接管的准备插入部分涂上黏胶用力插入外接管内，如图4-38（b）所示。插入部分的长度应为管子直径的1.5倍左右，以保证一定的牢固性。硬塑料管也可以用套管进行粘接，如图4-38（c）所示，将两根待接管子的连接部位涂上一层黏胶，分别从两

端插入套管内即可，套管的内径应等于待接管子的外径，套管的长度应为待接管直径的3倍左右，A、B两管的接口应位于套管的中间。

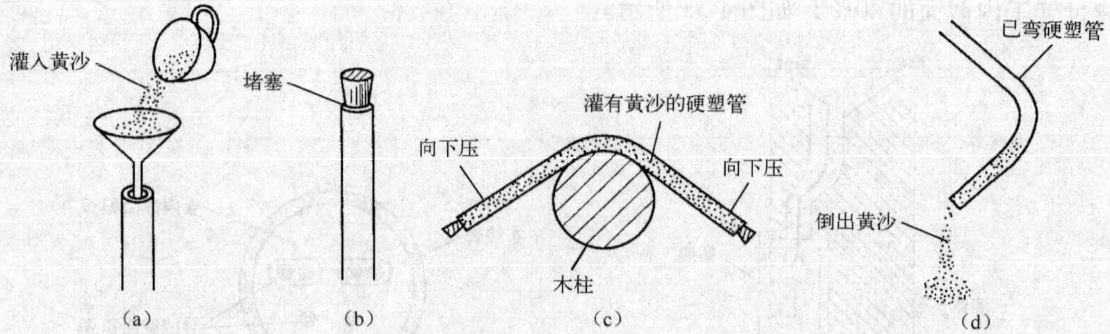

图4-37 利用黄沙弯管

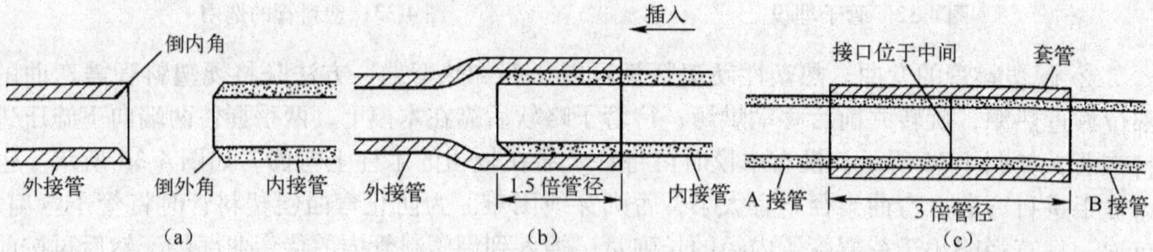

图4-38 硬塑料管的连接

④ 导线穿管敷设。首先应按照布线要求在墙壁表面开凿线槽，线槽的宽度与深度均应大于所用布线管的直径。然后将导线穿入布线管，再将穿有导线的布线管放入线槽并固定，如图4-39所示，最后用水泥或灰浆填平线槽恢复墙面。布线管在线槽内的固定方法如图4-40所示，可用固定卡子将布线管固定在线槽内，如图4-40（a）所示，也可直接用两枚钢钉交叉钉牢将布线管固定住，如图4-40（b）所示。

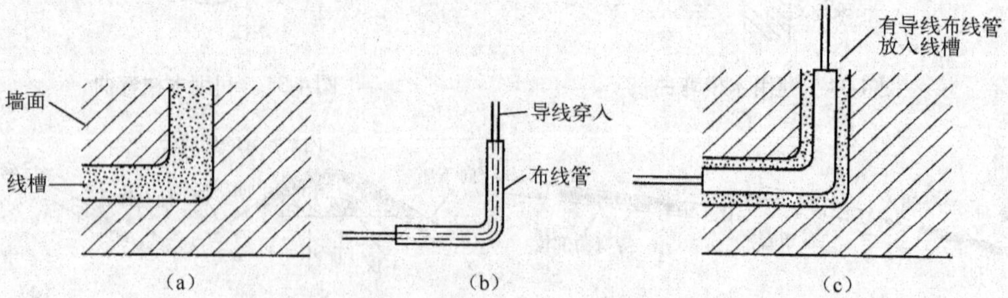

图4-39 导线穿管敷设

2）护套线直接埋设。塑料护套线具有双重绝缘层，在无接头、无破损的前提下，可以直接用于普通住宅或办公室的室内暗线敷设。

① 开凿线槽。按照布线要求在墙面上开凿线槽，线槽应有一定的宽度和深度，以能够很好地容纳护套线为准。线槽走向应横平竖直，在转向处应有一定的弧度，避免护套线90°直角转向，如图4-41所示。在开关盒、插座盒、接线盒处，应开凿方形盒槽，如图4-42所

示，其大小以能够容纳所装线盒为准。

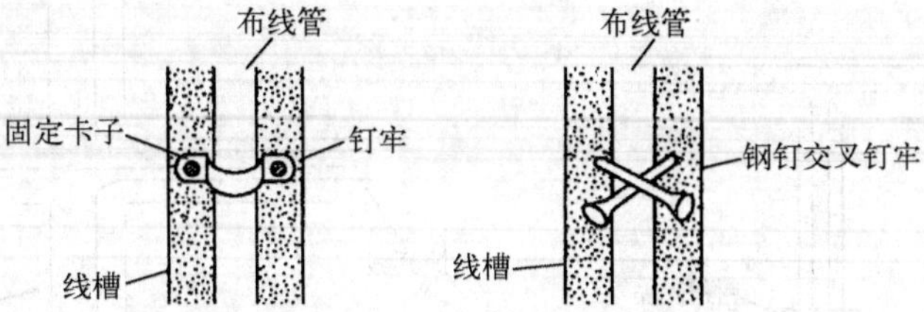

（a）固定卡子　　（b）钢钉交叉钉牢

图 4-40　布线管在线槽内的固定

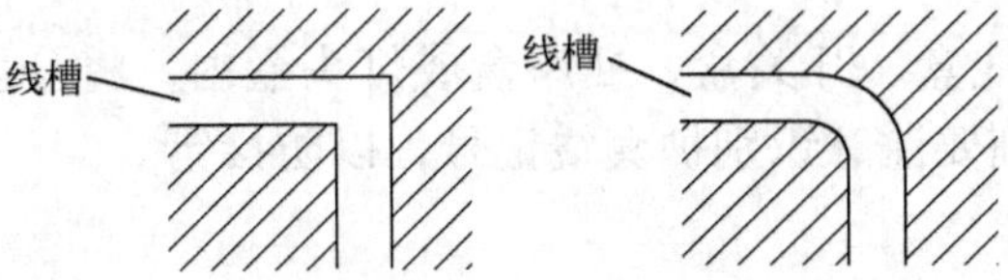

（a）不正确　　（b）正确

图 4-41　护套线直埋开槽

② 布线。将整根护套线按照布线要求沿线槽布放，无分支的线路应用整根护套线布放到位，如图 4-43 所示。中途安排有开关盒或插座盒的线路可分段布放，并在开关盒或插座盒内连接，如图 4-44 所示。中途有分支的线路应将分支点选在接线盒或插座盒内，并分段布放护套线，如图 4-45 所示。同走向并行的线路可放在同一线槽内，如图 4-46 所示，并应在同一根护套线的始端与末端做好记号，以便连接线路时识别。

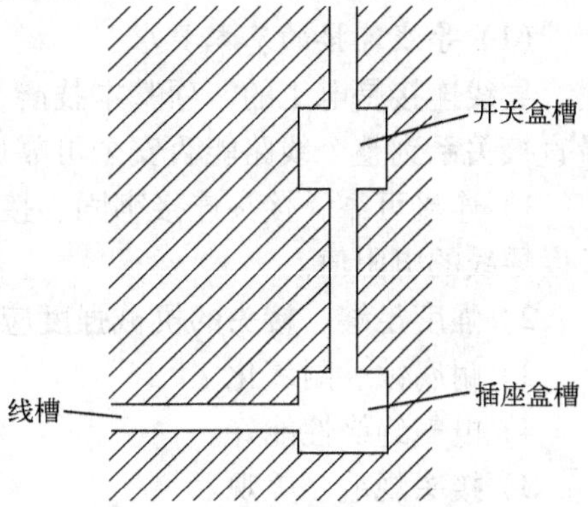

图 4-42　方形盒槽

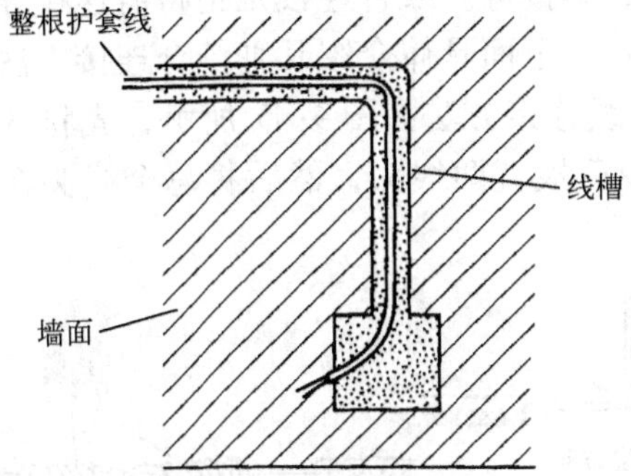

图 4-43　无分支布放

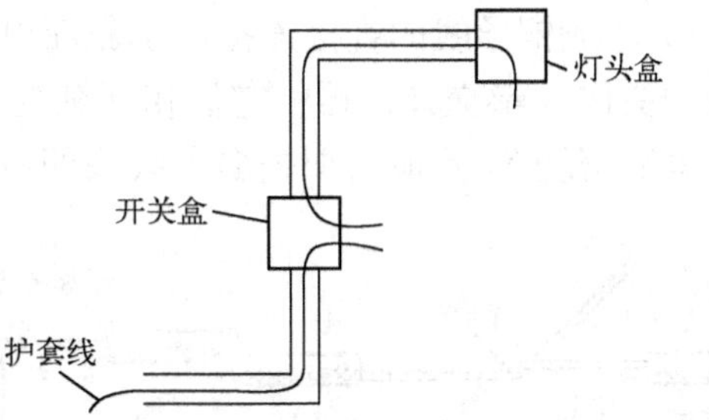

图 4-44　分段布放

③ 固定。护套线布放完毕后，将护套线放入线槽，用线卡或钢钉予以固定，最后用水泥填平线槽。

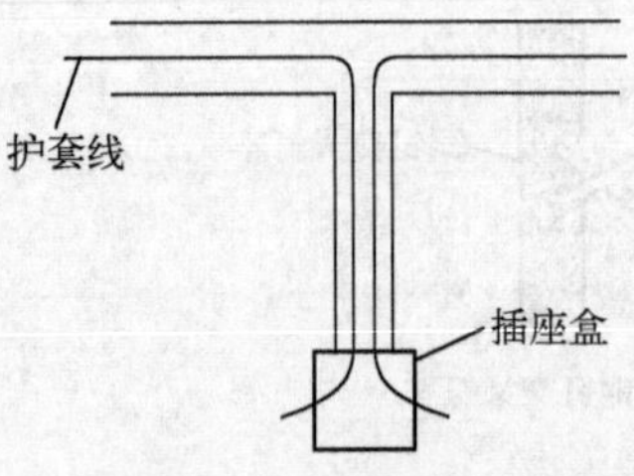

图 4-45　分支布放

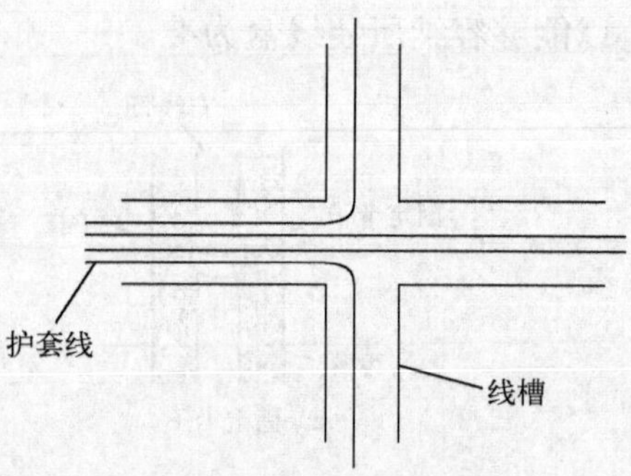

图 4-46　并行布放

④ 连接线路。在接线盒、开关盒、插座盒或灯头盒内，将分段布放的护套线按线路要求连接起来。连接时特别要注意识别护套线记号，以防接错。

4. 导线的连接

导线的连接主要是指导线与导线之间的延长连接和分支连接。由于导线的芯线有粗或细、单股或多股之分，因此连接的形式也有多种。

(1) 导线连接的基本要求

导线连接是电工的一项基本技能，也是电工作业中一项十分重要的工序。导线连接的质量直接关系到整个线路能否安全可靠地长期运行。对导线连接的基本要求是：

1）连接可靠。接头连接牢固、接触良好、电阻小、稳定性好。接头电阻不应大于相同长度导线的电阻值。

2）强度足够。接头的机械强度应不小于导线机械强度的 80%。

3）耐腐蚀、耐氧化。

4）电气绝缘性能好。

5）接头规范、美观。

(2) 常用连接方法

导线连接常用的方法有绞合连接、紧压连接、焊接等。绞合连接是指将需连接导线的芯线直接紧密绞合在一起，铜导线常用这种连接方式。下面具体介绍几种绞合连接方法。

1）单股铜导线的直接连接。小截面单股铜导线连接方法如图 4-47 所示，先将两导线的芯线线头作 *X* 形交叉，再将它们相互缠绕 2～3 圈后扳直两线头，然后将每个线头在另一芯线上紧贴密绕 5～6 圈后剪去多余线头即可。

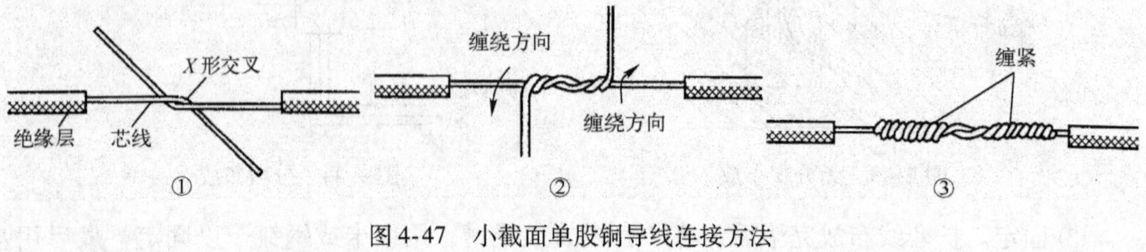

图 4-47　小截面单股铜导线连接方法

大截面单股铜导线连接方法如图 4-48 所示，先在两导线的芯线重叠处填入一根相同直径的芯线，再用一根截面约 1.5mm² 的裸铜线在其上紧密缠绕，缠绕长度为导线直径的 10 倍左右，然后将被连接导线的芯线线头分别折回，再将两端的缠绕裸铜线继续缠绕5～6圈后剪去多余线头即可。

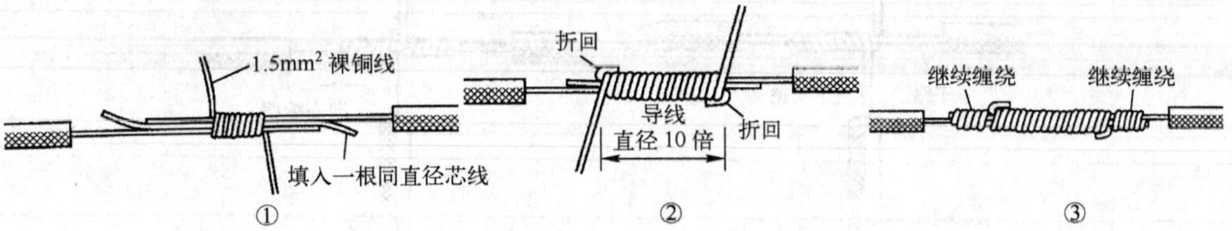

图4-48　大截面单股铜导线连接方法

不同截面单股铜导线连接方法如图4-49所示，先将细导线的芯线在粗导线的芯线上紧密缠绕5～6圈，然后将粗导线芯线的线头折回紧压在缠绕层上，再用细导线芯线在其上继续缠绕3～4圈后剪去多余线头即可。

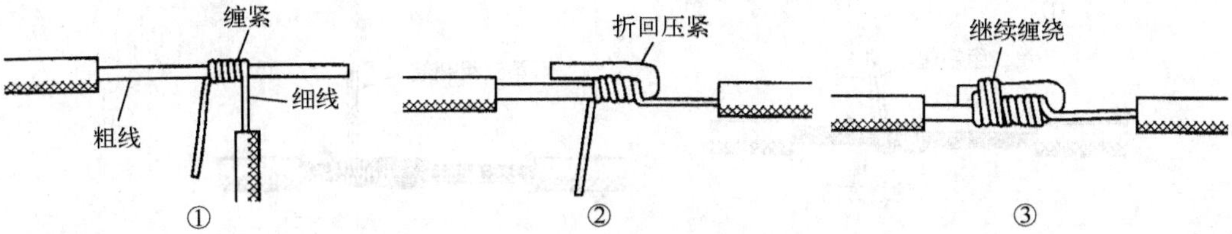

图4-49　不同截面单股铜导线连接方法

2）单股铜导线的分支连接。单股铜导线的T字分支连接方法如图4-50所示，将支路芯线的线头紧密缠绕在干路芯线上5～8圈后剪去多余线头即可。对于较小截面的芯线，可先将支路芯线的线头在干路芯线上打一个环绕结，再紧密缠绕5～8圈后剪去多余线头即可。

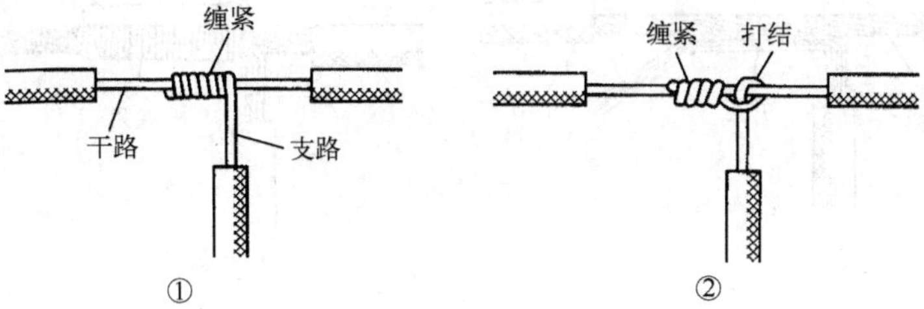

图4-50　单股铜导线的T字分支连接方法

单股铜导线的十字分支连接方法如图4-51所示，将上下支路芯线的线头紧密缠绕在干路芯线上5～8圈后剪去多余线头即可。可以将上下支路芯线的线头向一个方向缠绕，也可以向左右两个方向缠绕。

3）多股铜导线的直接连接。多股铜导线的直接连接方法如图4-52所示，首先把剥去绝缘层的多股芯线拉直，将其靠近绝缘层的约1/3芯线绞合拧紧，而将其余2/3芯线成伞状散开，另一根需连接的导线芯线也如此处理。接着将两伞状芯线相对着互相插入后捏平芯线，然后将每一边的芯线线头分作三组，先将某一边的第一组线头翘起并紧密缠绕在芯线上，再将第二组线头翘起并紧密缠绕在芯线上，最后将第三组线头翘起并紧密缠绕在芯线上。以同样方法缠绕另一边的线头。

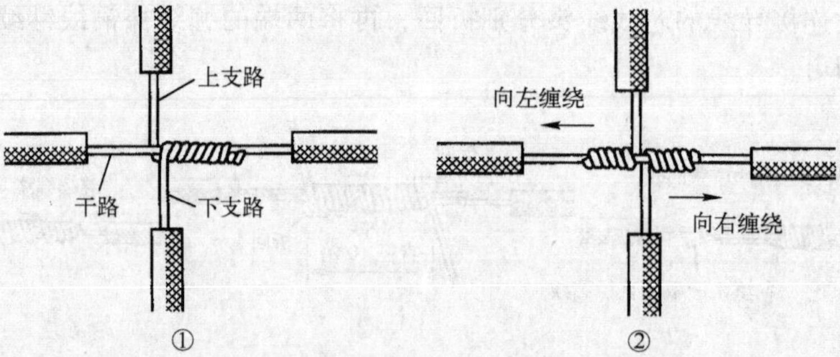

图 4-51　单股铜导线的十字分支连接方法

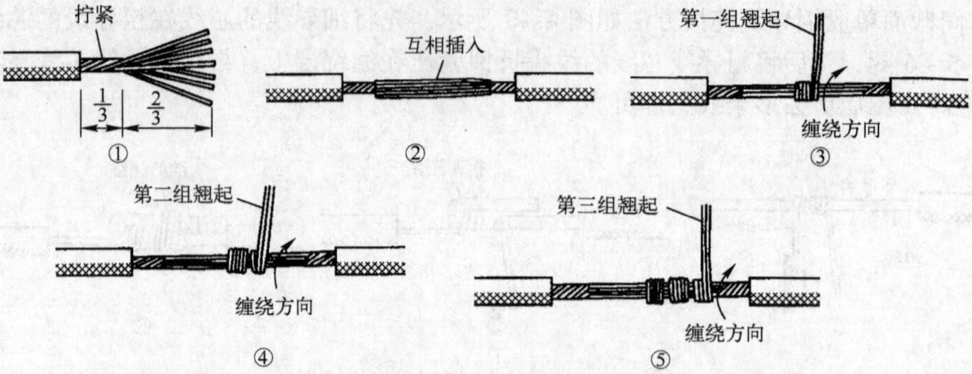

图 4-52　多股铜导线的直接连接方法

4）多股铜导线的分支连接。多股铜导线的 T 字分支连接有两种方法，一种方法如图 4-53 所示，将支路芯线 90°折弯后与干路芯线并行，然后将线头折回并紧密缠绕在芯线上即可。

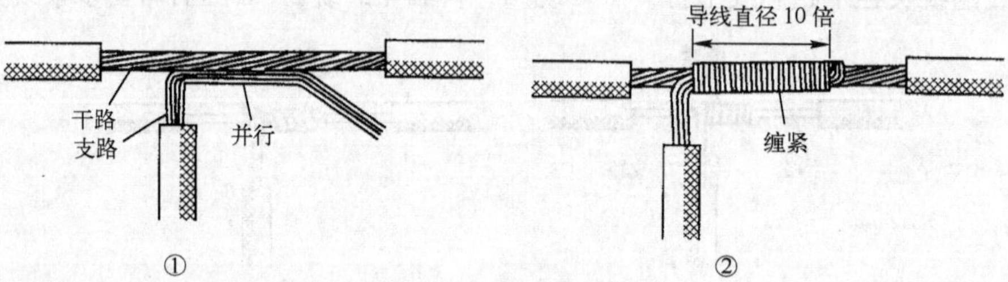

图 4-53　多股铜导线的分支连接方法（一）

另一种方法如图 4-54 所示，将支路芯线靠近绝缘层的约 1/8 芯线绞合拧紧，其余 7/8 芯线分为 2 组，一组插入干路芯线当中，另一组放在干路芯线前面，并朝右边缠绕 4～5 圈。再将插入干路芯线当中的那一组朝左边按缠绕 4～5 圈。

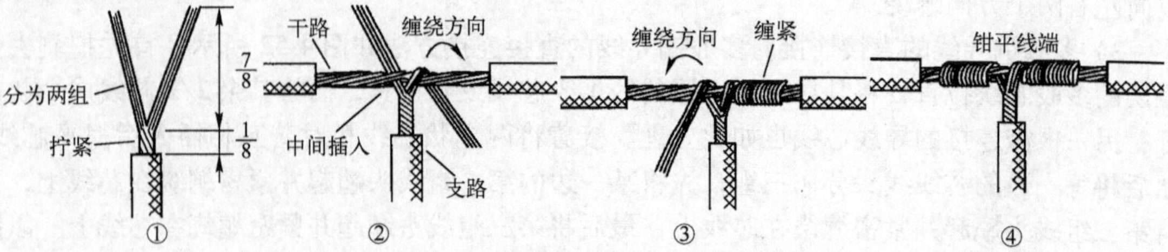

图 4-54　多股铜导线的分支连接方法（二）

5）单股铜导线与多股铜导线的连接。单股铜导线与多股铜导线连接方法如图 4-55 所示，先将多股导线的芯线绞合拧紧成单股状，再将其紧密缠绕在单股导线的芯线上 5～8 圈，最后将单股芯线线头折回并压紧在缠绕部位即可。

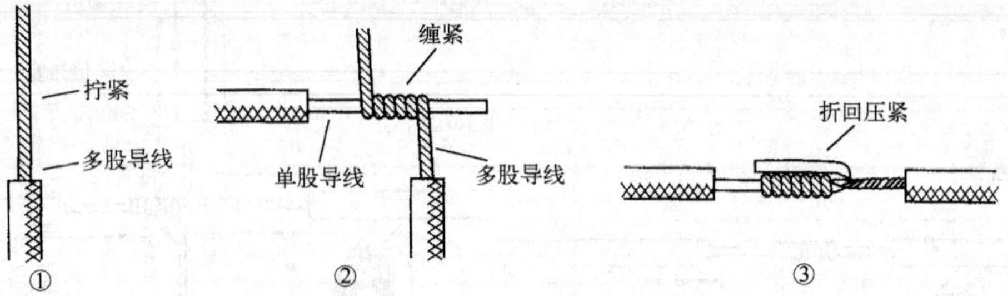

图 4-55　单股铜导线与多股铜导线连接方法

（3）导线连接处的绝缘处理

为了进行连接，导线连接处的绝缘层已被去除。导线连接完成后，必须对所有绝缘层已被去除的部位进行绝缘处理，以恢复导线的绝缘性能，恢复后的绝缘强度应不低于导线原有的绝缘强度。

导线连接处的绝缘处理通常采用绝缘胶带进行缠裹包扎。一般电工常用的绝缘带有黄蜡带、涤纶薄膜带、黑胶布带、塑料胶带、橡胶胶带等。绝缘胶带的宽度常用 20mm 的，使用较为方便。

1）一般导线接头的绝缘处理。一字形连接的导线接头可按图 4-56 所示进行绝缘处理，先包缠一层黄蜡带，再包缠一层黑胶布带。将黄蜡带从接头左边绝缘完好的绝缘层上开始包缠，包缠两圈后进入剥除了绝缘层的芯线部分。包缠时黄蜡带应与导线成 55°左右倾斜角，每圈压叠带宽的 1/2，直至包缠到接头右边两圈距离的完好绝缘层处。然后将黑胶布带接在黄蜡带的尾端，按另一斜叠方向从右向左包缠，仍每圈压叠带宽的 1/2，直至将黄蜡带完全包缠住。包缠处理中应用力拉紧胶带，注意不可稀疏，更不能露出芯线，以确保绝缘质量和用电安全。对于 220V 线路，也可不用黄蜡带，只用黑胶布带或塑料胶带包缠两层。在潮湿场所应使用聚氯乙烯绝缘胶带或涤纶绝缘胶带。

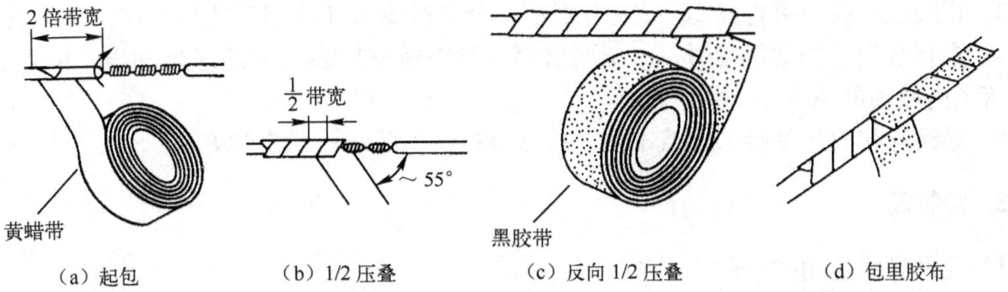

图 4-56　一字形接头的绝缘处理

2）T 字分支接头的绝缘处理。导线分支接头的绝缘处理基本方法同上，T 字分支接头的包缠方向如图 4-57 所示，走一个 T 字形的来回，使每根导线上都包缠两层绝缘胶带，每根导线都应包缠到完好绝缘层的两倍胶带宽度处。

3）十字分支接头的绝缘处理。对导线的十字分支接头进行绝缘处理时，十字分支接头的包缠方向如图4-58所示，走一个十字形的来回，使每根导线上都包缠两层绝缘胶带，每根导线也都应包缠到完好绝缘层的两倍胶带宽度处。

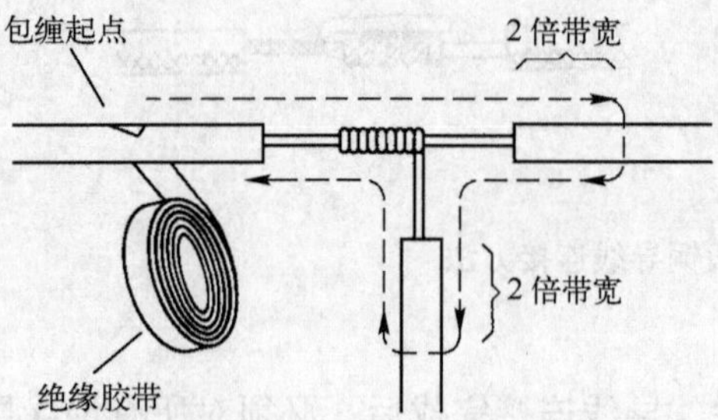

图4-57　T字分支接头的包缠方向

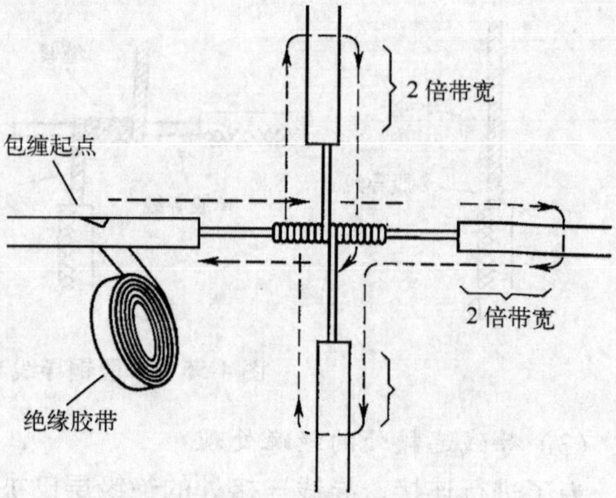

图4-58　十字分支接头的包缠方向

【巩固训练】

1. 填空题

1）导线按结构特点可分为______、______、______等。
2）标称截面1.5mm^{2}的铝芯橡胶绝缘导线的型号应为______。
3）室内布线的方法有______和______两种。
4）穿管敷设方式有两种：一种是______；另一种是______。
5）电工常用的绝缘带有______、______、______、塑料胶带和橡胶胶带等。

2. 判断题

1）B系列塑料、橡胶导线的线芯是用多股铜丝绞合而成的。（　）
2）布线时接头应尽可能安排在接线盒、开关盒、灯头盒或插座盒内。（　）
3）直线段布线时可每隔50cm左右固定一个塑料线卡（或钢精扎头）。（　）
4）穿管敷设选用塑料管时，一般要求穿入管中所有导线（含绝缘外皮层）的总截面不超过管子内截面的40%。（　）
5）导线连接时应使接头连接牢固、接触良好、电阻小、稳定性好。（　）

3. 简答题

1）说说导线选用的一般原则。
2）说说室内布线的基本要求。

4. 实践题

1）单项训练。
① 常用工具的使用；

② 塑料线卡和钢精扎头的固定；

③ 穿管敷设；

④ 导线的连接和绝缘处理

2）综合训练：室内导线明敷综合训练。

4.3.3　任务三　照明线路的安装

【引出任务】

日光灯是常见的照明灯具，知道日光灯是怎么发光的吗？能画出日光灯的原理图和接线图吗？会安装日光灯吗？

【知识链接】

1. 单一元件的交流电路

(1) 纯电阻电路

纯电阻电路是只有电阻负载的交流电路，如图 4-59 所示。常见的白炽灯、电炉、电烙铁等都可以看做是纯电阻负载。

1）电流与电压的关系。如图 4-59 所示的纯电阻交流电路中，如果加在电阻 R 两端的交流电压为

$$u_R = U_{Rm}\sin\omega t$$

则

$$I_m = \frac{U_{Rm}}{R} \text{或} I = \frac{U_R}{R} \tag{4-4}$$

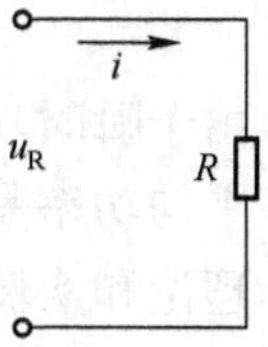

图 4-59　纯电阻电路

即纯电阻交流电路的电流与电压最大值（或有效值）符合欧姆定律，且电流与电压同相。

因此，纯电阻交流电路的电流瞬时值表达式为

$$i = I_m \sin\omega t$$

纯电阻交流电路的电流与电压的相量图如图 4-60（a）所示，波形图如图 4-60（b）所示。

（a）相量图

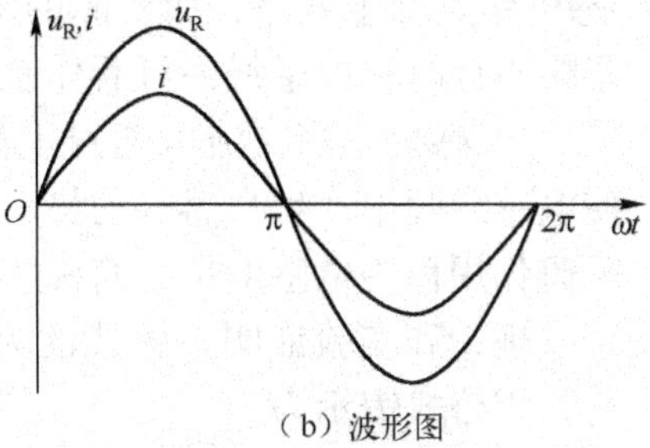

（b）波形图

图 4-60　纯电阻交流电路的相量图和波形图

纯电阻交流电路的电流与电压的瞬时值关系为

$$i = \frac{u_R}{R} \tag{4-5}$$

即纯电阻交流电路的电流与电压的瞬时值也符合欧姆定律。

2）电路的功率。在纯电阻交流电路中，电流、电压都是随时间变化的。我们把电压瞬时值和电流瞬时值的乘积称为瞬时功率，用小写字母 p 表示，即 $p=ui$。

因此，纯电阻交流电路的瞬时功率为

$$p=u_{\rm R}i=U_{\rm Rm}\sin\omega t I_{\rm m}\sin\omega t=U_{\rm Rm}I_{\rm m}\sin^2\omega t=0.5U_{\rm Rm}I_{\rm m}(1-\cos2\omega t)=U_{\rm R}I(1-\cos2\omega t) \quad (4\text{-}6)$$

由此可见，纯电阻交流电路的瞬时功率的大小也随时间作周期性变化，变化的频率是电流、电压频率的2倍。如图4-61所示的是纯电阻电路瞬时功率的波形，从图中可以看出瞬时功率总是正值，表示电阻总是消耗功率，把电能转换成热能。

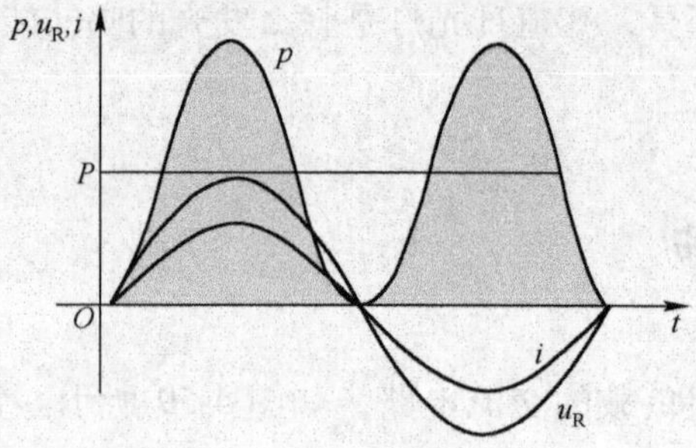

图4-61　纯电阻交流电路的功率

由于瞬时功率是随时间变化的，测量和计算都不方便，所以在工程中常用平均功率表示。平均功率是瞬时功率在一个周期内的平均值，用大写字母 P 表示，单位是瓦特（W）。

理论和实验证明，纯电阻交流电路的有功功率为

$$P=U_{\rm R}I \quad (4\text{-}7)$$

根据欧姆定律有功功率还可以表示为

$$P=I^2R=\frac{U_{\rm R}^2}{R} \quad (4\text{-}8)$$

由于电阻是耗能元件，消耗电能说明电流做了功，所以平均功率又称为有功功率。

（2）纯电感电路

纯电感电路是电阻和分布电容均忽略不计的空心线圈与交流电源连接成的电路，如图4-62所示。纯电感电路是理想电路，而实际的电感线圈都有一定的电阻，当电阻很小可以忽略不计时，电感线圈可看作是纯电感负载。

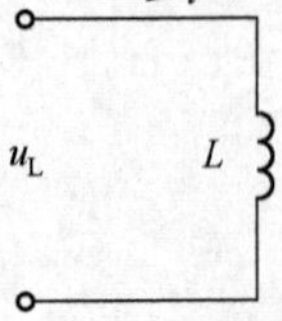

图4-62　纯电感交流电路

1）感抗。当交流电通过电感线圈时，变化的电流会产生变化的磁场，使电感线圈中产生自感电动势阻碍电流的变化，我们把这种线圈对交流电的阻碍作用称为电感电抗，简称感抗，用符号 $X_{\rm L}$ 表示，单位也是欧姆（Ω）。

理论和实验证明，感抗的大小与电源频率成正比，与线圈的电感成正比，用公式表示为

$$X_{\rm L}=\omega L=2\pi fL \quad (4\text{-}9)$$

由上述公式可知，交流电的频率 f 越高，感抗 $X_{\rm L}$ 就越大，对于直流电，频率 $f=0$，则感抗 $X_{\rm L}=0$。因此，电感线圈具有“通直流阻交流，通低频阻高频”的特性。

2）电流与电压的关系。在图4-62所示的纯电感交流电路中，如果加在电感 L 两端的交流电压为

$$u_{\rm L}=U_{\rm Lm}\sin\omega t$$

则
$$I_m=\frac{U_{Lm}}{X_L}\text{或}I=\frac{U_L}{X_L}\tag{4-10}$$

即纯电感交流电路的电流与电压的最大值（或有效值）符合欧姆定律。但在相位关系上，电压超前电流 π/2，或者说电流滞后电压 π/2。

因此，纯电感交流电路的电流瞬时值表达式为

$$i=I_m\sin(\omega t-\frac{\pi}{2})$$

纯电感交流电路的电流与电压的相量图如图 4-63（a）所示，波形图如图 4-63（b）所示。

3）电路的功率。纯电感交流电路的瞬时功率为

$$p=u_Li=U_{Lm}\sin\omega tI_m\sin(\omega t-\frac{\pi}{2})=U_{Lm}I_m\sin\omega t\cos\omega t=0.5U_{Lm}I_m\sin2\omega t=U_LI\sin2\omega t\tag{4-11}$$

由此可见，纯电感交流电路的瞬时功率的大小随时间作周期性变化，如图 4-64 所示。瞬时功率曲线 1/2 为正，1/2 为负。因此，瞬时功率的平均值为零，即纯电感交流电路的有功功率为零，表示电感元件不消耗能量。

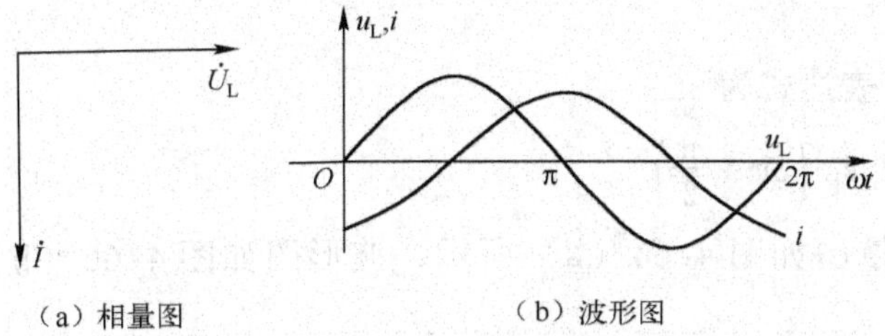

（a）相量图　（b）波形图

图 4-63　纯电感交流电路的相量图和波形图

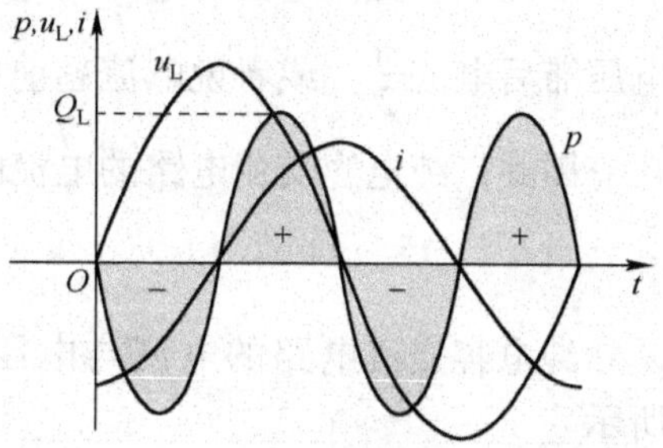

图 4-64　纯电感交流电路的功率

电感元件虽然不消耗能量，但与电源之间不断进行能量交换：瞬时功率为正时，电感线圈从电源吸收能量，并储存在电感线圈内部；瞬时功率为负时，电感线圈把储存能量向电源释放，即电感线圈与电源之间进行着可逆的能量交换。为反映纯电感交流电路中能量转换的多少，我们把单位时间内能量转换的最大值（即瞬时功率的最大值），称为无功功率，用符号 Q_L表示，单位是乏（var），即

$$Q_L=U_LI\tag{4-12}$$

根据欧姆定律无功功率还可以表示为

$$Q_L=I^2X_L=\frac{U_L^2}{X_L}\tag{4-13}$$

应当注意的是无功功率不是无用功率。“无功”的含义是“交换”而不是“消耗”，是相对于“有功”而言的。在工程应用中，具有电感性质的电动机、变压器等设备都是依据电磁能量转换工作的。如果没有无功功率，就没有电源和磁场间的能量交换，这些设备就无法工作。

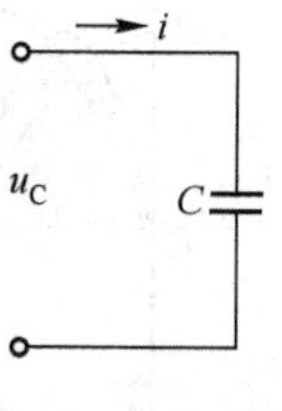

图 4-65　纯电容交流电路

(3) 纯电容电路

纯电容电路是漏电电阻和分布电感均忽略不计的电容器和交流电源连接的电路，如图 4-65 所示。

1）容抗。交流电通过电容器时，电源和电容器之间不断地充电和放电，电容器对交流电也会有阻碍作用。我们把电容器对交流电的阻碍作用称为电容电抗，简称容抗，用符号 X_C 表示，单位也是欧姆（Ω）。

理论和实验证明，容抗的大小与电源频率成反比，与电容器的电容量成反比，其表达式为

$$X_C = \frac{1}{\omega C} = \frac{1}{2\pi f C} \tag{4-14}$$

由上述公式可知，电容器在交流电路中有“隔直流通交流，阻低频通高频”的特性。在工程应用中，常用作隔直电容（一般容量较大）和旁路电容（一般容量较小）。

2）电流与电压的关系。在图 4-65 所示的纯电容交流电路中，如果加在电容 C 两端的交流电压为

$$u_C = U_{Cm}\sin\omega t$$

则

$$I_m = \frac{U_{Cm}}{X_C} \text{或} I = \frac{U_C}{X_C} \tag{4-15}$$

即纯电容交流电路的电流与电压最大值（或有效值）符合欧姆定律。但在相位关系上电压滞后电流 $\frac{\pi}{2}$，或者说电流超前电压 $\frac{\pi}{2}$。

因此，纯电容交流电路的电流瞬时值表达式为

$$i = I_m \sin\left(\omega t + \frac{\pi}{2}\right)$$

纯电容交流电路的电流与电压的相量图如图 4-66（a）所示，波形图如图 4-66（b）所示。

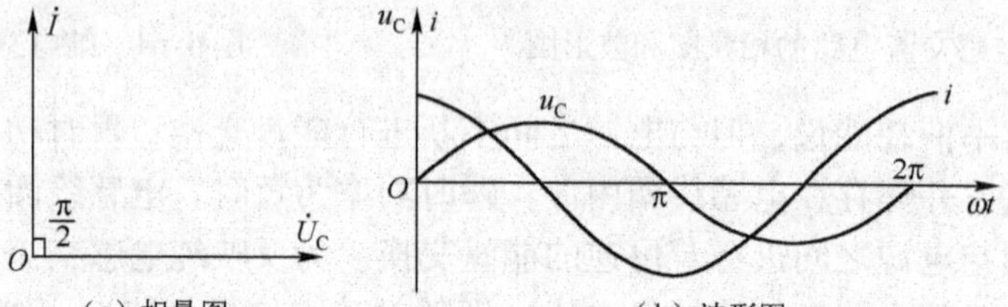

图 4-66　纯电容交流电路的相量图和波形图

3）电路的功率。纯电容交流电路的瞬时功率为

$$p = u_C i = U_{Cm}\sin\omega t I_m \sin\left(\omega t + \frac{\pi}{2}\right) = U_{Cm} I_m \sin\omega t\cos\omega t = 0.5 U_{Cm} I_m \sin 2\omega t = U_C I \sin 2\omega t \tag{4-16}$$

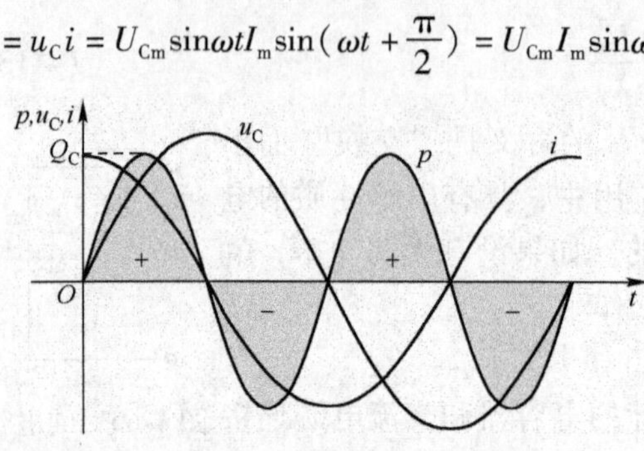

图 4-67　纯电容交流电路的功率

由此可见，纯电容交流电路的瞬时功率的大小随时间作周期性变化，如图 4-67 所示。瞬时功率曲线 1/2 为正，1/2 为负。因此，瞬时功率的平均值为零，即纯电容交流电路的有功功率为零，表示电容元件不消耗能量。

电容元件虽然不消耗能量，但与电源之间不断进行能量交换，即电容器的充电和放电。

纯电容交流电路的无功功率为

$$Q_C = U_C I \tag{4-17}$$

根据欧姆定律无功功率还可以表示为

$$Q_C = I^2 X_C = \frac{U_C^2}{X_C} \tag{4-18}$$

2. RLC 串联交流电路

由电阻、电感和电容串联与交流电源组成的电路，称为 RLC 串联电路，如图 4-68 所示。RLC 串联电路包含了电阻、电感和电容三个不同的电路参数，是工程实际中常用的典型电路，如供电系统中的无功补偿电路和电子技术中常用的串联谐振电路。

(1) RLC 串联交流电路电流与电压的关系

交流电路的分析要以相量图为工具，画相量图时要先确定参考正弦量。因为串联电路的电流处处相等，所以分析 RLC 串联交流电路是以电流作为参考正弦量。

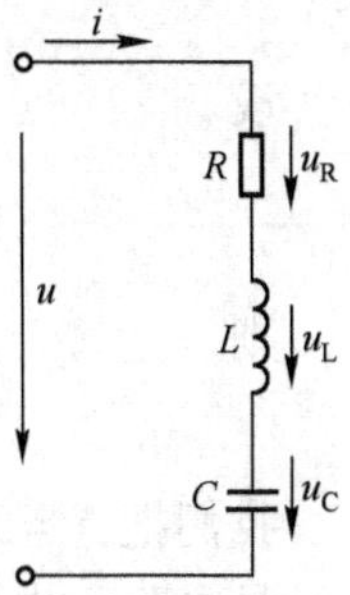

图 4-68　RLC 串联电路

设通过 RLC 串联交流电路的电流为

$$i = I_m \sin\omega t$$

则电阻两端的电压为

$$u_R = RI_m \sin\omega t$$

电感两端的电压为：

$$u_L = X_L I_m \sin\left(\omega t + \frac{\pi}{2}\right)$$

电容两端的电压为

$$u_C = X_C I_m \sin\left(\omega t - \frac{\pi}{2}\right)$$

由于电路总电压的瞬时值等于各个元件电压瞬时值之和，即

$$u = u_R + u_L + u_C \tag{4-19}$$

由此作出 RLC 串联交流电路的相量图，如图 4-69 所示。

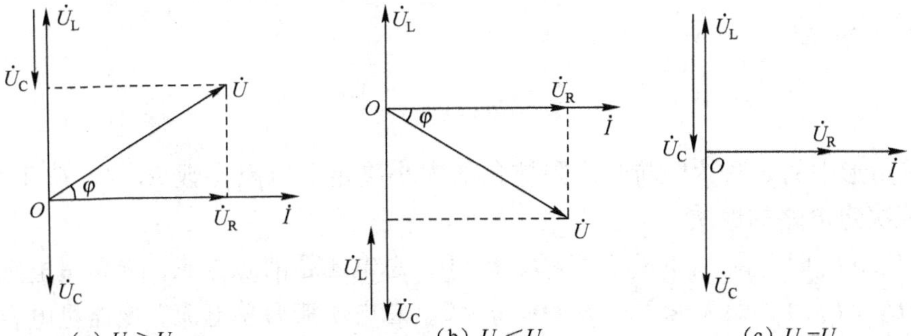

图 4-69　RLC 串联电路的相量图

由图 4-69 可知，电路的总电压与各分电压构成直角三角形，这个直角三角形称为电压三角形。由电压三角形可得总电压有效值和分电压有效值之间的关系为

$$U=\sqrt{U_R^2+(U_L-U_C)^2} \tag{4-20}$$

总电压与电流间的相位差为

$$\varphi=\arctan\frac{U_L-U_C}{R} \tag{4-21}$$

当 $U_L>U_C$时，$\phi>0$，电压超前电流；当 $U_L<U_C$时，$\varphi<0$，电压滞后电流；当 $U_L=U_C$时，$\varphi=0$，电压与电流同相。

(2) RLC 串联交流电路的阻抗

因为串联电路的电流处处相等，将 $U=\sqrt{U_R^2+(U_L-U_C)^2}$ 两边同除以电流 I，可得：

$$\frac{U}{I}=\sqrt{\left(\frac{U_R}{I}\right)^2+\left(\frac{U_L}{I}-\frac{U_C}{I}\right)^2}$$

设

$$\frac{U}{I}=z$$

则

$$z=\sqrt{R^2+(X_L-X_C)^2}=\sqrt{R^2+X^2} \tag{4-22}$$

我们把 $X=X_L-X_C$称为电抗，它是电感与电容共同作用的结果；把 z 称为交流电路的阻抗，是电阻、电抗共同作用的结果。电抗和阻抗的单位均为欧姆（Ω）。

将电压三角形三边同时除以电流 I，可以得到由阻抗 Z、电阻 R 和电抗 X 组成的直角三角形，称为阻抗三角形，如图 4-70 所示。阻抗三角形和电压三角形是相似三角形。

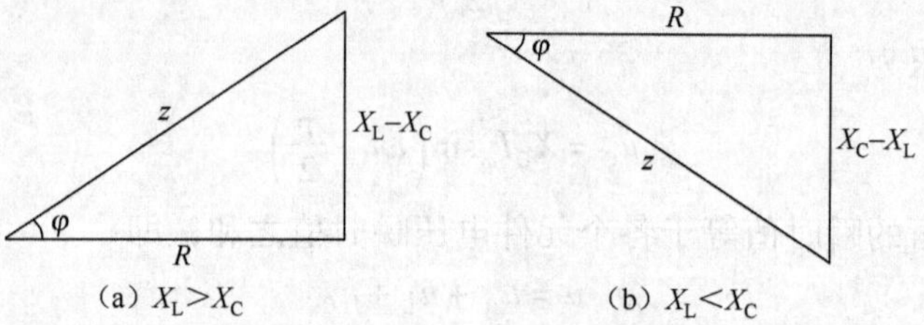

图 4-70　RLC 串联电路的阻抗

由图 4-70 可得

$$\varphi=\arctan\frac{X_L-X_C}{R} \tag{4-23}$$

阻抗三角形中的 φ 称为阻抗角。阻抗角的大小决定于电路参数 R、L、C 及电源频率 f，电抗 X 的值决定电路的性质。

1）当 $U_L>U_C$时，即 $X_L>X_C$，$X>0$，$\varphi>0$，总电压超前总电流，电路呈电感性。

2）当 $U_L<U_C$时，即 $X_L<X_C$，$X<0$，$\varphi<0$，总电压滞后总电流，电路呈电容性。

3）当 $U_L=U_C$时，即 $X_L=X_C$，$X=0$，$\varphi=0$，总电压与总电流同相，电路呈电阻性，此时的电路状态称为谐振。

(3) RLC 串联电路的功率

1）有功功率、无功功率和视在功率。将 $U=\sqrt{U_R^2+(U_L-U_C)^2}$ 两边同乘以电流 I，得

$$UI=\sqrt{(U_RI)^2+(U_LI-U_CI)^2}$$

设
$$S=UI$$

则
$$S=\sqrt{P^2+(Q_L-Q_C)^2}=\sqrt{P^2+Q^2} \quad (4\text{-}24)$$

S 就是交流电路的视在功率，表示电源提供的总功率，单位为伏安（VA）。

将电压三角形三边同时乘以电流 I，可以得到由视在功率 S、有功功率 P 和无功功率 Q 组成的直角三角形，称为功率三角形，如图 4-71 所示。功率三角形与电压三角形也是相似三角形。

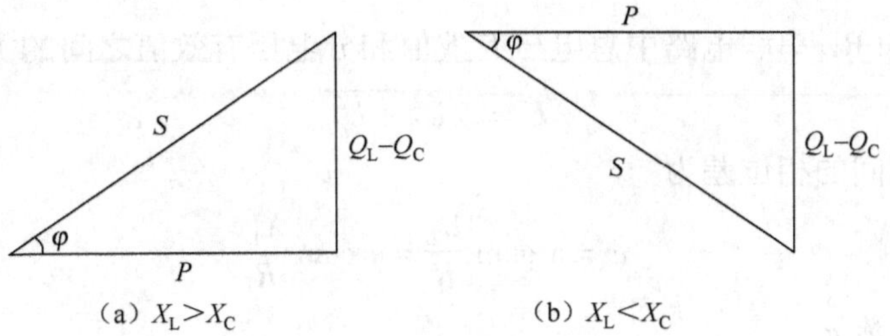

图 4-71　RLC 串联电路的功率

由图 4-71 可得 RLC 串联电路的有功功率为

$$P=UI\cos\varphi \quad (4\text{-}25)$$

无功功率为

$$Q=Q_L-Q_C=UI\sin\varphi \quad (4\text{-}26)$$

2）功率因数。在 RLC 串联电路中，既有耗能元件电阻，又有储能元件电感和电容。因此，电源提供的总功率一部分被电阻消耗，即有功功率；一部分在电感、电容与电源间交换，即无功功率。有功功率与视在功率的比值，反映了电源功率的利用率，称为功率因数，用 λ 表示。

$$\lambda=\cos\varphi=\frac{P}{S} \quad (4\text{-}27)$$

上式表明：当视在功率一定时，功率因数越大，用电设备消耗的有功功率也越大，电源的利用率就高。

（4）RLC 串联电路的特例

1）RL 串联电路。当 RLC 串联电路中的 $X_C=0$ 时，就是 RL 串联电路，如图 4-72（a）所示。4-71（b）所示的就是其相量图。其电压三角形、阻抗三角形和功率三角形如图 4-73 所示。

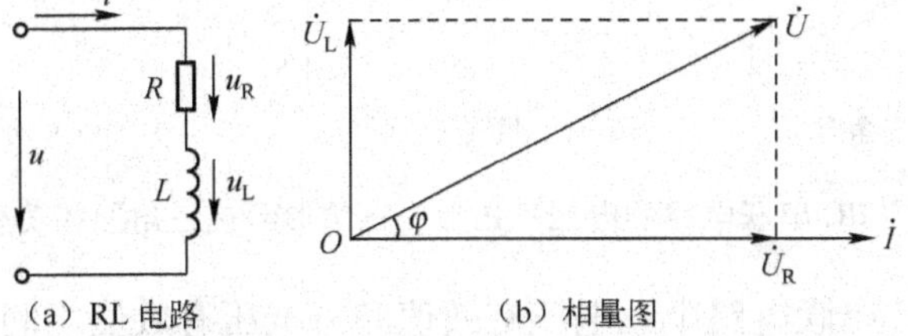

图 4-72　RL 串联电路及其相量图

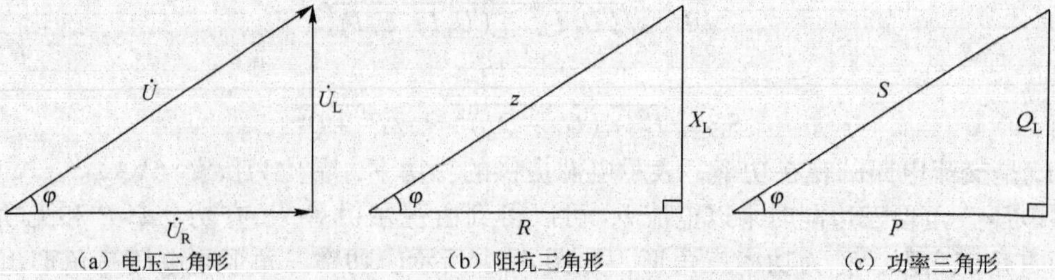

图 4-73　RL 串联电路的电压三角形、三角形阻抗三角形和功率三角形

由图 4-73 可知 RL 串联电路中总电压有效值和分电压有效值之间的关系为

$$U = \sqrt{U_R^2 + U_L^2} \tag{4-28}$$

总电压与电流间的相位差为

$$\varphi = \arctan\frac{U_L}{R} = \arctan\frac{X_L}{R} \tag{4-29}$$

总电压超前电流 φ。

电路的阻抗为

$$z = \sqrt{R^2 + U_L^2} \tag{4-30}$$

电路的视在功率为

$$S = \sqrt{P^2 + Q_L^2} \tag{4-31}$$

2）RC 串联电路。当 RLC 串联电路中的 $X_L = 0$ 时，就是 RC 串联电路，如图 4-74（a）所示。4-74（b）所示的就是其相量图。其电压三角形、阻抗三角形和功率三角形如图 4-75 所示。

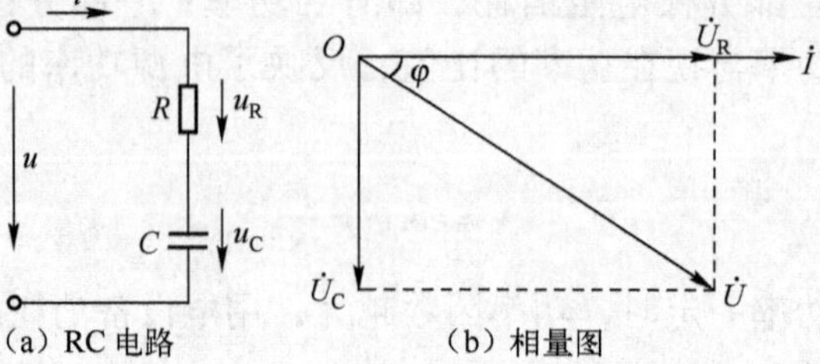

图 4-74　RC 串联电路及其相量图

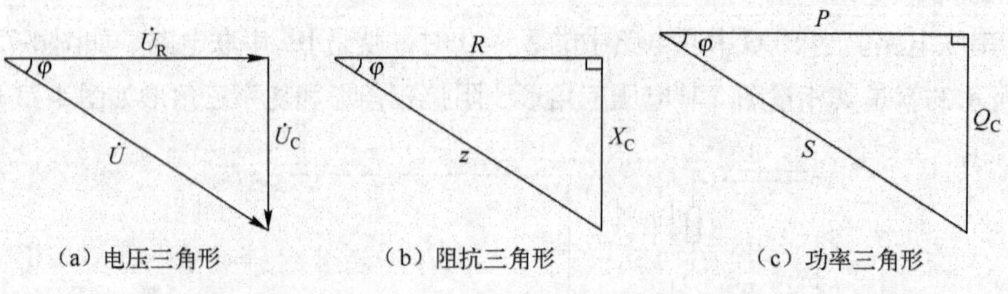

图 4-75　RC 串联电路的电压三角形、三角形阻抗三角形和功率三角形

由图 4-75 可知 RC 串联电路中总电压有效值和分电压有效值之间的关系为

$$U = \sqrt{U_R^2 + U_C^2} \tag{4-32}$$

总电压与电流间的相位差为

$$\varphi=\arctan\frac{U_C}{R}=\arctan\frac{X_C}{R} \tag{4-33}$$

总电压滞后电流 φ。

电路的阻抗为

$$z=\sqrt{R^2+X_C^2} \tag{4-34}$$

电路的视在功率为

$$S=\sqrt{P^2+Q_C^2} \tag{4-35}$$

3. 并联交流电路

(1) RLC 并联交流电路

由电阻、电感和电容并联和交流电源组成的电路，称为 RLC 并联电路，如图 4-76 所示。

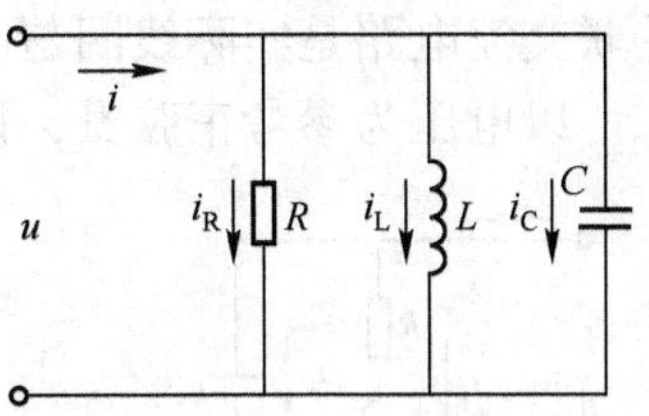

图 4-76　RLC 并联电路

因为并联电路的各支路电压都相等，所以分析 RLC 并联交流电路是以电压作为参考正弦量。

设 RLC 并联交流电路两端的电压为

$$u=U_m\sin\omega t$$

则通过电阻的电流为

$$i_R=\frac{U_m}{R}\sin\omega t$$

通过电感的电流为

$$i_L=\frac{U_m}{X_L}\sin\left(\omega t-\frac{\pi}{2}\right)$$

通过电容的电流为

$$i_C=\frac{U_m}{X_C}\sin\left(\omega t+\frac{\pi}{2}\right)$$

电路总电流的瞬时值等于各元件电流瞬时值之和，即

$$i=i_R+i_L+i_C \tag{4-36}$$

由此作出 RLC 并联交流电路的相量图，如图 4-77 所示。

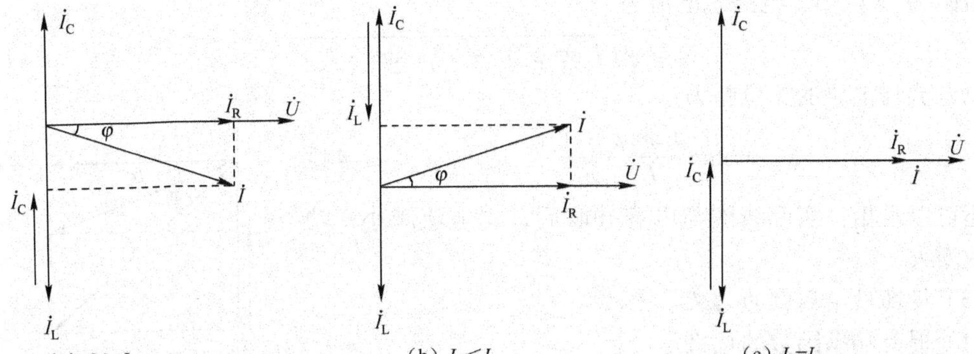

(a) $I_L>I_C$　(b) $I_L<I_C$　(c) $I_L=I_C$

图 4-77　RLC 并联电路的相量图

由图4-77可知，电路的总电流与各支路电流构成直角三角形，这个直角三角形称为电流三角形。由电流三角形可得总电流有效值和各支路电流有效值之间的关系为

$$I=\sqrt{I_R^2+(I_C-I_L)^2} \tag{4-37}$$

电压与总电流间的相位差为

$$\varphi=\arctan\frac{I_C-I_L}{I_R} \tag{4-38}$$

在图4-77（a）中，$I_L>I_C$，$\varphi<0$，电压超前电流，电路呈电感性。

在图4-77（b）中，$I_L<I_C$，$\varphi>0$，电流超前电压，电路呈电容性。

在图4-77（c）中，$I_L=I_C$，$\varphi=0$，电压与电流同相，电路呈电阻性，此时的电路状态称为谐振。

（2）实际线圈与电容并联电路

实际中纯电感负载很少，因此，实际中真正的RLC并联电路很少。工程实际中常见的并联交流电路是实际线圈与电容并联的电路，如图4-78所示。

以电压为参考正弦量，设此电路的电压为

$$u=U_m\sin\omega t$$

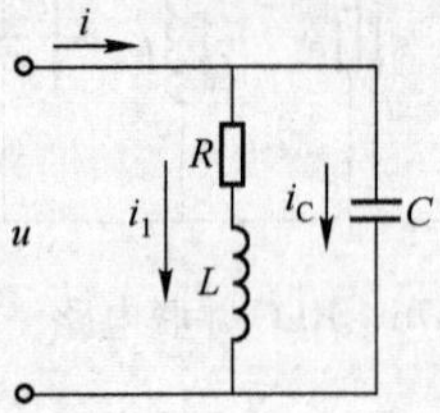

图4-78　实际并联交流电路

线圈支路电流的有效值为

$$I_1=\frac{U}{\sqrt{R^2+X_L^2}} \tag{4-39}$$

线圈支路电流比电压滞后φ_1

$$\varphi_1=\arctan\frac{X_L}{R} \tag{4-40}$$

则线圈支路的电流瞬时值为

$$i_1=\frac{U_m}{\sqrt{R^2+X_L^2}}\sin\left(\omega t-\arctan\frac{X_L}{R}\right) \tag{4-41}$$

电容支路的电流瞬时值为

$$i_C=\frac{U_m}{X_C}\sin\left(\omega t+\frac{\pi}{2}\right) \tag{4-42}$$

由于$i=i_1+i_c$，可以作出电路的相量图，如图4-79所示。

由图4-79可知，电路总电流为

$$I=\sqrt{(I_1\cos\varphi_1)^2+(I_1\sin\varphi_1-I_C)^2} \tag{4-43}$$

总电流与电压的相位差为

$$\varphi=\arctan\frac{I_1\sin\varphi_1-I_C}{I_1\cos\varphi_1} \tag{4-44}$$

还可以看出：实际线圈与电容并联后，总电流减小，功率因数增大。

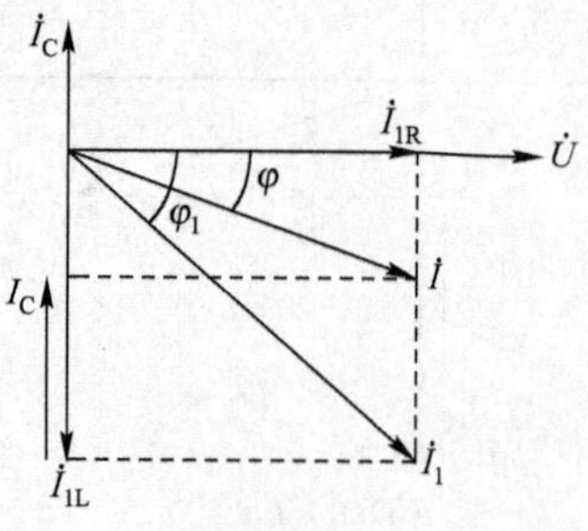

图4-79　实际并联交流电路相量图

（3）提高功率因数的意义和方法

（1）提高功率因数的意义

在工程上，提高功率因数的意义主要有：

① 提高供电设备的能量利用率。

由公式

$$\lambda = \cos\varphi = \frac{P}{S} \tag{4-44}$$

可知：当视在功率（即供电设备的容量）一定时，功率因数越大，用电设备的有功功率也越大，电源的利用率就越大。

② 减少输电线路的能量损失。

输电线路的能量损失主要是输电线路电流的热效应引起的，其损失的能量为

$$Q = I^2Rt \tag{4-45}$$

当功率因数 $\cos\varphi$ 提高后，因其有功功率 P 和电压 U 是不变的，由公式

$$P = UI\cos\varphi \tag{4-46}$$

可知电流 I 将减小。因此，输电线路电流的热效应引起的能量损失 Q 也减小了。

（2）提高功率因数的方法

在工程上，提高功率因数的方法很多，在工矿企业等用电单位中，普遍采用在电感性负载两端并联电容器的方法来提高电路的功率因数。

原电力工业部颁布的《供电营业规则》中，对用户功率因数的规定是：100kVA 及以上高压供电的用户，功率因数要在 0.90 以上；其他电力用户和大、中型排灌站、购转售电企业，功率因数要在 0.85 以上；农业用电，功率因数为 0.80。供电企业对实行考核的用户装设无功电能计量装置，按用户每月实用有功电量和无功电量计算月平均功率因数，并根据国家规定的功率因数调整电费办法予以考核，增减当月电费。

提高功率因数，主要通过提高自然功率因数和进行人工无功补偿来实现。提高自然功率因数即提高用电设备本身的功率因数，如合理选择配电变压器容量，避免容量过大；合理选择电动机容量，避免“大马拉小车”等。人工无功补偿的方法，可以采用电力电容器和同步调相机等进行补偿。电力电容器补偿是当前广泛采用的补偿方式，有串联补偿和并联补偿两种方法。串联补偿主要适用于远距离输电线路上，并联补偿主要适用于用电单位。

【实践运用】

电气照明装置广泛应用于生产和生活的各个领域。照明电路一般由电源、导线、控制器件和灯具四个环节组成，其中照明灯具作为照明电路的负载，将电能转换成光能实现照明。我国电力系统根据照明的不同功能，将电气照明划分为工作照明、局部照明和事故照明三种类型。

工作照明：指供整个工作场所正常使用而安装的照明装置。它又可以划分为生活照明、办公照明、景观照明和生产照明，是日常生活中应用最多的一种照明。

局部照明：指仅供工作点使用而安装的照明装置。它有固定式与携带式两种。

事故照明：在工作照明熄灭的情况下，供工作人员疏散使用，或用于暂时延续作业所需的照明。

1. 照明电光源

电光源的作用是将电能转换为光能。电光源的种类繁多，常用的照明电光源按其发光原理可分为热辐射光源和气体放电光源两大类。热辐射光源是利用物体高热发光的原理工作的，例如白炽灯、碘钨灯等。气体放电光源是利用气体放电发光的原理工作的，例如荧光

灯、高压水银灯、霓虹灯等。室内照明常用的电光源主要有白炽灯、荧光灯、节能灯等。

(1) 白炽灯

白炽灯俗称灯泡，如图4-80 (a) 所示，是最常见的电光源。白炽灯具有结构简单、使用方便、显色性好、可瞬间点亮、无频闪、可调光、价格便宜等优点，缺点是发光效率较低。

普通白炽灯结构如图4-80 (b)、(c) 所示，由灯头、接点、电源引线、灯丝、玻璃支架和玻璃泡壳等部分构成。白炽灯是靠电流加热灯丝（钨丝）至白炽状态而发光的。灯丝在将电能转换为可见光的同时，还会产生大量的红外线，大部分电能都变成热能散发掉了，因此白炽灯的发光效率较低。为延长灯丝寿命，通常把玻壳内抽成真空并充有氮气或氩、氪等惰性气体。白炽灯的灯头有卡口和螺旋口两种形式，灯泡玻壳有普通透明型和磨砂型。白炽灯的主要技术参数是额定电压和额定功率，它们一般都直接标注在灯泡玻璃泡壳上。

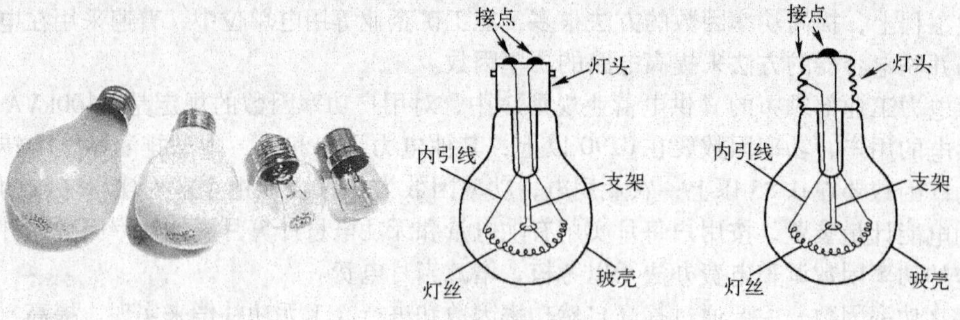

(a) 外形　　(b) 卡口式　　(c) 螺口式

图4-80　白炽灯

额定电压是指灯泡的设计使用电源电压，灯泡只有在额定电压下工作，才能获得其特定的效果。如果实际工作的电源电压高于额定电压，灯泡发光强度变强，但寿命却大为缩短。如果电源电压低于额定电压，虽然灯泡寿命延长，但发光强度不足，光效率降低。

额定功率是指灯泡的设计功率，即灯泡在额定电源电压下工作时所消耗的电功率。额定功率越大，灯泡的发光亮度越大，通过灯泡的工作电流也越大。

(2) 荧光灯

荧光灯是一种气体放电发光的电光源，通常做成管状，如图4-81所示。日光色荧光灯是使用最普遍的荧光灯，因为光色接近于日光，所以也称为日光灯。与白炽灯相比，荧光灯

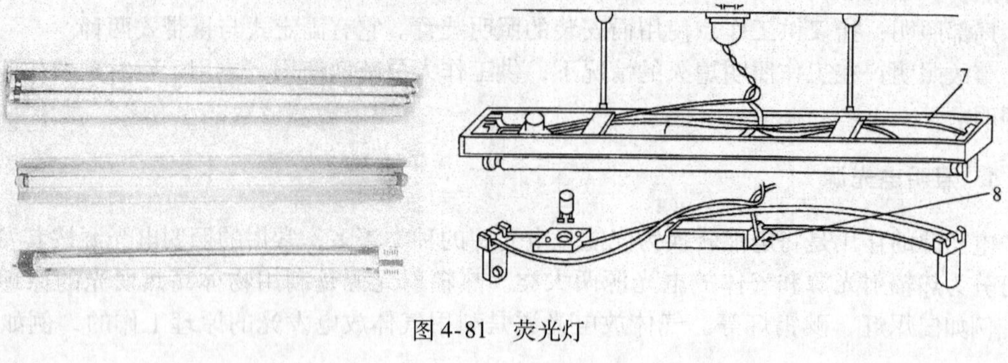

图4-81　荧光灯

具有光色好、光线柔和、灯管温度较低、发光效率较高、使用寿命长的显著优点，其缺点是结构较复杂、不可瞬间点亮等。

（3）节能灯

节能灯就是采用电子镇流器的紧凑型荧光灯，将灯管和电子镇流器紧密地结合为一个整体，并配上普通白炽灯头（螺口或卡口），可直接替换白炽灯。节能灯具有节电、明亮、易启动、无频闪、功率因数高、寿命长和使用方便等突出优点，得到了普遍的应用。图4-82所示为部分节能灯外形。

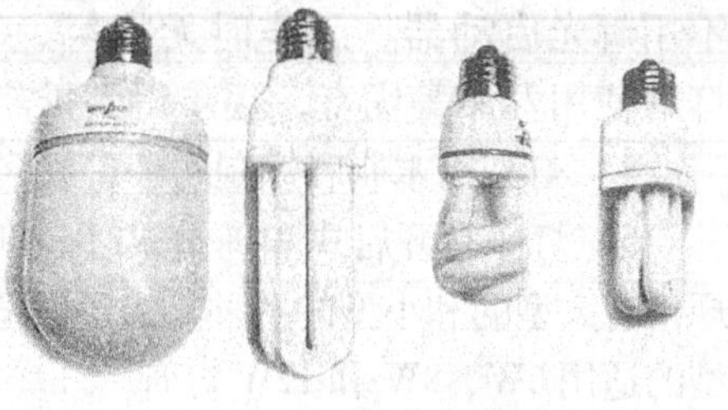

图4-82 节能灯

节能灯包括节能荧光灯管和高效电子镇流器两个主要部分。节能荧光灯管采用三基色荧光粉制造，发光效率大大提高，是白炽灯的5～6倍，比普通日光灯提高40%左右。高效电子镇流器采用开关电源技术和谐振起辉技术，将50Hz的220V市电变换为30～60kHz的高频交流电，再去点亮节能荧光灯管，不仅效率和功率因数进一步提高，而且消除了普通日光灯的频闪和“嗡嗡”噪声。

2. 荧光灯的结构和工作原理

（1）荧光灯的组成

荧光灯照明线路的结构主要由灯管、辉光启动器、镇流器、灯架和灯座等组成。

1）灯管由玻璃管、灯丝和灯丝引出脚等组成，如图4-83所示。玻璃管内抽成真空后充入少量汞（水银）和氩等惰性气体，管壁涂有荧光粉，在灯丝上涂有电子粉。灯管常用的有6W、8W、12W、20W、30W和40W等规格。

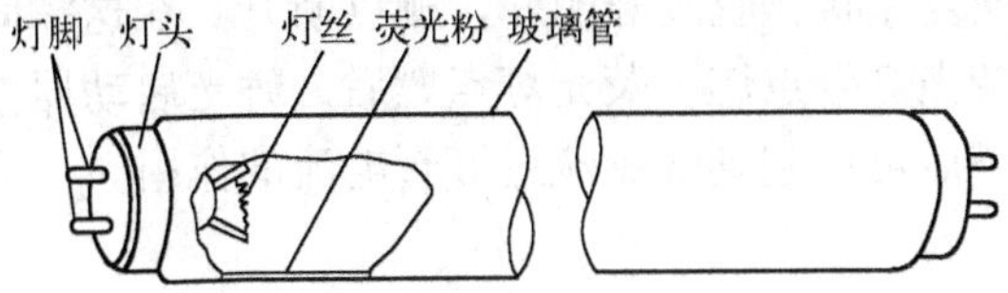

图4-83 灯管

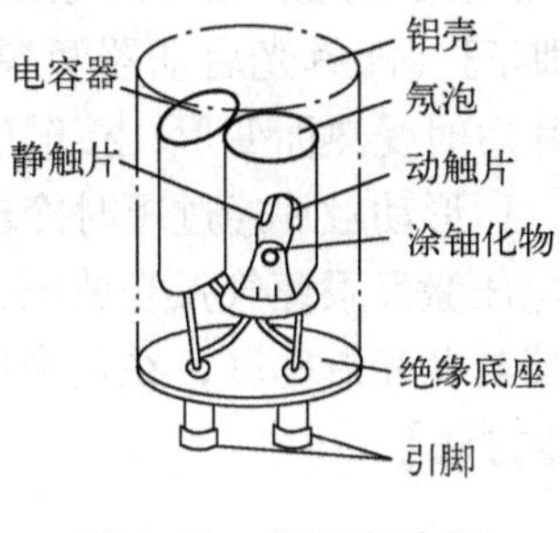

图4-84 辉光启动器

2）辉光启动器俗称起辉器，如图4-84所示，由氖泡、纸介电容、出线脚和外壳等组成。氖泡内装有U形动触片和静触片。辉光启动器的规格有4～8W、15～20W和30～40W的，以及通用型4～40W的等。并联在氖泡上的电容有两个作用：一是与镇流器线圈形成LC振荡电路，能延长灯丝的预热时间和维持感应电动势；二是能吸收干扰收音机和电视机的交流杂声。当电容因击穿而被剪除后，辉光启动器仍能继续使用。

3）镇流器有三个作用：一是在灯丝预热时，限制灯丝所需的预热电流值，防止预热过高而烧断，并保证灯丝电子的发射能力；二是在灯管起辉时，产生瞬间高压点燃灯管；三是在灯管起辉后，可以维持灯管的工作电压和限制灯管工作电流，以保证灯管能稳定工作。

镇流器有电感式和电子式两种，电感式镇压流器主要由铁心和线圈等组成，如图 4-85 所示。近年来，由于电子式镇流器具有节能低耗、效率高、电路连接简单、不用辉光启动器、工作时无噪声、功率因数高、能延长灯管使用寿命等优点，逐步得到推广。

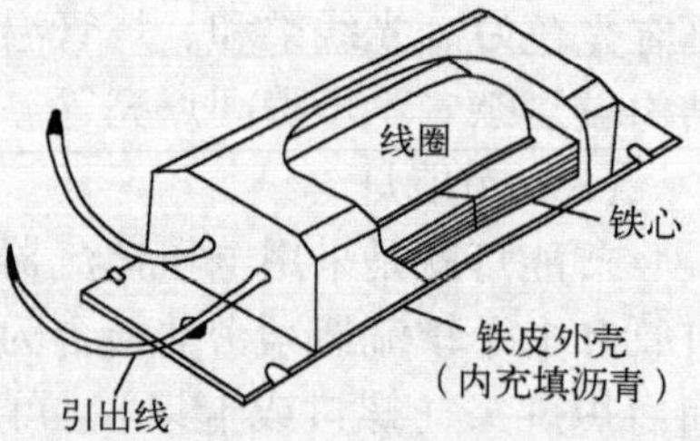

图 4-85　镇流器

4）灯架有木制和铁制两种，规格应配合灯管长度使用。

5）灯座有开启式和弹簧式（也叫插入式）两种。灯座规格有大型的和小型的两种，大型的适用 15W 以上灯管，小型的适用 6W、8W 和 12W 灯管。

（2）荧光灯的工作原理

荧光灯照明线路如图 4-86 所示。

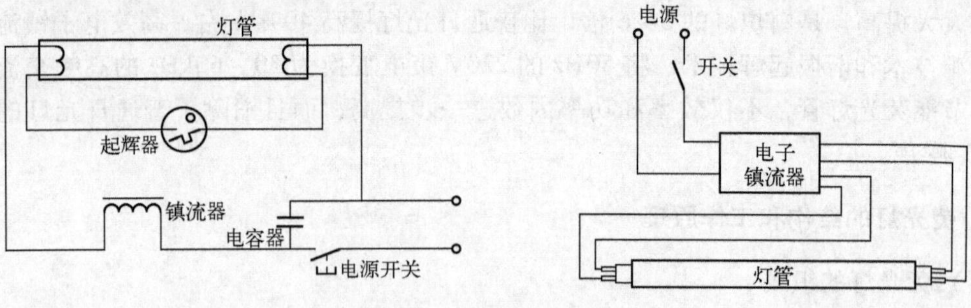

图 4-86　荧光灯线路

荧光灯属于气体放电光源。它是利用汞蒸气在外加电压作用下电离产生弧光放电，发出少许可见光和大量紫外线，紫外线又激励管内壁涂覆的荧光粉，使之再发出大量的可见光。然而，汞蒸气的弧光放电需高电压激发，这个高电压由辉光启动器和镇流器配合产生。当荧光灯两管脚间（即辉光启动器两端）有电压时，辉光启动器的氖管发光，用双金属片制成的 U 形动触片短时受热而变形，接触静触片，闭合触点，使荧光管的灯丝电极加热。触点闭合时氖管熄灭，U 形动触片经过短时冷却，恢复原状，脱离静触片，触点断开。在这瞬间，镇流器将产生高电压激发汞蒸气弧光放电，使荧光灯管点燃。荧光灯点燃后，辉光启动器立即停止工作。镇流器与荧光灯串联，在荧光灯点燃后可以起到限制流过灯管电流的作用。

【技能方法】

1. 照明灯具安装的基本原则

照明灯具按其配线方式、建筑结构、环境条件及对照明的要求不同而有吸顶式、壁式、嵌入式和悬吊式等几种方式，不论采用何种方式，都必须遵守以下原则：

（1）灯具安装的高度，室外一般不低于 3m，室内一般不低于 2.5m。如遇特殊情况不能满足要求时，可采取相应的保护措施或改用安全电压供电。

（2）灯具安装应牢固，灯具质量超过 3kg 时，必须固定在预埋的吊钩上。

（3）灯具固定时，不应该因灯具自重而使导线受力。

（4）灯架及管内不允许有接头。

（5）导线的分支及连接处应便于检查。

（6）导线在引入灯具处应有绝缘物保护，以免磨损导线的绝缘层，也不应使其受到应力。

（7）必须接地或接零的灯具外壳应有专门的接地螺栓和标志，并和地线（零线）妥为连接。

（8）室内照明开关一般安装在门边便于操作的位置，拉线开关一般应离地 2 ~ 3 m，暗装翘板开关一般离地 1. 3m，与门框的距离一般为 150 ~ 200mm。

（9）插座的安装高度一般应离地 1. 3m。若需低装一般应离地 300mm，同一场地所装的插座高度应一致，其高度相差一般应不大于 5mm；多个插座成排安装时，其高度差应不大于 2mm。

2. 白炽灯的安装与检修

（1）白炽灯的控制电路

白炽灯接通电源就能发光。图 4-87（a）为单联开关控制的白炽灯电路；图 4-87（b）为双联开关控制白炽灯电路，多用于楼道照明。

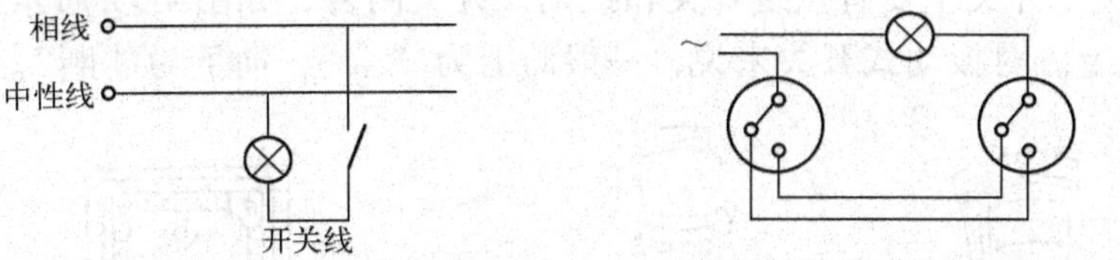

（a）单联开关控制白炽灯电路原理　（b）双联开关控制楼道照明灯电路原理

图 4-87　白炽灯的控制电路

（2）悬吊式白炽灯的安装

1）安装圆木。按照吊线盒或灯具法兰盘大小选取好圆木。用冲击钻在天花板上钻孔，嵌入木楔或膨胀螺栓。若天花板为木结构则可直接用木螺钉固定。圆木在安装前，应先钻好出线孔，锯好线槽，再穿入导线，最后用木螺钉将圆木固定好。

2）安装吊线盒。先将导线从吊线盒底座孔穿出，用木螺钉将吊线盒固定在圆木上，如图 4-88（a）所示。然后剥去两线头的绝缘层约 2cm，并分别旋紧在吊线盒的接线柱上，如图 4-88（b）所示。再取长度适当的一段软导线作为吊线盒和灯头的连接线，上端接吊线盒的接线柱，下端接灯头。在离软导线端 5cm 处打一结扣，如图 4-88（c）所示。最后，将软导线的下端从吊线盒盖孔中穿出并旋紧盒盖。

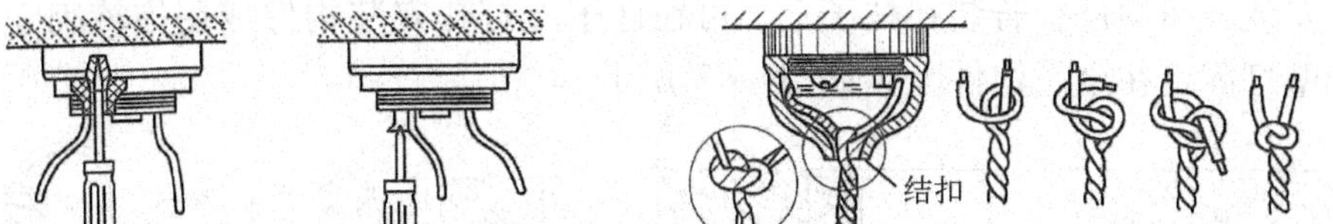

（a）固定吊线盒　（b）固定吊线盒内导线　（c）软导线打结扣

图 4-88　吊线盒的安装

3）安装灯座。灯座俗称灯头，有许多种，常用灯座如图 4-89 所示，可根据需要选用。安装灯座时，旋下灯座盖，将软导线下端穿入灯座盖中，如图 4-90（a）所示。在离线头约 3cm 处打一个如同图 4-90（a）所示的结扣后，把两线分别接在灯座的接线柱上，如图 4-90（a）所示，然后旋紧灯座盖。若为螺口灯座，则其相线应接在中心铜片所连的接线柱，螺口灯座与电源线的连接如图 4-90（b）所示。

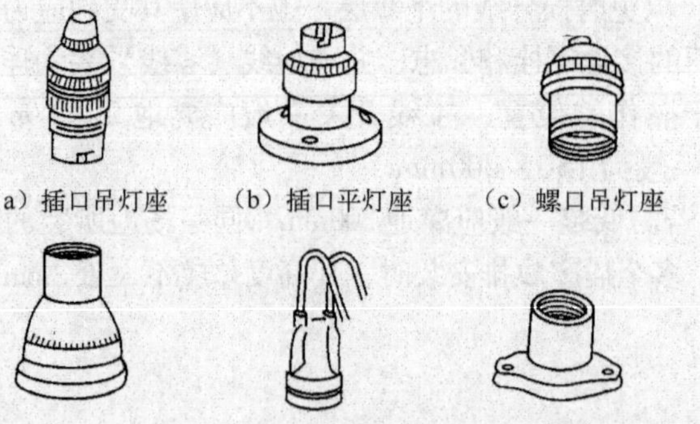

（a）插口吊灯座　（b）插口平灯座　（c）螺口吊灯座

（d）螺口平灯座　（e）防水螺口吊灯座　（f）防水螺口平灯座

图 4-89　各种灯座

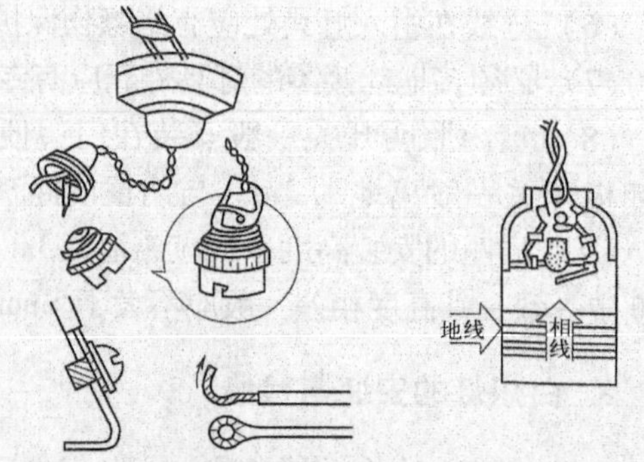

（a）在灯座的接线柱上固定导线　（b）拧紧灯座盖

图 4-90　灯座安装

4）安装开关。开关主要有拉线开关和扳动式开关两种，如图 4-91 所示。控制开关应串接在灯座的相线上。对扳动式开关来说，一般向上为“合”，向下为“断”。

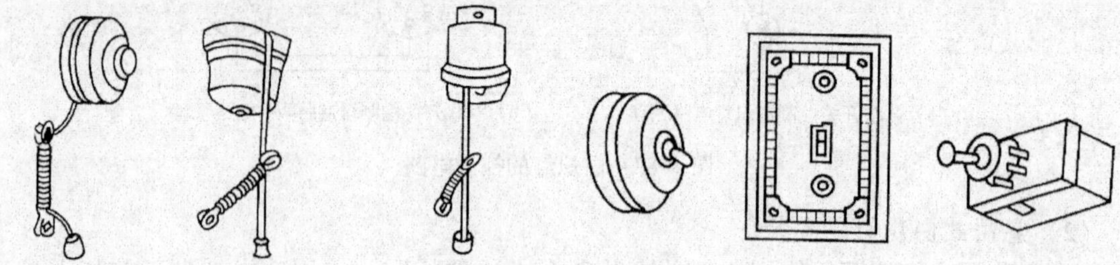

（a）拉线开关　（b）顶装式拉线开关　（c）防水式拉线开关　（d）平开关　（e）暗装开关　（f）台灯开关

图 4-91　各种开关

（3）吸顶灯的安装

安装吸顶灯时，一般用塑料圆台代替圆木并将其直接固定在天花板上，塑料圆台、塑料接线盒和吸顶灯罩组合的安装方法如图 4-92 所示。

（4）壁灯的安装

壁灯可以安装在墙上或柱子上。若装在墙上，一般要预埋金属构件或用冲电钻打孔，用膨胀螺栓安装金属构件；若装在柱子上，可在柱子上打孔安装构件或用抱箍固定金属构件，然后再把壁灯固定在金属构件上，如图 4-93 所示。

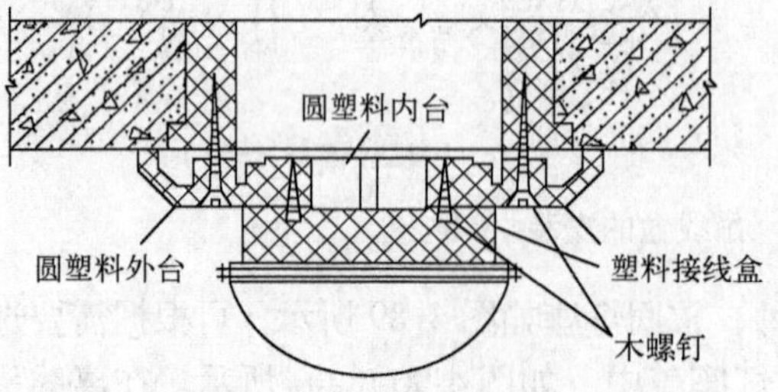

图 4-92　吸顶灯的安装

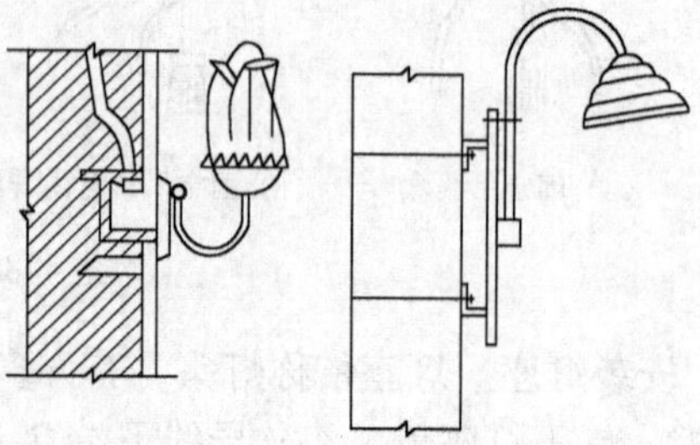

图 4-93　壁灯的安装

（5）白炽灯常见故障及排除

白炽灯常见故障及排除方法见表 4- 7。

表 4-7　白炽灯常见故障及排除方法

故障现象	产生故障的可能原因	排除方法
灯泡不发光	1. 灯丝断裂 2. 灯座或开关触点接触不良 3. 熔丝烧断 4. 电路开路 5. 停电	1. 更换灯泡 2. 修复或更换触点 3. 更换熔丝 4. 修复线路 5. 验明，待电
灯泡发光强烈	灯丝局部短路（俗称搭丝）	更换灯泡
灯光忽亮忽暗，或时亮时暗	1. 灯座或开关触点（或接线）松动，或表面存在氧化层 2. 电源电压波动 3. 熔丝接触不良 4. 导线连接处松动	1. 修复松动的触点或接线，去除氧化层 2. 更换配电变压器，增加容量 3. 重新安装或加固压紧螺钉 4. 重新连接导线
不断烧断熔丝	1. 灯座或挂线盒连接处两线头相碰 2. 负载过大 3. 熔丝太细 4. 线路短路 5. 胶木灯座两触点间严重烧毁	1. 重新连接线头 2. 减轻负载或扩大导线容量 3. 正确选配熔丝规格 4. 修复线路 5. 更换灯座
灯光暗红	1. 灯座、开关或导线对地严重漏电 2. 灯座、开关接触不良，或连接处接触电阻增加 3. 线路导线太长太细，线路压降太大	1. 更换灯座、开关或导线 2. 修复接触不良的触点，重新连接线头 3. 缩短线路长度，或更换较大截面的导线

3. 荧光灯照明线路的安装与检修

（1）荧光灯照明线路的安装（见图 4-94）

1）荧光灯灯座的安装。灯座是用于固定荧光灯灯管的，目前整套荧光灯架中的灯座都采用开启式，因为它固定方便，不需使用任何工具直接插入槽内即可。灯座的安装步骤如下：

① 根据荧光灯管的长度在灯架上确定两灯座的固定位置。

② 旋下灯座支架与灯座间的紧固螺钉，使其分离。

③ 用木螺钉分别固定两灯座支架。

④ 连接灯座引线。按灯管 2/3 的长度截取 4 根导线，旋下灯座接线端上的螺钉，将导线线端的绝缘层去除，绞紧线芯，沿螺钉边缘打圈，再将螺钉旋入灯座接线端。

注意：两灯座中有一个内部设有弹簧，接线时应先旋松灯脚上方的螺钉，使灯座与外壳分离，接线完毕后恢复原状，导线应穿在弹簧内。

⑤ 恢复灯座支架与灯座的连接。将灯座引线沿灯脚下端缺口引出，旋紧灯座支架与灯座的紧固螺钉。

2）安装荧光灯镇流器。用螺钉固定好镇流器后，根据荧光灯原理图连线，镇流器的一接线端与灯脚一端相接，另一端与电源线相连。

3）辉光启动器的安装。先将木螺钉从辉光启动器座的固定孔旋入，将其固定。然后分别从两个灯脚中取出一根导线与辉光启动器连接，再将辉光启动器插入其座内，沿顺时针方向旋转 60°。

4）荧光灯管的安装。先将灯管引脚插入有弹簧一端的灯脚内并用力推入，然后将另一端对准灯脚，利用弹簧的作用力使其插入灯脚内。

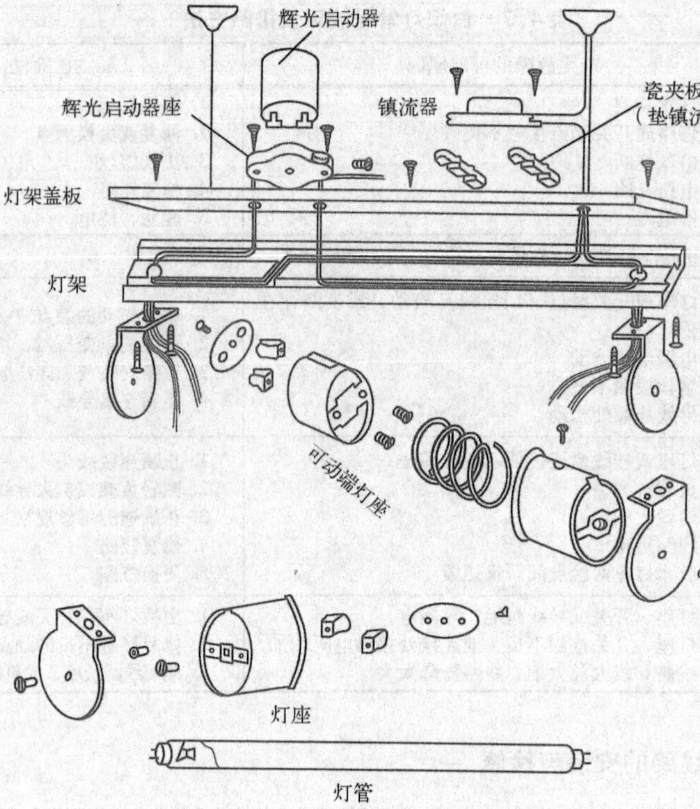

图 4-94 荧光灯安装

5）根据荧光灯原理图将电源线接入荧光灯电路中。

6）通电检验。接通开关，观察荧光灯的启动及工作情况。正常情况下，可以看到荧光灯管在闪烁数次后被点亮。

（2）灯照明线路故障的检修

荧光灯照明线路常见故障及检修方法见表 4-8。

表 4-8 荧光灯照明线路常见故障及检修方法

故障现象	产生故障的可能原因	排除方法
灯管不发光	1. 停电或保险丝烧断导致无电源 2. 灯座触点接触不良或电路线头松散 3. 辉光启动器损坏或与基座触点接触不良 4. 镇流器绕组或灯管内灯丝断裂或脱落	1. 找出断电原因，检修好故障后恢复送电 2. 重新安装灯管或连接松散线头 3. 旋动辉光启动器看是否损坏，再检查线头是否脱落 4. 用欧姆表检测绕组和灯丝是否开路
两端灯丝发亮	辉光启动器损坏，或内部小电容击穿	更换辉光启动器，若辉光启动器内部电容击穿，可剪去继续使用
起辉困难（灯管两端不断闪烁，中间不亮）	1. 辉光启动器不配套 2. 电源电压太低 3. 环境温度太低 4. 镇流器不配套，起辉器电流过小 5. 灯管老化	1. 换配套辉光启动器 2. 调整电压或降低线损，使电压保持在额定值 3. 对灯管热敷（注意安全） 4. 换配套镇流器 5. 更换灯管

续表

故障现象	产生故障的可能原因	排除方法
灯光闪烁或管内有螺旋形滚动光带	1. 辉光启动器或镇流器连接不良 2. 镇流器不配套（工作电压过大） 3. 新灯管暂时现象 4. 灯管质量差	1. 接好连接点 2. 换上配套镇流器 3. 使用一段时间，会自行消失 4. 更换灯管
镇流器过热	1. 镇流器质量差 2. 起辉系统不良，使镇流器负担过重 3. 镇流器不配套 4. 电源电压过高	1. 温度超过65℃应更换镇流器 2. 排除起辉系统故障 3. 换配套镇流器 4. 调低电压至额定工作电压
镇流器异声	1. 铁心叠片松动 2. 铁心硅钢片质量差 3. 绕组内部短路（伴随过热现象） 4. 电源电压过高	1. 紧固铁心 2. 换硅钢片或整个镇流器 3. 换绕组或整个镇流器 4. 调低电压至额定工作电压
灯管两端发黑	1. 灯管老化 2. 起辉系统不良 3. 电压过高 4. 镇流器不配套	1. 更换灯管 2. 排除起辉系统故障 3. 调低电压至额定工作电压 4. 换配套镇流器
灯管光通量下降	1. 灯管老化 2. 电压过低 3. 灯管处于冷风直吹位置	1. 更换灯管 2. 调整电压，缩短电源线路 3. 采取遮风措施
开灯后灯管马上被烧毁	1. 电压过高 2. 镇流器短路	1. 检查电压过高原因并排除 2. 更换镇流器
断电后灯管仍发微光	1. 荧光粉余辉特性 2. 开关接到了零线上	1. 过一会将自行消失 2. 将开关改接至相线上

4. 插座和插头的安装

（1）插座的安装

插座的品种也很多，使用时应根据安装方式（明装或暗装）、安装场所、负载功率大小等参数合理选择型号。常用的插座分有双孔、三孔和四孔三种，其结构如图4-95所示。使用时，三孔的要选用品字形排列的扁孔结构，而不选用等边三角形排列的圆孔结构，因后者容易发生三孔互换而造成用电事故。

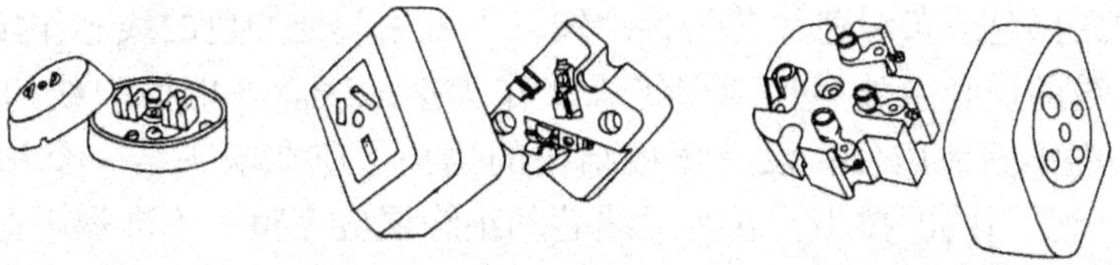

（a）双孔　（b）三孔　（c）四孔

图4-95　各种插座

装在配电板上的插座必须牢固地安装在建筑面上的木台上，暗敷线路的插座必须装在墙内插座承装盒上。各种插座的安装要求和方法如下：①双孔插座的双孔应水平并列安装如图4-96（a）所示，不准垂直安装。②三孔和四孔插座的接地孔（较粗的一个孔）必须放置在顶部位置如图4-96（a）所示，不准倒装或横装。③同一块木台上装有多个插座时，每个插座相应位置孔眼的相位必须相同，接地孔的接地必须正规。相同电压和相同相数的，应选用同一结构形式的插座；不同电压和不同相数的，应选用具有明显区别的插座，并应标明电压。④线路上的导线应使线头的绝缘层，完整地穿出木台表面，不准使线芯裸露在木台内部，处在木台内部的每个线头，不应靠近固定木螺钉，以防安装木螺钉时把线头绝缘层割破。

插座的接线要注意：①单相三孔插座：接地线“E”接上孔，零线“N”接左孔，相线“L”接右孔，如图 4-97（a）所示。②单相二孔插座：相线接在右孔，零线接在左孔，如图 4-97（b）所示，不能接错。

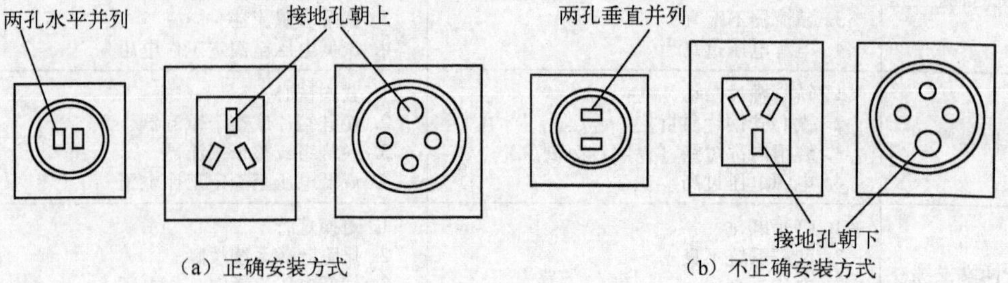

图 4-96　插座安装

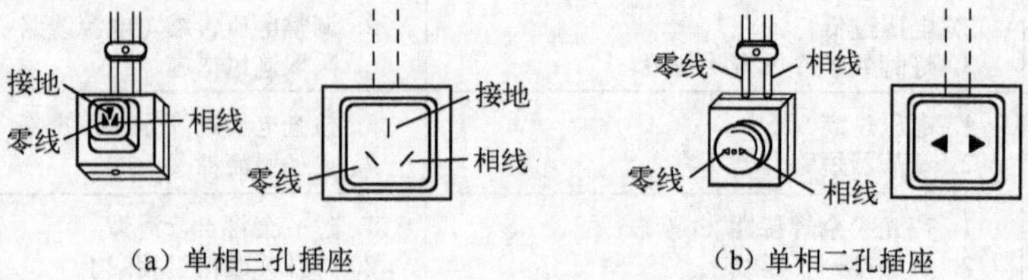

图 4-97　插座的接线

（2）插头的连接

用电器具必须具有完整无损的插头，禁止把电源引线线头直接插入插座孔来引取电源。同时，除居民生活用于户内干燥非导电地面的移动用电器具外，其余各种移动用电器具的电源引线应采用三股或四股（三股用于三柱插头，四股用于四柱插头）橡胶或塑料护套铜质多股软线，不准采用无护套层的并绞软线，规定和要求如下：①用于生活移动用电器具的，线芯的最小截面积不得小于 $0.2\ mm^2$；用于生产移动用电器具的，不得小于 $0.5\ mm^2$。②三股或四股中的黑色或黄绿色线芯为接地线，不可用其他颜色的线芯作接地线；不准在双股或三股护套软线的护套层外另加两根绝缘线作为接地线。③电源引线的端头（连同护套层）必须在插头内牢固地压住；没有压板结构的插头，应在端头结一个扣，以使线芯和插头连接处不直接承受引线的拉力。④每股线芯的绝缘层应完整，不准裸露在插头内腔中；线芯头与接线端子的连接必须正规。

【巩固训练】

1. 填空题

1）在纯电感电路中，电感两端的电压在相位上________电流________。

2）在某交流电路中，电源电压 $u=141\sin(\omega t-30°)$ V，电路中的电流 $i=1.41\sin(\omega t-90°)$ A，则电压与电流之间的相位差是________，电路的功率因数是________，电路中的有功功率是________，无功功率是________，电源输出的视在功率是________。

3）在 RLC 串联电路中，若 R、L、C 两端的电压都是 10V，则电路的总电压是________。

4）在交流电路中，功率因数的定义式是 = ________，由于感性负载电路的功率因数往往较低，通常采用______________的方法来提高功率因数。

5）照明电路一般由________、________、________和________组成。

6）常用的照明电光源按其发光原理可分为________和________两大类。

7）荧光灯照明电路主要由________、________、________组成。

8）安装单相三孔插座时，接地线“E”接________，零线“N”接________，相线“L”接________。

2. 判断题

1）在交流电路中电感是储能元件，电容是耗能元件。（　）

2）在 RLC 串联电路中，当 $X_L > X_C$时，电路呈现电感性。（　　）

3）在纯电感电路中，$I = U/R$。（　）

4）节能灯就是采用电子镇流器的紧凑型荧光灯。（　　）

5）灯具安装的高度，室内一般不低于 3m。（　　）

6）插座的安装高度一般应离地 1.3m。（　　）

7）荧光灯灯管两端灯丝发亮、中间不亮是因为镇流器断路。（　　）

8）双孔插座的双孔应垂直并列安装。（　　）

3. 计算题

1）把一个阻值是 48.4Ω 的电炉接到电压是 $u = 311\sin(\omega t - 60°)$ V 的交流电源上，问：

① 通过电炉的电流是多少？

② 写出电流的解析式。

③ 电炉消耗的功率是多少？

2）在 RLC 串联电路中，已知 $R = 30\Omega$，$L = 223\text{mH}$，$C = 80\mu\text{F}$，电源电压 $u = 311\sin 314t$V，求：

① 电路的阻抗。

② 电流的有效值。

③ 各元件两端电压的有效值。

④ 电路的有功功率、无功功率和视在功率。

4. 实践题

1）白炽灯的安装训练。

2）荧光灯的安装训练。

4.3.4　任务四　家用低压量配电板的安装

【引出任务】

家里突然停电了，一片漆黑。而邻居家却是光明依旧，肯定是自家的线路出了故障。从哪儿入手查明故障，恢复供电呢?

【知识链接】

1. 家用配电板（箱）概述

配电板（箱）是连接电源与用电设备的中间装置，除了分配电能外，还具有对用电设备进行控制、测量、指示及保护等作用。将测量仪表和控制、保护、信号等器件按一定要求安装在板上，便制成配电板。如果将其装入专用的箱内，便成为配电箱，还可以装在屏上，则为配电屏。家用配电板（箱）一般由电能表、熔断器、刀开关或低压断路器等组成。

2. 电能表及使用

电能表，又叫千瓦小时表（俗称火表或电度表），是计量电功（电能）的仪表。一种常用的单相交流感应式电能表如图4-98所示。

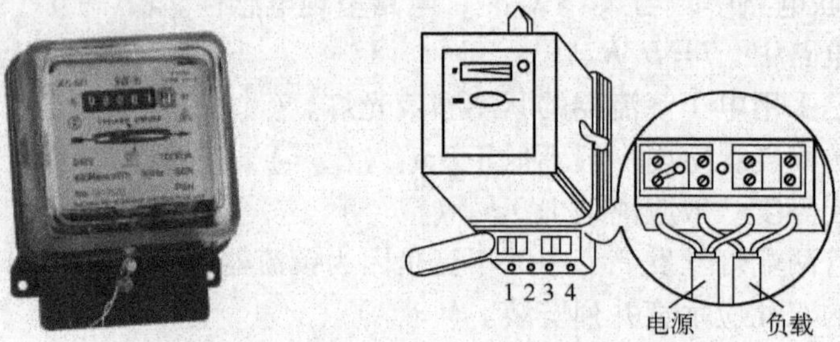

（a）实物图　　（b）接线图

图4-98　单相交流感应式电能表

（1）电能表的安装和使用要求

1）电能表应按设计装配图规定的位置进行安装。应注意不能安装在高温潮湿多尘及有腐蚀气体的地方。

2）电能表应安装在不易受振动的墙上或开关板上，离地面以不低于1.8m为宜。这样不仅安全、又便于检查和“抄表”。

3）为了保证电能表工作的准确性，必须严格垂直装设。如有倾斜，会发生计数不准或停走等故障。

4）电能表的导线中间不应有接头。接线时接线盒内螺丝应全部拧紧，不能松动，以免接触不良，引起桩头发热而烧坏。配线应整齐美观，尽量避免交叉。

5）电能表在额定电压下，当电流线圈无电流通过时，铝盘的转动不超过一转，功率消耗不超过1.5W。根据实践，一般5A的单相电能表每月耗电为1kW·h左右。所以，每月电能表总需要贴补总电能表1kW·h电。

6）电能表装好后，开亮电灯，电能表的铝盘应从左向右转动。若铝盘从右向左转动，说明接线错误，应把相线（火线）的进出线调接一下。

7）电能表在使用时，电路不允许短路及用电器超过额定值的125%。

（2）电能表的连接

在低电压小电流线路中，电能表可采用直接接入方式，即电能表直接接入线路上，如图4-99所示。用配电板（箱）上的电能表一般采用这种方式。

3. 熔断器

低压熔断器是低压供配电系统和控制系统中最常用的安全保护电器，主要用于短路保护，有时也可用于过载保护。其主体是用低熔点的金属丝或金属薄片制成的熔体，串联在被保护电路中。它根据电流的热效应原理，在正常情况下，熔体相当于一根导线；当电路短路或过载时，电流很大，熔体因过热而熔化，从而切断电路起到保护作用。

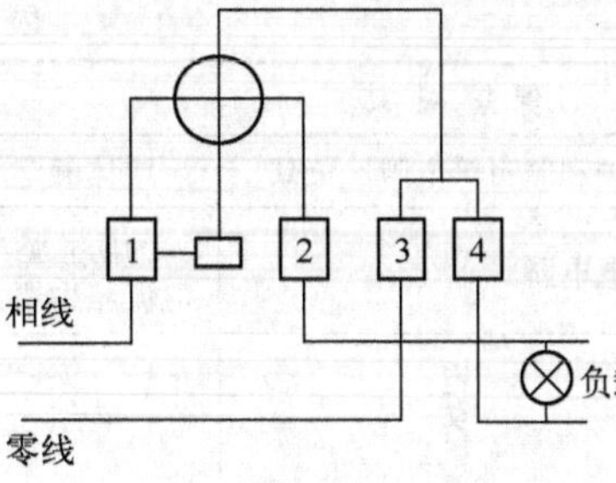

图 4-99　电能表直接接入式

1）熔断器的符号和用途。熔断器的图形符号如图 4-100 所示。

低压熔断器的种类不同，其特性和使用场合也有所不同。常用的熔断器有瓷插式熔断器和螺旋式熔断器，其外形结构和用途见表 4-9。

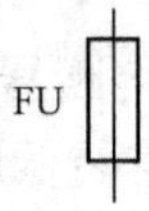

图4-100　熔断器的图形符号

表 4-9　常用的熔断器外形结构和用途

名　称	瓷插式熔断器	螺旋式熔断器
结构	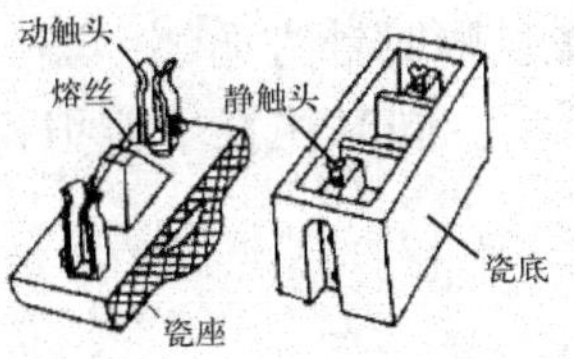 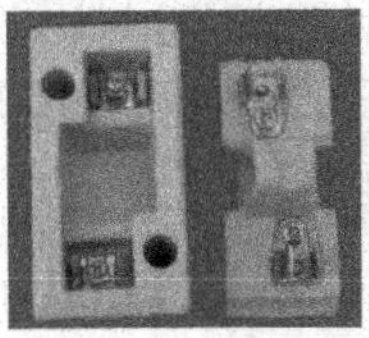	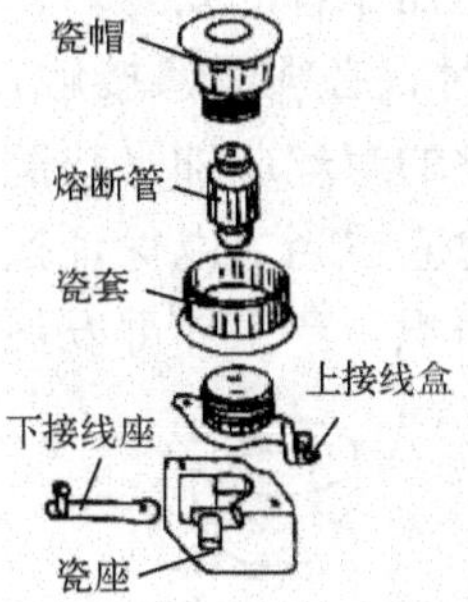 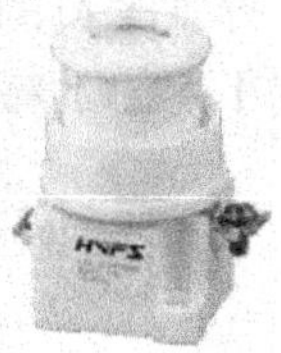
常用型号	RC1A 系列	RL1、RL2、RL6、RL7、RLS1 系列
用途	一般在交流额定电压 380V、额定电流 200A 及以下的低压线路或分支线路中，作电气设备的短路保护及过载保护	交流额定电压 380V、额定电流 200A 及以下的电路，用于控制箱、配电屏、机床设备及振动较大的场所，作短路保护

2）熔断器的选用。选用低压熔断器时，一般只考虑熔断器的额定电压、熔断器的额定电流和熔体的额定电流三项参数，其他参数只有在特殊要求时才考虑。

①额定电压。熔断器的额定电压是熔断器长期正常工作能承受的最大电压。若熔断器的实际工作电压大于其额定电压，熔体熔断时可能会发生电弧不能熄灭的危险。所以，低压熔断器的额定电压应不小于电路的工作电压。

②熔断器额定电流。熔断器额定电流是熔断器（绝缘底座）允许长期通过的电流。一个额定电流等级的熔断器可以配若干个额定电流等级的熔体。低压熔断器的额定电流应不小于所装熔体的额定电流。

③熔体额定电流。熔断器熔体额定电流是熔体长期正常工作而不熔断的电流。而低压熔断器保护对象的不同，熔体额定电流的选择方法也有所不同，低压熔断器熔体选用原则见表 4-10。

表 4-10　低压熔断器熔体选用原则

保护对象		选用原则
电炉和照明等电阻性负载		熔体额定电流不小于电路的工作电流
配电电路		为防止熔断器越级动作而扩大停电范围，后一级熔体的额定电流比前一级熔体的额定电流至少要大一个等级。同时，必须要校核熔断器的极限分断能力
电动机	单台	熔体的额定电流应不小于电动机额定电流 I_N 的 1.5～2.5 倍。通常，轻载启动或启动时间短时，系数可取小些；重载启动或启动时间较长时，系数可取大些
	多台	熔体的额定电流应不小于最大一台电动机额定电流 I_{Nmax} 的 1.5～2.5 倍，加上同时使用的其他电动机额定电流之和

3）熔断器的安装与维护。熔断器的安装与维护要注意：

① 安装低压熔断器时应保证熔体和夹头以及夹头和夹座接触良好，并具有额定电压、额定电流值标志。

② 瓷插式熔断器应垂直安装，螺旋式熔断器的电源线应接在瓷底座的下接线座上，负载线应接在螺纹壳的上接线座上，如图 4-101 所示。这样在更换熔断管时，旋出螺帽后螺纹壳上不带电，保证操作者的安全。

③ 安装熔体时，必须保证接触良好，不允许有机械损伤。若熔体为熔丝时，应预留安装长度，固定熔丝的螺丝应加平垫圈，将熔丝两端沿压紧螺丝顺时针方向绕一圈，压在垫圈下，拧紧螺钉的力应适当，以保证接触良好，如图 4-102 所示。同时注意不能损伤熔丝，以免减小熔体的截面积，产生局部发热而发生误动作。

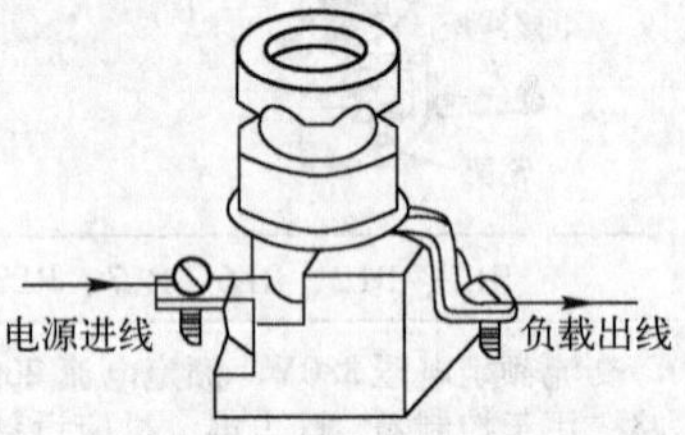

图 4-101　螺旋式熔断器的安装

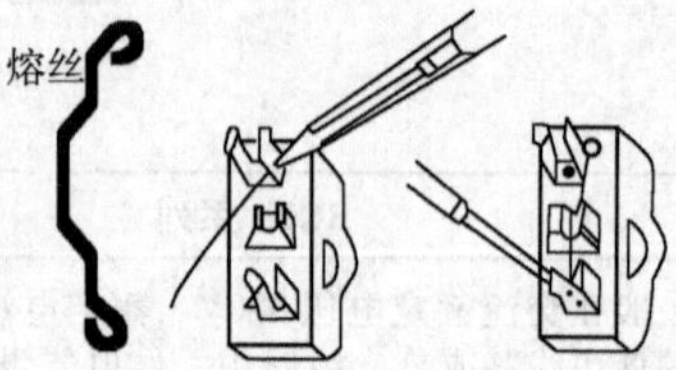

图 4-102　熔体的安装

④ 更换熔体或熔管时，必须切断电源，尤其不允许带负荷操作，以免发生电弧灼伤。因熔体烧断后外壳温度很高，容易烫伤，因此不要直接用手拔管状熔体。RL 系列熔断器，熔断管不能倒装。

⑤ 熔断器兼作隔离器件使用时应安装在控制开关的电源进线端；若仅作短路保护用，应装在控制开关的出线端。

⑥ 安装熔断器除保证适当的电气距离外，还应保证安装位置间有足够的间距，以便于拆卸、更换熔体。

4. 刀开关

刀开关是低压供配电系统和控制系统中最常用的配电电器，常用于电源隔离，也可用于不频繁地接通和断开小电流配电电路或直接控制小容量电动机的启动和停止，是一种手动操作电器。目前，使用最为广泛的是开启式负荷开关（瓷底胶盖闸刀开关）和组合开关（转换开关）。

1）刀开关的符号和用途。常用的刀开关外形结构、称号和用途见表4-11。

表4-11　常用的刀开关外形结构、称号和用途

名　称	开启式负荷开关	组合开关
结构	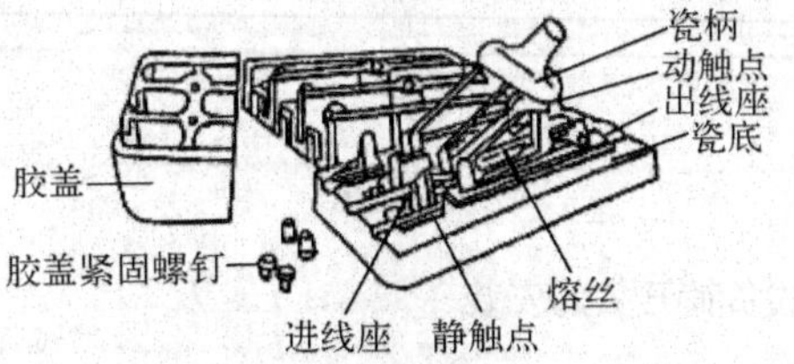 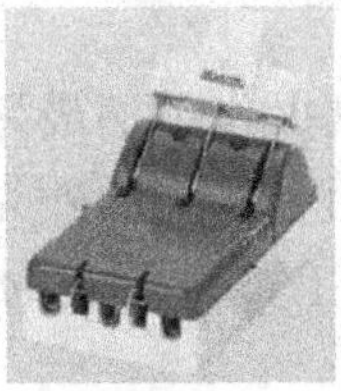	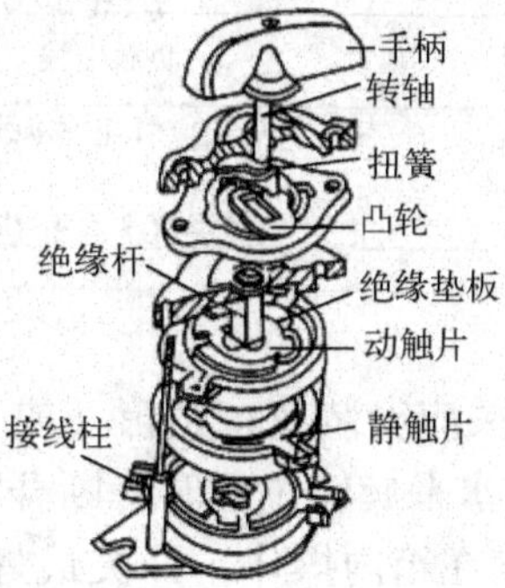 
符号	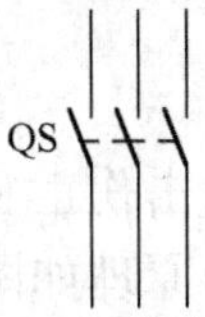	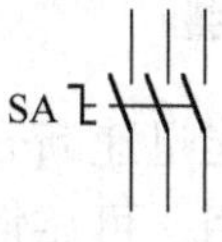
常用型号	HK1、HK2、HK4、HK8系列	HZ5、HZ10、HZ15系列
用途	主要用于照明、电热设备电路和功率小于5.5kW的异步电动机直接启动的控制电路中，供手动不频繁地接通或断开电路	主要用于机床电气控制线路中作为电源引入开关，也可用作不频繁地接通或断开电路，切换电源和负载，控制5.5kW及以下小容量异步电动机的正反转或Y－△启动

2）刀开关的选用。刀开关的选用，一般只考虑刀开关的额定电压、额定电流2项参数，其他参数只有在特殊要求时才考虑。

①刀开关的额定电压。刀开关的额定电压应不小于电路实际工作的最高电压。

②刀开关的额定电流。根据刀开关用途的不同，其额定电流的选择方法也有所不同。当用作隔离开关或控制一般照明、电热等电阻性负载时，其额定电流应等于或略高于负载的额定电流；当用于电动机直接启动控制时，瓷底胶盖闸刀开关只能控制容量小于5.5kW的电动机，其额定电流应大于电动机的额定电流；组合开关的额定电流应不小于电动机额定电流的2～3倍。

3）刀开关的安装与维护。刀开关的安装与维护要注意：

① 开启式刀开关应垂直安装在配电板上，并保证手柄向上推为合闸。不允许平装或倒装，以防止产生误合闸。

② 接线时，电源进线应接在开启式刀开关上面的进线端子上，负载出线接在开关下面的出线端子上，保证刀开关分断后，闸刀和熔体不带电，如图4-103（a）所示。

③ 开启式负荷开关必须安装熔体。安装熔体时熔体要放长一些，形成弯曲形状，如图4-103（b）所示。

④ 开启式负荷开关应安装在干燥、防雨、无导电粉尘的场所，其下方不得堆放易燃易

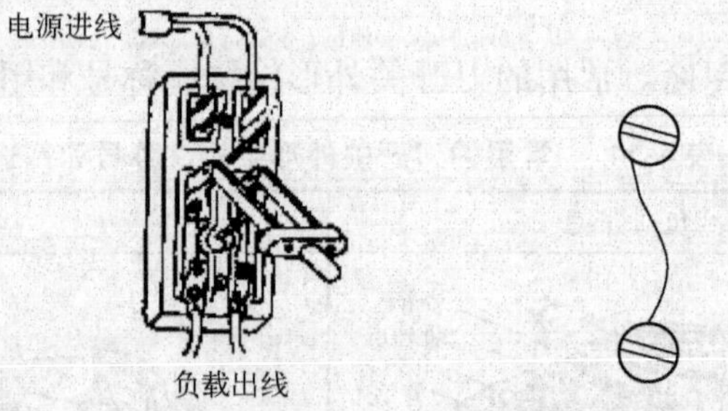

（a）开启式负荷开关接线　　（b）安装熔体

图 4-103　开启式负荷开关的安装

爆物品。

⑤ HZ10 组合开关应安装在控制箱（或壳体）内，其操作手柄最好伸出在控制箱的前面或侧面，应使手柄在水平旋转位置时为断开状态。HZ3 组合开关的外壳必须可靠接地。

⑥ 组合开关若需在箱内操作，开关最好装在箱内右上方，在它的上方最好不安装其他电器。否则，应采取隔离或绝缘措施。

5. 漏电保护器

漏电保护器能迅速断开接地故障的电路，以防止间接电击伤亡及引起的火灾事故。如果同熔断器配合使用，可靠性更高。漏电保护器的实物和工作原理如图 4-104 所示。

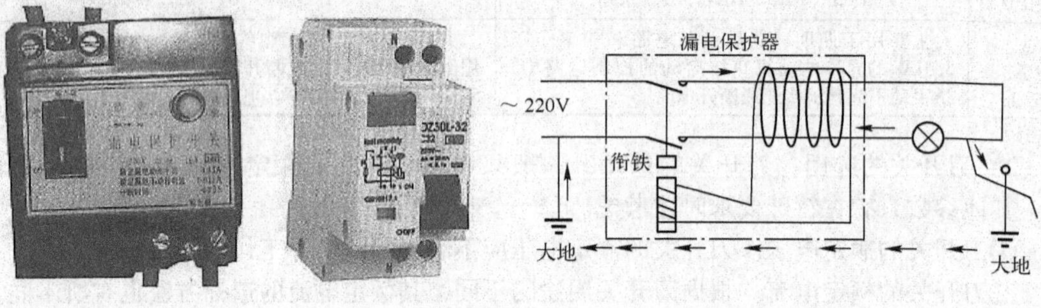

图 4-104　漏电保护器的实物和工作原理

图 4-104 中的虚线框内为漏电保护器结构示意图，从图中可以看出，220V 的交流电压经保护器内部的开关和线路接负载（灯泡），在保护器内部两条导线上缠有绕组，该绕组与铁心上的绕组连接。当人体没有接触导线时，流过两根导线的电流大小相等，方向相反，它们产生大小相等、方向相反的磁场，这两个磁场相互抵消，则两根导线上的绕组不会产生电动势，衔铁不动作。一旦人体接触导线，一部分电流会经人体直接到地，再通过大地回到电源的另一端，这样流过保护器内部两根导线的电流就不相等，它们产生的磁场也就不相等，不能完全抵消，即两根导线上的绕组有磁场穿过，绕组会产生电流，电流流入铁心上的绕组，绕组产生磁场吸引衔铁，将开关断开，切断供电，触电的人就得到了保护。

漏电保护器在使用前要先检测，其方法为：未接入电路前，先将开关拨至“ON”位置，用万用表的“×1”Ω 挡或“×10”Ω 挡测量漏电保护器的输入接线端与对应输出接线端是否相通（阻值为0），相通则表明漏电保护器正常，否则表明漏电保护器内部损坏；然后将开关拨至“OFF”位置，测量输入接线端和对应输出接线端的阻值，正常应为无穷大，否则表明漏电保护器内部损坏。经检测正常的漏电保护器接入电路后，在使用前，为了检验保护器的性能，应先按下“试验”按钮进行试验，保护器上的开关立即由“ON（接通）”跳至“OFF（断开）”位置，内部的触点开关断开。符合以上要求的漏电保护器才能使用。

【方法技能】

安装配电箱是室内配电的一个重要内容，配电箱的作用是：将室内线路与室外供电线路连接起来；对室内供电进行通断控制；记录室内用电量；当室内线路出现过载或漏电时进行保护控制。配电箱的实物如图4-105所示。

图4-105　配电箱

1. 面板的制作及低压配电设备的安装

（1）根据设计要求来制作面板

可根据单相电能表、熔断器、刀开关（或自动空气开关）和漏电保护器等的规格来确定面板的尺寸，面板四周与箱体侧壁之间应留有适当的缝隙，以方便面板在箱内固定；配电板还需加框边，以方便在板的反面布线，参考尺寸如图4-106所示。

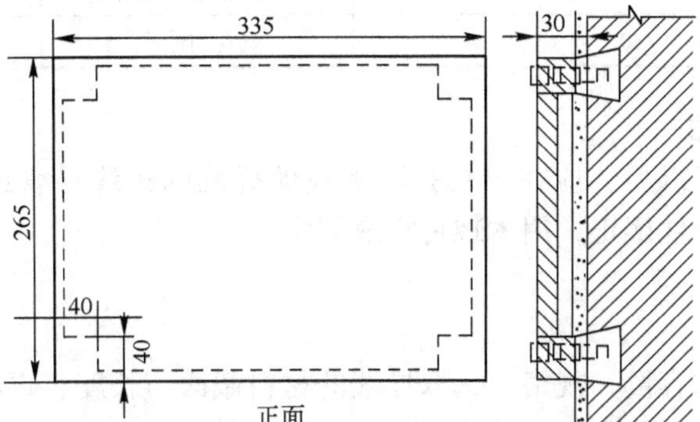

图4-106　面板尺寸（单位：mm）

（2）实物排列

把全部待安装的低压配电设备置于水平放置的配电板上，先进行实物排列。要求将电表安装在配电板上方便于观察的位置，各回路的自动空气开关、漏电保护器（熔断器）要安装在便于操作和维护的位置，并要求在面板上排列整齐美观。常见的两种排列方案如图 4-107 所示。

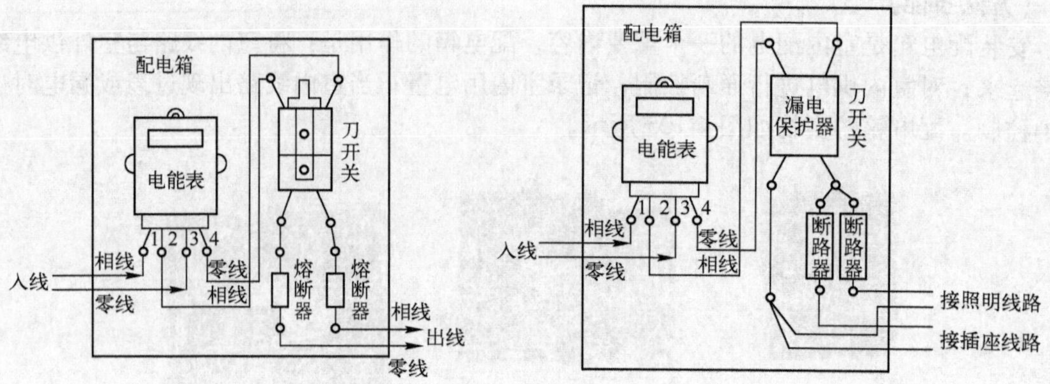

图 4-107　配电箱的实物排列

（3）元器件间距离符合规范要求

各种元器件、出线口、绝缘导管等，离盘面边缘的距离要求大于 3cm，相互间的距离规范见表 4-12。按照配电器件排列的实际位置，标出每个器件的安装孔和进出线孔的位置，然后钻 ϕ3mm 的小孔，再用木螺钉安装固定，并进行面板的刷漆。若采用厚度 2mm 以上的铁质盘面板制作，则应在除锈后先刷防锈漆再安装。

表 4-12　配电板上各器件的间距规范

相邻设备名称	上下距离/mm	左右距离/mm	相邻设备名称	上下距离/mm	左右距离/mm
仪表与线孔	80		指示灯与设备	30	30
仪表与仪表		60	插入式熔断器与设备	40	30
开关与仪表		60	设备与板边（或箱壁）	50	50
仪表与开关		50	线孔与板边（或箱壁）	30	30
开关与线孔	30		线孔与线孔	40	

（4）牢靠固定电器

等面板上的漆干了以后，应在出线孔套上玻璃纤维的绝缘导管或橡皮护套，以保护导线。然后将全部配电器件摆正，用木螺钉牢靠固定。

2. 配电板的接线

先根据电器仪表的容量、规格，选取导线的材料截面与长度，再将导线排列整齐，捆绑成束。然后用卡钉固定在配电面板的背面，特别注意引入和引出的导线应留有余量，以便于维修。导线敷设好以后，按设计图依次正确、可靠地与用电设备进行连接。

3. 配电板的安装

配电箱有两种安装方式，即明装方式和暗装方式。明装方式是指将配电箱直接安装在墙壁上，暗装方式是指将配电箱嵌入墙内安装。配电箱的两种安装方式如图 4-108 所示。

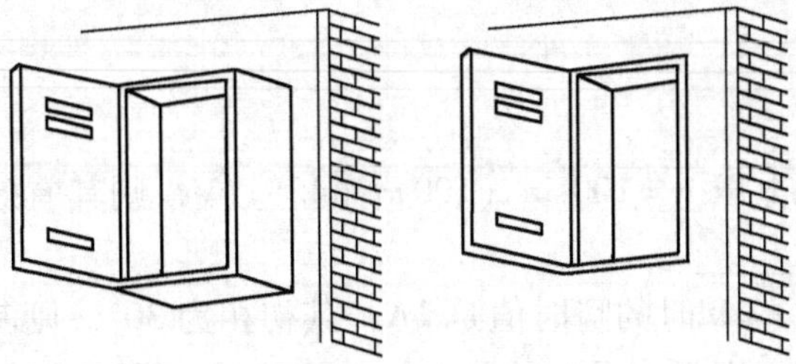

图 4-108 配电板的安装

在安装配电箱时，主要注意以下事项：

1）配电箱应垂直安装。在暗装时，配电箱应紧贴墙内壁，箱门能够充分打开。

2）配电箱明装时，箱底高度距地面约 1.8m，暗装时距地面约 1.4m。

3）引出配电箱外的导线应套绝缘管。

垂直放置的开关、熔断器等设备的上端接电源，下端接负载；水平放置的设备左侧接电源，右侧接负载；螺旋式熔断器的中间端子接电源，螺旋端子接负载。对于母线颜色的选用应根据母线的类别来进行。一般规定如下：三相电源线 L_1、L_2、L_3分别用黄、绿、红三色涂上标志，中性线涂以紫色，接地线用紫底黑条标识。接零系统中的零母线，由零线端子板分路引至各支路或设备，零线端子板上各分支路的排列位置，必须与分支路熔断器的位置相对应。接地或接零保护线，必须先通过地线端子，再用保护接零（或接地）的端子板分路。配电板上所有器件的下方均安装卡片框，用来标明回路的名称，并可在适当的部位标出电气接线系统图。

如果没有配电箱，则也可以将电能表、刀开关和熔断器等安装在一块木板上（称为配电板），然后将配电板固定在墙上。由于没有箱体的保护，因此配电板一定要安装在比较高、人不易接触到的位置。

【巩固训练】

1. 判断题

1）配电箱除了分配电能外，还具有对用电设备进行控制、测量、指示及保护等作用。（ ）

2）电能表是一种计量电功率的仪表。（ ）

3）低压熔断器的额定电流应不大于所装熔体的额定电流。（ ）

4）开启式刀开关应垂直安装在配电板上，并保证手柄向上推为合闸。（ ）

5）漏电保护器可以在人体触电或线路漏电时进行保护。（ ）

6）配电箱明装时，箱底距地面高度约 1.8m。（ ）

2. 实践题

家用低压量配电板的安装训练。

4.4 项目验收

【项目检测】

1. 填空题

1）已知一正弦交流电压 $u=100\sin(100\pi t+45°)$ V，则其有效值是__________，频率是______，初相位是________。

2）若正弦交流电在 $t=0$ 时的瞬时值是 2A，其初相为 30°，则其有效值是________。

3）在纯电感电路中，电源电压 $u=1.41\sin(100\pi t+30°)$ V，$L=10$mH，则瞬时功率的最大值是________var，平均功率是________W。

4）某家用电器工作时两端的电压 $u=60\sin(100\pi t+45°)$ V，流过的电流 $i=\sin(100\pi t-30°)$ A，若用万用表测量这家用电器的电压就是________，电流是________。电压与电流的相位差是________，该电器的阻抗是________，是________性负载。

5）在 LC 并联电路中，已知通过 L 支路的电流是 3A，通过 C 支路的电流是 4A，则电路中的总电流是________。

6）在 RL 串联电路中，已知 R 两端的电压是 80V，L 两端的电压是 60V，则电路的总电压是________。

7）布线应根据________、________、________等具体情况，设计相应的布线方案，采用合适的方式和方法。

8）节能灯的发光效率是白炽灯的________倍，比普通日光灯提高____左右。

9）开启式刀开关应____安装在配电板上，并保证______为合闸。

10）灯具质量超过________时，必须固定在预埋的吊钩上。

11）安装配电箱时，各种元器件、出线口、绝缘导管等离盘面边缘的距离要求大于________。

2. 计算题

（1）电容器的电容是 637μF，接在电压 $u=311\sin(100\pi t-60°)$ V 的电源上。

1）通过电容器的电流是多少？

2）写出电流的解析式。

3）电路的无功功率是多少？

（2）在 RLC 串联电路中，电流为 6A，$U_R=80$V，$U_L=240$V，$U_C=180$V，电源频率是 50Hz。求：

1）电源电压的有效值。

2）电路参数 R、L、C。

3）电流与总电压的相位差。

4）电路的视在功率、有功功率和无功功率。

3. 综合分析题

在荧光灯电路中并联一只电容器，能提高电路的功率因数。设荧光灯的功率不变，分析：

1）并联电容器后流过灯管的电流将如何变化？

2）电路总电流将如何变化？（画出电路图和相量图）

4. 实践题

（1）设计安装一块家用木制（或塑料板）配电板（见图4-109）

工艺要求：根据原理图，按照正确的操作规范，利用给定的相关电器件完成配电板的安装，并对配电板进行检测、维修。

布线要求：

① 按电源相线电流流入的顺序，确定元器件在面板上的摆放顺序：三脚插头—单相电能表—单相闸刀—漏电保护器—保险丝盒—两孔插座—电灯开关—固定灯座。

② 配电板垂直放置时，各器件的左侧接零线，右侧接相线，称做“左零右相”。

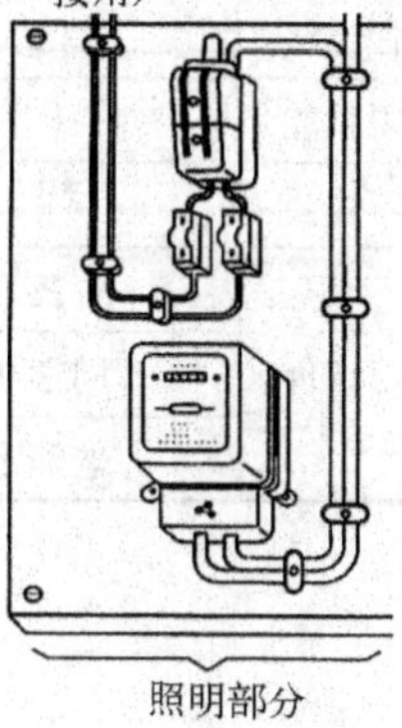

图 4-109

③ 螺口灯座和开关的内触头应接相线。单相电能表的接线是“左相右零”。

④ 配电板背面布线横平竖直，分布均匀，避免交叉，导线转角圆成90°，圆角的圆弧形要自然过渡。

外观要求：

① 采用暗敷方式，元器件置于配电板正面，连线都在板背面。

② 仪表置于板上方，便于观察；刀开关、电灯开关置于右侧，便于操作。

③ 连接仪表、开关的导线材料长短合适，裸露部分要少，用螺丝钉压接后裸露线长度应小于1mm，线头连接要牢固到位。

（2）照明线路的安装

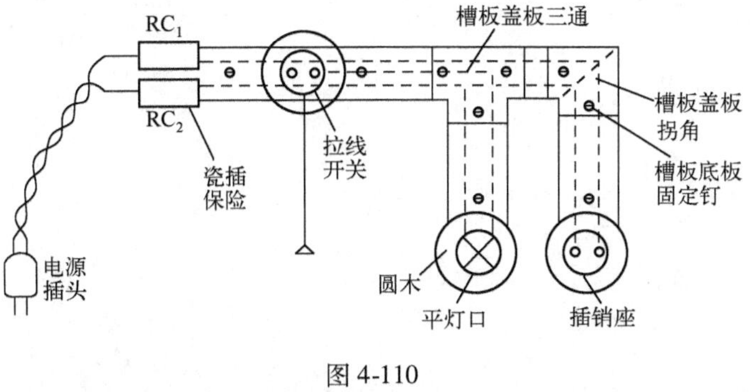

图 4-110

① 在废砖墙上钻孔，安装金属膨胀螺栓。

② 按图 4-110 所示安装“一个单联开关控制一盏白炽灯”。

要求：定位划线合理，元件固定可靠，导线连接规范，槽板安装横平竖直，电器导线无破损，导线头顺时针弯成羊眼圈固定在电器上。

【项目评价】

请反思在本任务进程中你的收获和疑惑、写出你的体会和评价。

任务总结与评价表

内　容	你 的 收 获		你 的 疑 惑
获得知识			
掌握方法			
习得技能			
学习体会			
学习评价	自我评价		
	同学互评		
	老师寄语		

项目五

认识电动机

5.1 项目情境

又是一个愉快的周末，小甄正在房间里听音乐、看书。妈妈走进来说："天气渐渐转凉了，电风扇也好久没用了，今天你帮妈妈拆洗一下存放起来，好吗?"小甄爽快地答应了。小甄一边拆洗电风扇，一边思考着：电风扇通电后会转动是因为内部的电动机产生动力，那么家里还有哪些电器是通电后转动的呢？它们的工作原理是不是一样的？他想到了洗衣机、电风扇、电冰箱、空调器、电吹风、电动剃须刀等家用电器，那么这些家用电器中的电动机是不是都是一样的呢？电动机又有哪些种类呢？他通过自己多方面的寻求答案，有了许多的收获，他找到了电动机的许多相关知识，大家同他一起再学习吧。

5.2 项目分解

任务一：电动机的识别

知道三相交流电的产生过程和三相交流电源的连接，能区别三相三线制三相四线制供电系统，能说出电动机的种类和电动机铭牌的含义。

任务二：电动机的结构与拆装

能说出三相对称负载星形、三角形连接的特点，写出线电压与相电压、线电流与相电流的关系，会计算三相交流电路的功率；能简述电动机的工作原理，知道电动机的结构，懂得安装、拆装电动机等基本技能，会拆装小型电动机。

任务三：电动机的维护与检修

知道电动机的日常维护基本知识，懂得电动机一般故障的处理方法及步骤，能处理电动机的一般故障。

5.3 项目进程

5.3.1 任务一 电动机的识别

【引出任务】

甄浩雪同学在拆洗电风扇的时候，看到电风扇内部的电动机，她产生了浓厚的兴趣，小甄觉得不同的种类电动机在外形上也是有很多的区别的，那么怎么才能识别不同种类的电动机呢？小甄展开了思考……。

【知识链接】

目前，电能的产生、输送和分配，基本都采用三相交流电路。三相交流电路就是由 3 个频率相同、最大值相等、相位上互差 120°电角的正弦电动势组成的电路。这样的 3 个电动势称为三相对称电动势。

广泛应用三相交流电路的原因，是因为它具有以下优点：

1）在相同体积下，三相发电机输出功率比单相发电机大。

2）在输送功率相等、电压相同、输电距离和线路损耗都相同的情况下，三相制输电比单相输电节省输电线材料，输电成本低。

3）与单相电动机相比，三相电动机结构简单，价格低廉，性能良好，维护、使用方便。

1. 三相交流电动势的产生

如图 5-1 所示，在三相交流发电机中，定子上嵌有 3 个具有相同匝数和尺寸的绕组 AX、BY、CZ。其中 A、B、C 分别为 3 个绕组的首端，X、Y、Z 分别为绕组的末端。绕组在空间的位置彼此相差 120°（两极电机）。

当转子磁场在空间按正弦规律分布、转子恒速旋转时，三相绕组中将感应出三相正弦电动势 e_A、e_B、e_C，分别称做 A 相电动势、B 相电动势和 C 相电动势。它们的频率相同，振幅相等，相位上互差 120°电角。规定三相电动势的正方向是从绕组的末端指向首端。三相电动势的瞬时值为

$$\begin{cases} e_A = E_m \sin\omega t \\ e_B = E_m \sin（\omega t - 120°） \\ e_C = E_m \sin（\omega t - 240°） = E_m \sin（\omega t + 120°） \end{cases} \tag{5-1}$$

三相交流电的波形图、相量图分别如图 5-2（a）、（b）所示。任一瞬时，三相对称电动势之和为零，即

$$e_A + e_B + e_C = 0$$

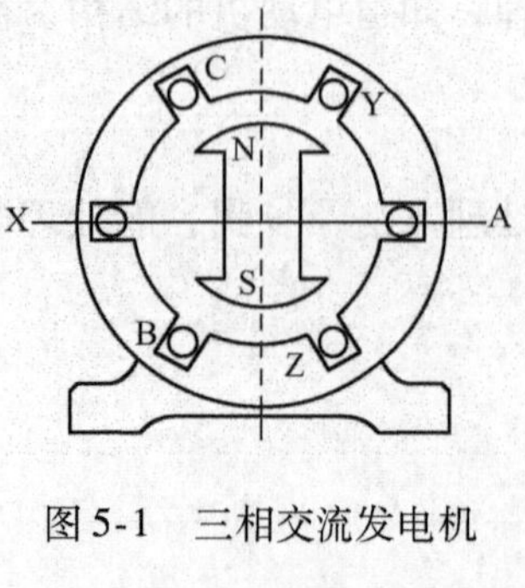

图 5-1　三相交流发电机

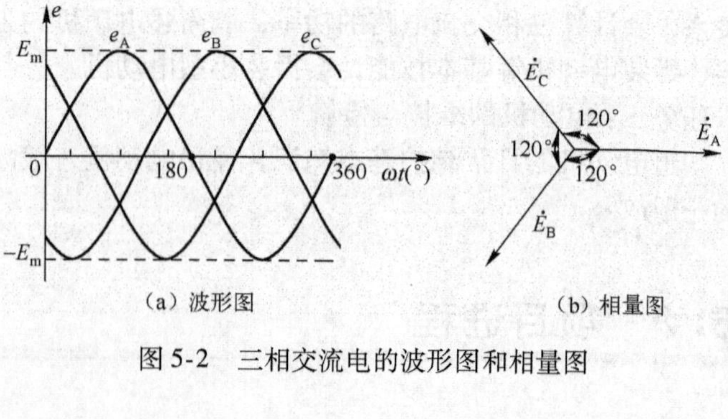

图 5-2　三相交流电的波形图和相量图

2. 三相电源的连接方式

三相发电机的 3 个绕组连接方式有两种，一种叫星形（Y）连接，另一种叫三角形（△）连接。

(1) 三相电源的Y连接

若将电源的3个绕组末端X、Y、Z连在一点O，而将3个首端作为输出端，如图5-3所示，则这种方式称为Y连接。

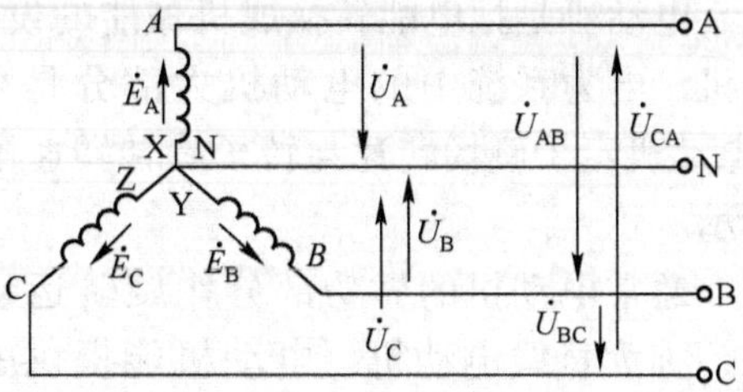

图5-3　三相电源的Y连接

在Y连接中，末端的连接点称做中点，中点的引出线称为中线（或零线），3个绕组首端的引出线称做端线或相线（俗称火线）。这种从电源引出4根线的供电方式称为三相四线制。

在三相四线制中，端线与中线之间的电压u_A、u_B、u_C称为相电压，它们的有效值用U_A、U_B、U_C或$U_相$表示。当忽略电源内阻抗时，$U_A=E_A$，$U_B=E_B$，$U_C=E_C$，且相位上互差120°电角，所以三相相电压是对称的。规定U相的正方向是从端线指向中线。

在三相四线制中，任意两根相线之间的电压u_{AB}、u_{BC}、u_{CA}作线电压，其有效值用U_{AB}、U_{BC}、U_{CA}或$U_线$表示，规定正方向由脚标字母的先后顺序标明。例如，线电压U_{AB}的正方向是由A指向B，书写时顺序不能颠倒，否则相位上相差180°。理论和实验都可以证明：

$$U_{AB}=\sqrt{3}U_A$$

$$U_{BC}=\sqrt{3}U_B$$

$$U_{CA}=\sqrt{3}U_C$$

即

$$U_线=\sqrt{3}U_相 \text{ 或 } U_L=\sqrt{3}U_P \tag{5-2}$$

式中，$U_线$或U_L为三相对称电源线电压；$U_相$或U_P为三相对称电源相电压。

还可以证明，3个线电压在相位上互差120°，故线电压也是对称的。Y连接的三相电源，有时只引出3根端线，不引出中线，这种供电方式称做三相三线制，它只能提供线电压，主要在高压输电时采用。

例题5-1　已知三相交流电源相电压$U_相=220\text{V}$，求线电压$U_线$。

解： 线电压$U_线=\sqrt{3}U_相=\sqrt{3}\times 220\approx 380\text{V}$。

由此可见，我们平日所用的220V电压是指相电压，即△线和中线之间的电压，380V电压是指△线和△线之间的电压，即线电压。所以，三相四线制供电方式可给我们提供2种电压。

(2) 三相电源的△连接

除了Y连接以外，电源的3个绕组还可以连接成△。即把一相绕组的首端与另一相绕组的末端依次连接，再从3个接点处分别引出端线，如图5-4所示。按这种接法，在三相绕组闭合回路中，有

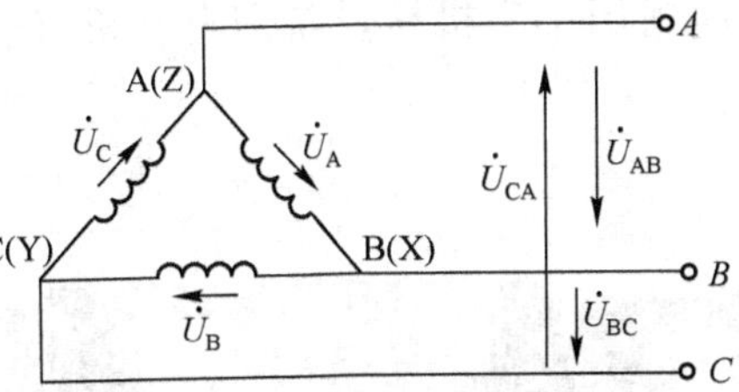

图5-4　三相电源的△连接

$$e_A+e_B+e_C=0$$

所以回路中无环路电流。若有一相绕组首末端接错，则在三相绕组中将产生很大环流，致使发电机烧毁。发电机绕组很少用△连接，但作为三相电源用的三相变压器绕组，Y连接和△连接都会用到。

【实践运用】

1. 电动机的种类

电动机是把电能转换成机械能的设备，电动机按使用电源不同分为直流电动机和交流电动机，电力系统中的电动机大部分是交流电动机，可以是同步电动机或者是异步电动机（电动机定子磁场转速与转子旋转转速不保持同步速）。部分不同类型的电动机外形如图 5-5 所示。

通常电动机的做功部分作旋转运动，这种电动机称为转子电动机；也有作直线运动的，称为直线电动机。电动机能提供的功率范围很大，从毫瓦级到万千瓦级。电动机的使用和控制非常方便，具有自启动 、加速、制动、反转、掣住等能力，能满足各种运行要求；电动机的工作效率较高，又没有烟尘、气味，不污染环境，噪声也较小。由于它的一系列优点，所以在工农业生产、交通运输、国防、商业及家用电器、医疗电器设备等各方面广泛应用。

各种电动机中应用最广的是交流异步电动机（又称感应电动机）。它使用方便 、运行可靠 、价格低廉 、结构牢固，但功率因数较低，调速也较困难。大容量低转速的动力机常用同步电动机。同步电动机不但功率因数高，而且其转速与负载大小无关，只决定于电网频率，工作较稳定。在要求宽范围调速的场合多用直流电动机，但它有换向器，结构复杂，价格昂贵，维护困难，不适于恶劣环境。20 世纪 70 年代以后，随着电力电子技术的发展，交流电动机的调速技术渐趋成熟，设备价格日益降低，已开始得到应用。

电动机按照不同的分类方法可以分成：

1）按工作电源分类：根据电动机工作电源的不同，可分为直流电动机和交流电动机。其中交流电动机还分为单相电动机和三相电动机。

2）按结构及工作原理分类：根据电动机的结构及工作原理可分为异步电动机和同步电动机。

3）按转子的结构分类：按电动机的转子结构可分为笼型感应电动机（旧标准称为鼠笼型异步电动机）和绕线转子感应电动机（旧标准称为绕线型异步电动机）。

4）按用途分类

按电动机的用途可将电动机分为驱动用电动机和控制用电动机两类。

驱动用电动机又分为电动工具用电动机（包括钻孔、抛光、磨光、开槽、切割、扩孔等工具）、家电用电动机（包括洗衣机、电风扇、电冰箱、空调器、录音机、录像机、影碟机、吸尘器、照相机、电吹风、电动剃须刀等）及其他通用小型机械设备用电动机（包括各种小型机床、小型机械、医疗器械、电子仪器等）。

控制用电动机又分为步进电动机和伺服电动机等。

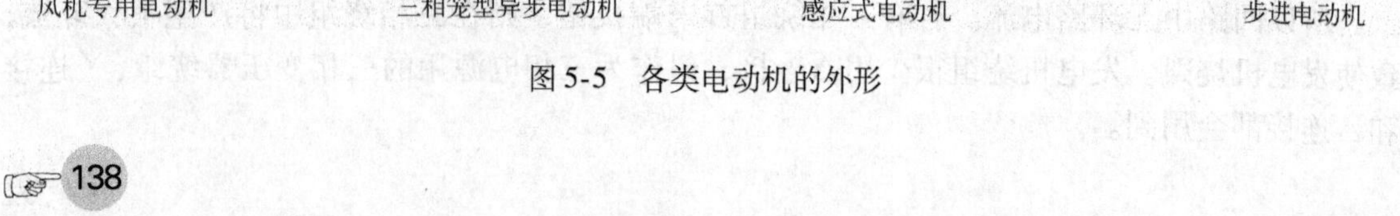

风机专用电动机　　三相笼型异步电动机　　感应式电动机　　步进电动机

图 5-5　各类电动机的外形

2. **电动机铭牌的意义**

电动机的额定值刻印在每台电动机的铭牌上，电动机在使用时要注意铭牌上的规定，确保电动机运行时负载的特性与电动机的特性相匹配，避免出现飞车或停转。

每台电动机的铭牌上，一般包括下列几种：

1）型号：为了适应不同用途和不同工作环境的需要，电动机制成不同的系列，每种系列用各种型号表示。例如图5-6中电动机的铭牌中表明其型号为Y132M－4。

其中，Y为三相异步电动机。另外三相异步电动机的产品名称代号还有：YR为绕线式异步电动机；YB为防爆型异步电动机；YQ为高启动转距异步电动机。132为机座中心高度（单位：mm）。M为表示中机座（S表示短机座，L表示长机座）。4为磁极数。

2）接法：这是指定子三相绕组的接法。一般笼型异步电动机的接线盒中有6根引出线，标有U_1、V_1、W_1、U_2、V_2、W_2。其中：U_1U_2是第一相绕组的两端；V_1V_2是第二相绕组的两端；W_1W_2是第三相绕组的两端。

如果U_1、V_1、W_1分别为三相绕组的始端（头），则U_2、V_2、W_2是相应的末端（尾）。这6个引出线端在接电源之前，相互间必须正确连接。连接方法有星形Y连接和三角形△连接两种，如图5-7所示。

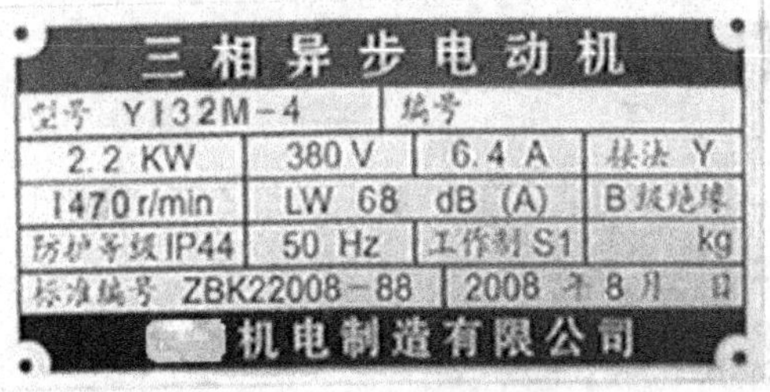

图5-6 电动机铭牌

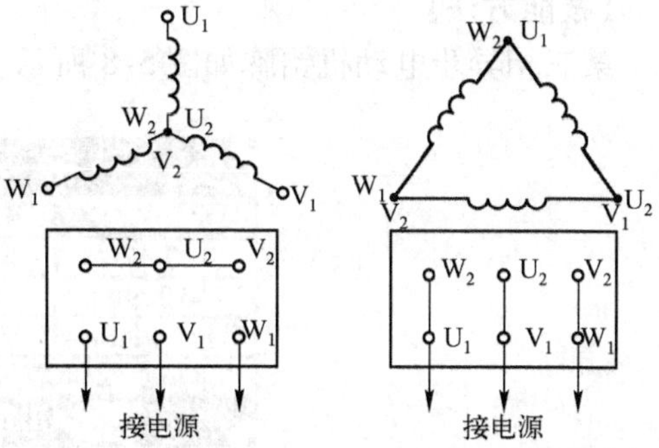

图5-7 定子绕组的Y连接和△连接

3）额定功率P_N：指电动机在制造厂所规定的额定情况下运行时，其输出端的机械功率，单位一般为千瓦（kW）。

4）额定电压U_N：指电动机额定运行时，外加于定子绕组上的线电压，单位为伏（V）。

一般规定电动机的工作电压不应高于或低于额定值的5%。当工作电压高于额定值时，磁通将增大，将使励磁电流大大增加，电流大于额定电流，使绕组发热。同时，由于磁通的增大，铁损耗（与磁通平方成正比）也增大，使定子铁心过热；当工作电压低于额定值时，引起输出转矩减小，转速下降，电流增加，也使绕组过热，这对电动机的运行也是不利的。

我国生产的Y系列中、小型异步电动机，其额定功率在3kW以上的，额定电压为380V，绕组为△连接。额定功率在3kW及以下的，额定电压为380/220V，绕组为Y/△连接（即电源线电压为380V时，电动机绕组为Y连接；电源线电压为220V时，电动机绕组为△连接）。

5）额定电流I_N：指电动机在额定电压和额定输出功率时，定子绕组的线电流，单位为安（A）。

当电动机空载时，转子转速接近于旋转磁场的同步转速，两者之间相对转速很小，所以转子电流近似为零，这时定子电流几乎全为建立旋转磁场的励磁电流。当输出功率增大时，转子电流和定子电流都随着相应增大。

6）额定频率f_N：我国电力网的频率为50赫兹（Hz），因此除外销产品外，国内用的异步电动机的额定频率为50Hz。

7）额定转速n_N：指电动机在额定电压、额定频率下，输出端有额定功率输出时，转子的转速，单位为转/分（r/min）。由于生产机械对转速的要求不同，需要生产不同磁极数的异步电动机，因此有不同的转速等级。最常用的是4个极的异步电动机（n_0＝1500r/min）。

8）绝缘等级：它是按电动机绕组所用的绝缘材料在使用时允许的极限温度来分级的。所谓极限温度，是指电动机绝缘结构中最热点的最高允许温度。其技术数据见表5-1：

表5-1　极限温度

绝缘等级	A	E	B	F	H
极限温度/℃	105	120	130	155	180

9）工作方式：反映异步电动机的运行情况，可分为三种基本方式：连续运行、短时运行和断续运行。

【技能方法】

某三相异步电动机铭牌如图5-8所示。现对铭牌的各项数据作些简要介绍。

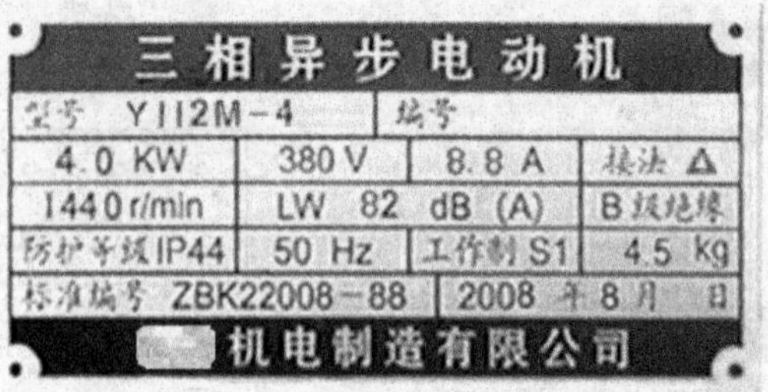

图5-8　三相异步电动机的铭牌

1）型号：电动机的型号Y112M－4是指国产Y系列异步电动机，中心机座高度为112mm，中机座（M表示中机座，L表示长机座，S表示短机座），4极。

2）额定功率P_N（4.0kW）：指电动机在额定运行时转轴上输出的机械功率。

3）额定电压U_N（380V）：指额定运行时电网加在定子绕组上的线电压。

4）额定电流I_N（8.8A）：指电动机在额定电压下，输出额定功率时，定子绕组中的线电流。

5）额定转速n_N（1440r/min）：指额定运行时电动机的转速。

6）额定频率f_N（50Hz）：指电动机所接交流电源的频率。

7）工作制（S1）：指电动机可以在铭牌标出的额定状态下连续运行，即连续工作制。S2表示短时工作制，S3表示断续周期工作制。

8）绝缘等级（B级绝缘）：绝缘等级决定了电动机的允许温升，有时不标明绝缘等级而直接标明允许温升。

9）接法（△）：表示在额定运行时，定子绕组应采用的连接方式。

10）防护等级（IP44）：防护等级由字母 IP 和两个数字表示，I 是 International（国际）的第一个字母，P 为 Protection（防护）的第一个字母，IP 后面的第一个数字代表第一种防护型式（防尘）的等级，第二个数字代表第二种防护型式（防水）的等级，数字越大，表示防护的能力越强。

此外，铭牌上还有 LW82dB 表示噪声等级为 82dB，4.5kg 是电动机的质量。

【巩固训练】

1. 填空题

1）三相交流电是由______产生的，______相等、______相同、相位互差______的 3 个正弦电动势。

2）目前，我国低压三相四线制配电线路供给用户的线电压是______，相电压是______。

3）电动机是将电能转变为______的一种机器。

4）根据电动机工作电源的不同，可分为______和______两类。

5）定子绕组连接方法有______连接和______连接两种。

6）在电路中，大小和方向都随时间作______变化的电流和电压，统称为交流电。

2. 实践题

1）某电动机的型号为 Y168L－4，试说明其含义。

2）电动机铭牌读识练习。

某三相异步电动机铭牌如图 5-9 所示，请对铭牌的各项数据作些介绍。

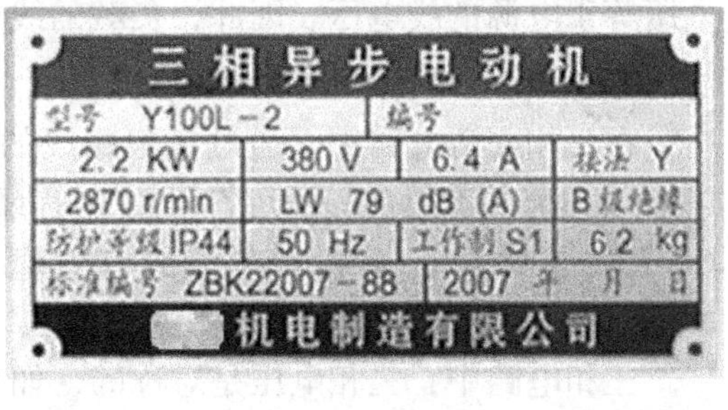

图 5-9

5.3.2　任务二　熟悉电动机的结构

【引出任务】

在上一任务中，小甄通过学习掌握了识别电动机。但好奇心驱使她深入学习电动机的内部结构，为了对电动机的内部结构也能有一定的了解，她特别回学校请教了老师，并且对电动机的内部结构做了直观的认识。

【知识链接】

1. 三相负载的连接

三相负载是指利用三相电源供电的电器设备，各相负载的大小和性质都相等的三相负载称为三相对称负载，如三相异步电动机。否则，称为三相不对称负载，如三相照明电路中的负载。

三相负载的连接方式有两种：星形（Y）连接和三角形（△）连接。

(1) 三相负载的Y连接

1）连接方式。将各相负载的末端 U_2、V_2、W_2 连在一起接到三相电源的中线上，把各相负载的首端 U_1、V_1、W_1 分别接到三相交流电源的三根相线上，这种连接方式称为三相负载有中线的星形连接法，用符号Y表示。如图5-10（a）所示是三相负载有中线的Y连接原理图，图5-10（b）所示是其实际电路图。

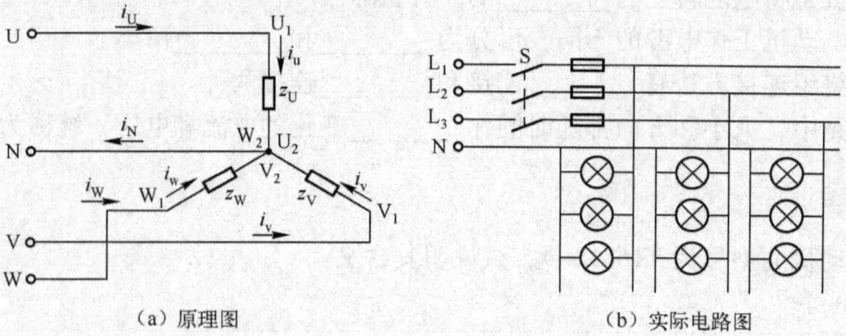

图5-10　三相负载的Y连接

2）电路特点。三相负载作Y连接有中线时，每相负载两端的电压称为负载的相电压，用符号 U_{YP} 表示。当输电线的阻抗忽略不计时，负载的相电压等于电源的相电压，负载的线电压等于电源的线电压。因此，负载的线电压与负载的相电压的关系为

$$U_L = \sqrt{3}\,U_{YP} \tag{5-3}$$

在三相交流电路中，通过每根相线的电流称为线电流，分别用 I_U、I_V、I_W 表示U、V、W各线电流的有效值，通用符号用 I_{YL} 表示；流过每一相负载的电流称为相电流，分别用 I_u、I_v、I_w 表示U、V、W各相电流的有效值，通用符号用 I_{YP} 表示；流过中线的电流，用 I_N 表示。

三相电路中，三相电压是对称的，如果三相负载也是对称的，那么流过三相负载的各相电流也是对称的，即

$$I_{YP} = I_u = I_v = I_w = \frac{U_{YP}}{z}$$

各相电流的相位差仍是120°。

由图5-10可以看出，三相负载作Y连接时，相电流等于线电流，即

$$I_{YP} = I_{YL} \tag{5-4}$$

由图5-10还可以看出，中线电流与各相电流的之间的关系为

$$\dot{I}_N = \dot{I}_u + \dot{I}_v + \dot{I}_w$$

由此作出相应的相量图，如图5-11所示。

由相量图可知：对称三相负载作Y连接时，中线电流等于零，即

$$I_N = 0 \qquad (5\text{-}5)$$

在这种情况下，中线没有电流流过，去掉中线不影响电路的正常的工作。因此，为节约导线，常常采用三相三线制。

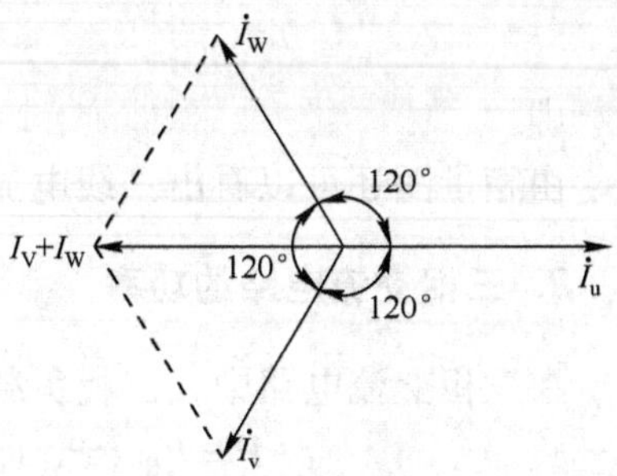

图5-11　三相负载的Y连接的电流相量图

（2）三相负载的△连接

1）连接方式。将三相负载的各相分别接到三相电源的两根相线之间，这种连接方式称为三相负载的三角形连接法，用符号△表示。图5-12（a）所示是三相负载△连接的原理图，图5-12（b）所示是其实际电路图。

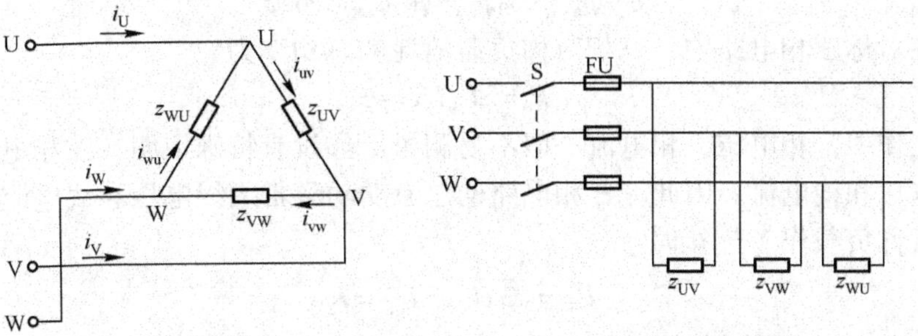

（a）原理图　　（b）实际电路图

图5-12　三相负载的△连接

2）电路特点。三相负载作△连接时，每相负载接在两根相线之间，电源线电压等于负载的相电压。因此，负载的线电压与负载的相电压的关系为

$$U_L = U_{\Delta P} \qquad (5\text{-}6)$$

如果三相负载是对称的，那么流过三相负载的各相电流也是对称的，即

$$I_{\Delta P} = I_{uv} = I_{vw} = I_{wu} = \frac{U_{\Delta P}}{z}$$

各相电流的相位差仍是120°。

由图5-12（a）可以看出，线电流与相电流之间的关系为

$$\dot{I}_U = \dot{I}_{uv} - \dot{I}_{wu}$$

$$\dot{I}_V = \dot{I}_{vw} - \dot{I}_{uv}$$

$$\dot{I}_W = \dot{I}_{wu} - \dot{I}_{vw}$$

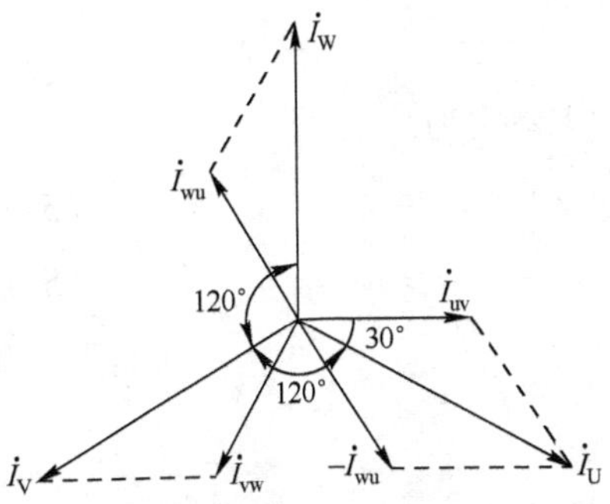

图5-13　三相负载△连接的电流相量图

由此作出相应的相量图，如图5-13所示。

由相量图可知，线电流与相电流关系为

$$I_U = \sqrt{3} I_{uv}$$

$$I_V = \sqrt{3} I_{vw}$$

$$I_W = \sqrt{3} I_{wu}$$

即

$$I_{\Delta L} = \sqrt{3} I_{\Delta P}$$

由相量图还可以看出：线电流与相电流的相位关系为线电流滞后相应的相电流 30°。

2. 三相交流电路的功率

在三相交流电路中，三相负载消耗的总功率等于各相负载消耗的功率之和。即

$$P = P_U + P_V + P_W = U_u I_u \cos\varphi_u + U_v I_v \cos\varphi_v + U_w I_w \cos\varphi_w \tag{5-7}$$

在对称三相电路中，各相电压是对称的，各相负载是对称的，因此，各相电流也是对称的，即

$$U_u = U_v = U_w = U_P$$

$$I_u = I_v = I_w = I_P$$

$$\cos\varphi_u = \cos\varphi_v = \cos\varphi_w = \cos\varphi$$

因此，在对称三相电路中，三相对称负载消耗的总功率为

$$P = 3U_P I_P \cos\varphi \tag{5-8}$$

在实际工作中，相电压、相电流一般不易测量。如没有特殊说明，三相电路的电压和电流都是指线电压和线电流。因此，三相电路的总有功功率常用线电压和线电流来表示。

当三相对称负载作 Y 连接时

$$U_L = \sqrt{3} U_{YP},\ I_{YL} = I_{YP}$$

$$P = 3U_P I_P \cos\varphi = 3\frac{U_L}{\sqrt{3}} I_L \cos\varphi = \sqrt{3} U_L I_L \cos\varphi$$

当三相对称负载作△连接时

$$U_L = U_{\Delta P},\ I_{\Delta L} = \sqrt{3} I_{\Delta P}$$

$$P = 3U_P I_P \cos\varphi = 3U_L \frac{I_L}{\sqrt{3}} \cos\varphi = \sqrt{3} U_L I_L \cos\varphi$$

由此可见，三相对称负载不论作 Y 连接还是作△连接，对称三相电路的总有功功率为

$$P = \sqrt{3} U_L I_L \cos\varphi \tag{5-9}$$

同理可得，三相对称负载的无功功率和视在功率的计算公式为

$$Q = \sqrt{3} U_L I_L \sin\varphi \tag{5-10}$$

$$S = \sqrt{3} U_L I_L \tag{5-11}$$

【实践运用】

1. 电动机的结构

三相异步电动机主要由定子（固定部分）和转子（旋转部分）两个基本部分组成，三相异步电动机的构造如图 5-14 所示。

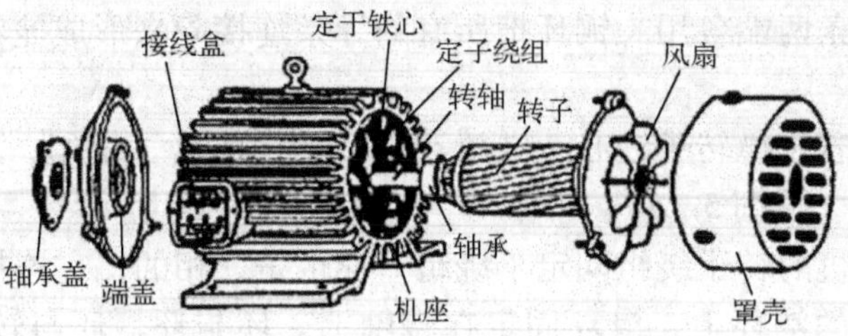

图 5-14　三相异步电动机的构造

(1) 定子

定子是由铁心、绕组和机座三部分组成。

1) 定子铁心：一般采用 0.5mm 厚并涂有绝缘漆的硅钢片叠压而成，形状为环形，沿内圆表面均匀轴向开槽，如图 5-5 所示。定子铁心的作用一方面是导磁，另外也是用于安放绕组。

2) 定子绕组：由漆包线绕制而成，主要用于形成旋转磁场。连接方式有Y连接和△连接。

3) 机座：中小型电动机采用铸铁机座，主要用于支撑定子铁心，如图 5-6 所示。大型电动机采用钢板焊接机座。

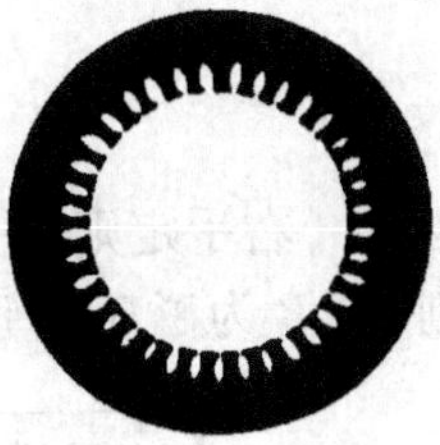

图5-15　定子硅钢片

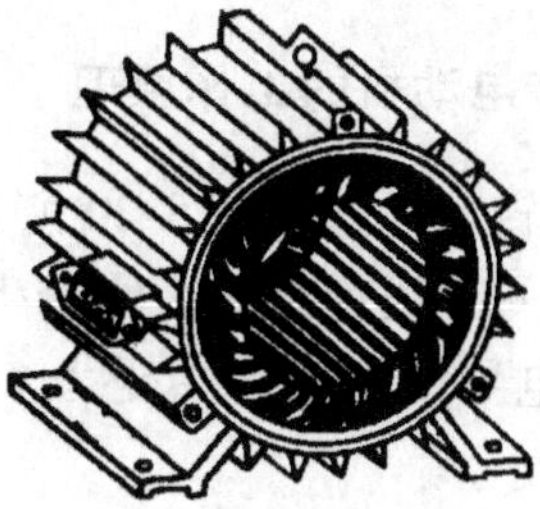

图 5-16　机座

一般在机座外有一接线盒（见图 5-17（a）），选择不同的接线方式可以使定子绕组的接线形式选为Y或△（见图 5-17（b）、（c））。

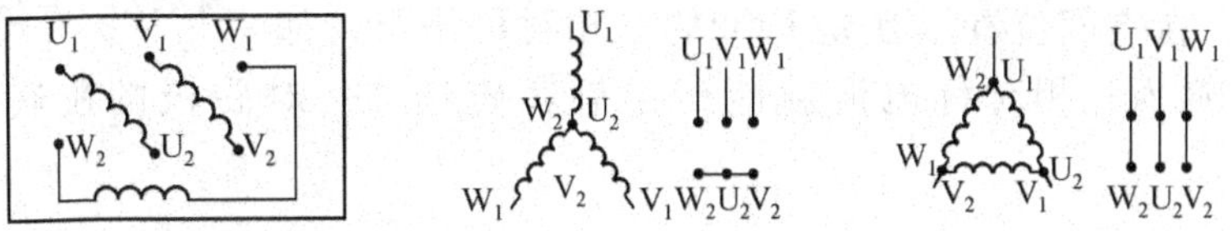

（a）接线盒中的连线　（b）Y连接　（c）△连接

图 5-17　电动机接线盒及连接方式

三相异步电动机的转子铁心是圆柱状的，也是用硅钢片叠成，表面有冲槽，用来放置转子绕组。转子铁心装在转轴上，轴上加机械负载。

转子主要由转子铁心和转子绕组组成。

1) 转子铁心：它用 0.5mm 厚且外圆周冲有转子槽形的硅钢片叠压而成。转子铁心的作用一方面是导磁，另外也是用于安放绕组。根据构造的不同可分为笼型和绕线式两种。

2) 转子绕组有两种，①绕线型：由漆包线绕制而成。②笼型：在转子铁心的每一个槽内插入一铜条，在铜条两端各用一铜环把所有的导条连接起来形成笼状。转子绕组的作用是用于产生电磁转矩 。

笼型异步电动机若去掉转子铁心，嵌放在铁心槽中的转子绕组，就像一个“鼠笼”，它一般是用铜或铝铸成（见图 5-18）。

绕线式异步电动机的转子绕组同定子绕组一样也是三相的，它连接成Y。每相绕组的的始端连接在 3 个铜制的滑环上，滑环固定在转轴上。环与环、环与转轴之间都是互相绝缘的。在环上用弹簧压着碳质电刷。

启动电阻和调速电阻是借助于电刷同滑环和转子绕组连接（见图 5-19）。

图 5-18　铸铝的笼型转子

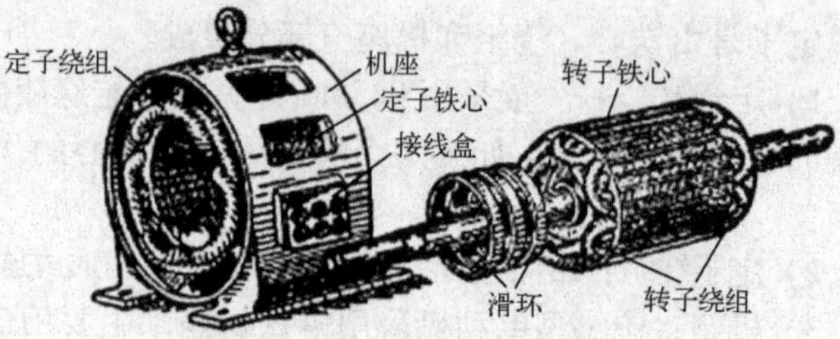

图 5-19　绕线式异步电动机构造

2. 三相异步电动机的工作原理

异步电动机转动原理如图 5-20 所示：

磁极旋转 ⟶ 导线切割磁力线产生感应电动势 $e=B\cdot l\cdot v$（右手定则）⟶ 闭合导线产生电流 i ⟶ 通电导线在磁场中受力 $F=B\cdot l\cdot i$（左手定则）（B 为磁感应强度；l 为导线长；v 为切割速度）。

注意：受力方向与磁场旋转方向一致。

结论：① 线圈跟着磁铁转 ⟶ 两者转动方向一致。

② 线圈比磁场转得慢 $n_2<n_1$。

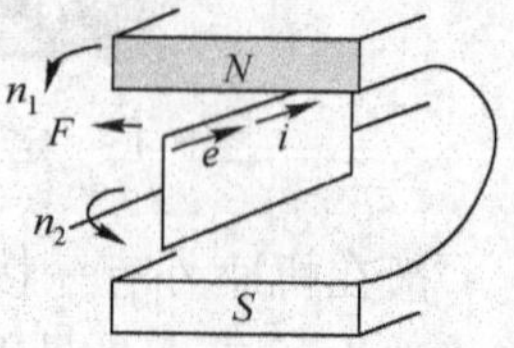

图 5-20　异步电动机转动原理

（1）*旋转磁场的产生*

产生条件：在空间位置上互差 120°的三相对称绕组，如图 5-21 所示，通入三相对称电流就能产生旋转磁场。一对磁极的旋转磁场如图 5-22 所示。

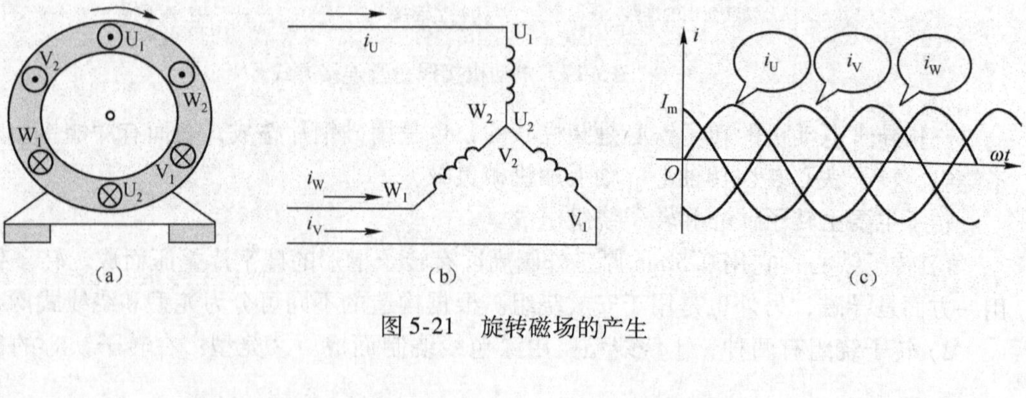

图 5-21　旋转磁场的产生

$i_U = I_m \sin\omega t$ 通入 U_1—U_2线圈

$i_V = I_m \sin(\omega t - 120°)$ 通入 V_1—V_2线圈

$i_W = I_m \sin(\omega t + 120°)$ 通入 W_1—W_2线圈

约定：电流为正时，电流由线圈的首端流进，末端流出；电流为负时，电流由线圈的末端流进，首端流出。

注意：角标 1 为线圈的首端，角标 2 表示线圈的末端。

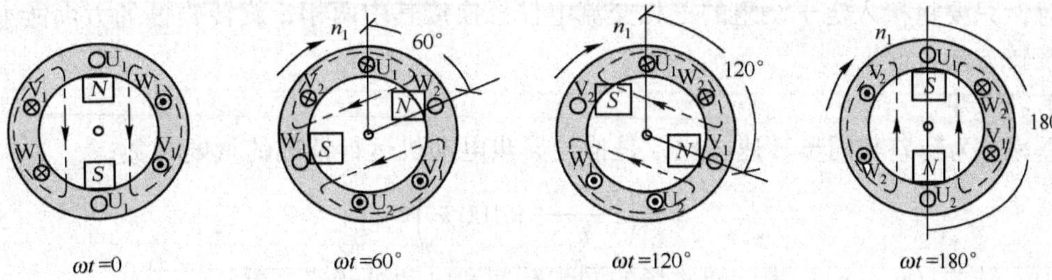

图 5-22 一对磁极的旋转磁场

(2) 旋转磁场的转速大小

交流电变化一个周期，旋转磁场在空间转过 360°，则同步转速（旋转磁场的速度）为

$$n_1 = \frac{60f}{p} \tag{5-12}$$

式中，n 是旋转磁场每分钟的转数，即同步转速（r/min）；f 是定子电源的频率（f = 50Hz）；

此种接法下，合成磁场只有 1 对磁极，则磁极对数为 1，即 $p = 1$。

将每相绕组分成两段，按图 5-23 所示放入定子槽内，则形成两对磁极的磁场。

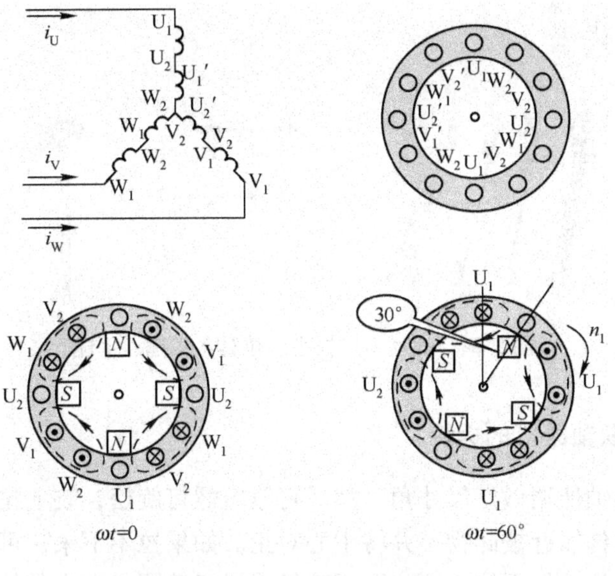

图 5-23 两对磁极的旋转磁场

p 不同，转速不同。常见的旋转磁场转速见表 5-2。

表 5-2 常见的旋转磁场转速

磁极对数 p/对	1	2	3	4	5	6
旋转磁场转速 n_1/（r/min）	3000	1500	1000	750	600	500

（3）旋转磁场的旋转方向

旋转方向：取决于三相电流的相序。

注意：只要将接入定子绕组的三相交流电任意换接其中两相，旋转磁场的方向改变，电动机的旋转方向也改变。

（4）转差率

转差率 s 为转差与同步转速之比，是描绘异步电动机运行情况的重要参数。

即

$$s=\left(\frac{n_1-n_2}{n_1}\times 100\%\right) \tag{5-13}$$

其中，转差（n_1-n_2）为旋转磁场的同步转速和电动机转速之差。

电动机停止转动时，$n_2=0$，$s=1$，电动机转速越高 s 越小；若到达同步转速 $n_2=n_1$，$s=0$；异步电动机额定运行时，$n_2=n_N$，则 $s=0.02\sim0.06$；空载时，n_2 接近 n_1，则 $s=0.004\sim0.007$。

【技能方法】

当异步电动机因维修、保养或发生故障等原因需要拆装时，就需要按照一定的操作规程。以下为异步电动机主要零部件的拆装步骤：

1. 常规准备工作

准备常用工具，如螺丝刀、扳手、拉具、木锤、手锤等如图 5-24 所示。了解电动机的通电情况，实施断电处理，并且对电动机的连接线头做好绝缘处理，最后将电动机移到合适的位置进行下一步工作。

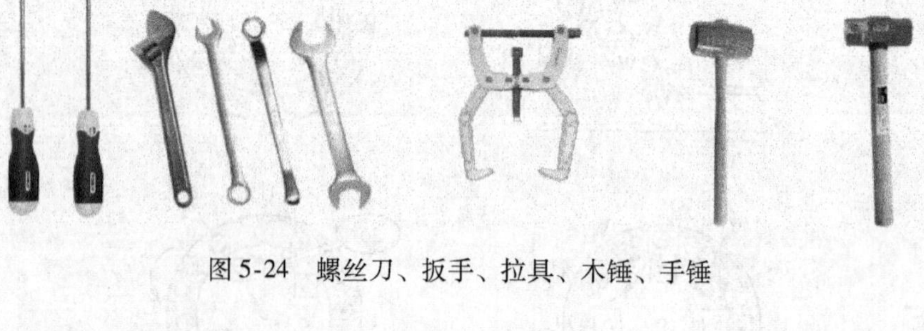

图 5-24 螺丝刀、扳手、拉具、木锤、手锤

2. 传动带轮（联轴器）的拆装

先在传动带轮的轴伸端做好尺寸角，然后将紧定螺钉旋松，装上拉具把传动带轮慢慢拉下，这时要注意将拉钩靠近被卸物，并将中心对正。如果拉不下来，可在紧定螺钉孔内滴入煤油，等一段时间再拉。如再拉不下，可用喷灯或煤气等隔火在皮带轮外侧周围加热，在传动带轮已膨胀，轴还来不及膨胀时迅速拉下。注意加热温度不能太高，以防轴变形。

3. 拆卸端盖，抽出转子

拆卸端盖时应先在端盖与机座止口接缝处做一标记，以便装配时复原。绕线型电动机应提起或拆除电刷、电刷架和引出线。

小型电动机一般先拆下轴伸端的轴承盖以及风罩、风扇和端盖螺钉，然后用木锤敲打轴伸端，把转子连同另一端盖一起抽出，注意不要碰到线圈。对于风扇在机座内的电动机，可将转子连同风扇及风扇侧的端盖一起抽出。抽转子时应注意不能碰伤绕组。大、中型电动机一般需用起重设备将转子吊住平移抽出。

4. 滚动轴承的拆卸和清洗

拆卸滚动轴承时应选择大小适宜的拉具，注意拉具的抓脚应扣住轴承的内圈，拉具的丝杆顶点一定要对准转子轴的中心，扳动丝杆要慢，用力要均匀。

清洗轴承时，先刮去轴承外面的废油，再用煤油洗净残存的油污，最后用清洁布（不能用纱头）擦干。

轴承清洗后，应检查轴承是否损坏。检查时用手旋转外圈，观察其转动是否灵活。如发现卡住或过松现象，需用灯光仔细检查滑道、保持器及滚珠有无锈迹、斑痕、伤痕等，以便决定轴承是否需要更换。

5. 电动机的装配

电动机的装配步骤与拆卸步骤相反。装配前，要清除各配合处的锈斑及污垢异物，仔细检查有无碰伤。装配时，最好按原拆卸时所做的标记复位。装配后，盘动转子，检查其转动是否灵活。大型电动机用塞尺检查定子、转子之间的气隙是否均匀。

某型号电动机分解的各零部件如图 5-25 所示。

【巩固训练】

1. 填空题

1）三相四线制供电系统中，相电压是指________，线电压是指________，U_L = ______U_P。

2）三相负载连接到三相电源中时，若各相负载的额定电压等于电源线电压，负载应作________连接。

3）三相异步电动机主要由________和________两个基本部分组成。

4）选择不同的接线方式可以使定子绕组的接线形式选为________或________。

5）启动电阻和调速电阻是借助于电刷同________和________连接。

6）三相异步电动机的转子铁心是圆柱状的，是用________叠成。

7）转子铁心根据构造的不同可分为________和________两种。

8）转差率 s 为________与________之比，是描绘异步电动机运行情况的重要参数。

2. 计算题

1）有一三相对称负载，每相负载的 $R=8\Omega$、$X_L=6\Omega$，电源电压为380V。求：

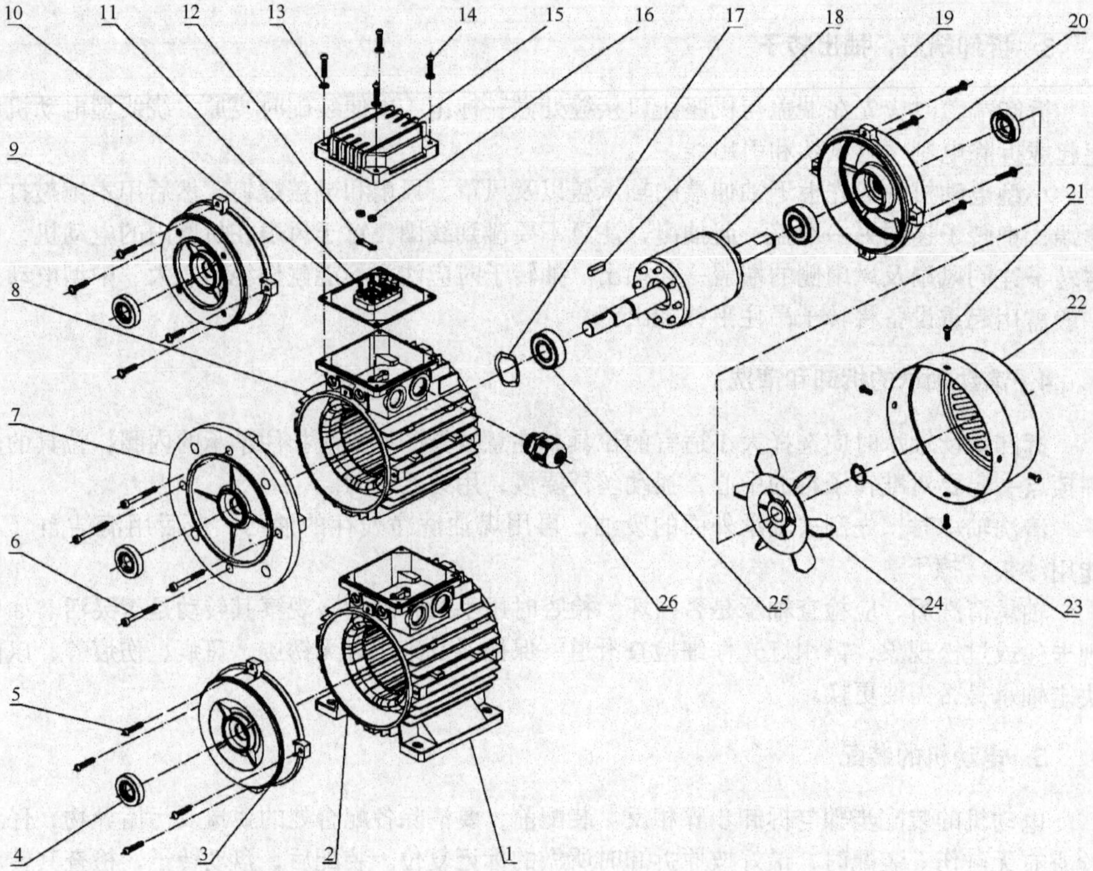

图5-25　某型号电动机分解的各零部件

1—机座（B3）　2—定子　3—前盖（B3）　4—密封圈　5—螺钉　6—螺钉　7—前盖（B3）　8—机座（B5）　9—前盖（B14）
10—密封垫片　11—接线柱　12—连接片　13—垫圈　14—螺钉　15—接线盒盖　16—螺母　17—波型垫圈
18—键　19—胡轴转子　20—后盖　21—螺钉　22—风罩　23—挡圈　24—风扇　25—轴承　26—出线圈

① 负载接成Y时的线电流、相电流和有功功率。

② 负载接成△时的线电流、相电流和有功功率。

2）一台三相异步电动机的额定转速 $n_N = 1440$（r/min），这台电动机是几极电动机？转差率是多少？

3. 实践题

试拆装一台三相异步电动机。

5.3.3　任务三　电动机的维护与检修

【引出任务】

通过对电动机相关知识的学习，小甄对电动机有了一定的了解与认识，但是同时小甄也提出了自己的疑问，电动机作为一种常用机电设备，在使用过程中难免有时候会出现不同情况的故障，那么电动机发生的这些故障是怎么表现的呢？电动机的日常维护与检修又是怎么开展的呢？于是小甄决定再深入地学习电动机的维护与检修。

【知识链接】

1. 电动机的故障类型

电动机的故障可分为电气方面与机械方面两大类。

（1）电气方面的故障有电动机空载电流偏大、三相电源电压不平衡、绕组接地、匝间短路、绕组断路、缺相运行等。

1）造成电动机空载电流偏大的原因很多，主要有以下几点：电源电压偏高；定子Y连接误接成△连接；轴承损坏；转轴弯造成定、转子相擦；风扇装错等。

2）三相电源电压不平衡：当三相电源电压不对称时，即一相电压偏高或偏低时，会导致某相电流过大，电动机发热，同时转矩减小会发出“嗡嗡”的声音，时间过长会损坏绕组。总之无论电压过高、过低或三相电压不对称都会使电流增加，电动机发热从而损坏电动机。

3）电动机绕组绝缘受到损坏，及绕组的导体和铁心、机壳之间相碰即为绕组接地。这时会造成该相绕组电流过大，局部受热，严重时会烧毁绕组。

4）绕组中相邻两条导线之间的绝缘损坏后，使两导体相碰，就称为绕组短路，发生在同一绕组中的绕组短路称为匝间短路，发生在两相绕组之间的绕组短路称为相间短路。无论是哪一种短路，都会引起某一相或两相电流增加，引起局部发热，使绝缘老化损坏电动机。

5）绕组断路是指电动机的定子或转子绕组碰断或烧断造成的故障：可根据电动机转动情况判断，一般表现为转速变慢，转动无力，定子三相电流增大和有“嗡嗡”声的现象，有时不能启动。

6）三相异步电动机在运行过程中，断一根火线或断一相绕组就会形成缺相运行，如果轴上负载没有改变，则电动机处于严重过载状态，定子电流将达到额定值的2倍甚至更高，时间稍长电动机就会烧毁，因缺相运行而烧毁的电动机比例较大。

7）电动机的接地装置。电动机接地是一个重要环节，可是有的单位往往忽视了这一点，因为电动机不明显接地也可以运转，但这给生产及人身安全埋下了不安全隐患。因为绝缘一旦损坏后，外壳会产生危险的对地电压，这样直接威胁人身安全及设备的稳定性。因此，电动机必须有明显可靠的接地装置。

（2）机械方面的故障有扫膛、振动、轴承过热、电动机温升高等。

1）电动机转动时转子与定子内圆相碰擦，称为电动机扫膛。扫膛分实扫与虚扫，电动机扫膛时转子外表面和定子内圆会出现擦痕。实扫，即定、转子铁心相擦，说明定、转子间气隙不均匀。严重的扫膛会使定子内圆局部产生高温，槽表面的绝缘在高温下变得焦脆，造成绕组接地或短路；还可能引起电动机振动和噪声，并使电气性能下降。虚扫，即定、转子铁心没有实际相擦，而是转子与定子内圆凸出的绝缘物或油污相擦，说明电动机内部不清洁。如发现应对轴承及时更换，对端盖进行更换或刷镀处理。

2）电动机的振动，包括电磁振动和机械振动。电磁振动是由于电动机气隙磁场相互作用，产生随时间和空间变化的径向力，使定子铁心和机座作周期性变形，即定子发生振动。

另外，因气隙磁场中含有各种谐波磁场，因而产生谐波转矩，也使电动机振动。

引起电动机振动的主要原因是机械振动，如转子动平衡或风扇静平衡不良、轴伸的连接器轴孔偏心、轴伸弯曲等因素，而产生离心力引起的机械振动。转子动平衡不良是电动机振动过大的常见原因。由转子不平衡离心惯性力所引起的振动，与转速的平方及转子残余不平衡度成正比。机座上各点的振动，还随离转子中心轴向距离的增加而增大。此外，定、转子绕组三相不对称，甚至单相运转或匝间短路；笼型转子断条、脱焊或端环开裂，具有举刷装置的绕线转子异步电动机，集电环的短接片与短路环的触头接触不稳定；轴承质量低、电动机装配质量低、零件加工精度低、联轴器连接松动、安装基础不平或有缺陷，定、转子相擦等，对电动机振动均有影响。

3）电动机的轴承发热，轻则使润滑脂稀释漏出，重则将轴承损坏。轴承过热可凭经验用听觉及温度来判断。将听针（铜棒）接触到轴瓦盖上，若听到冲击声，就表示可能有1只或几只滚珠扎碎；如果听到有咝咝声，那就是表示轴承的润滑油不足，因为电动机要每运行3000～5000h左右需换一次润滑脂。在加润滑脂时不易太多，如果太多会使轴承旋转部分和润滑脂之间产生很大的磨擦而发热，加入轴承内的润滑脂应填满其内部空隙的2/3；同一轴承内不得填入不同品种的润滑脂。另外传动带过紧、过松或联轴器装配不良，也会引起轴承发热。

4）电动机温度提高：电动机长期过热，会使电机绝缘热老化，影响电动机使用寿命。若温升高，应停机查明故障原因排除故障后再用。造成电动机过热的原因是很复杂的，电源、电动机本身和负载三方面的异常情况都会造成电动机过热，通风散热不良也会引起电动机过热。对于在使用中的电动机，不同绝缘的电动机最高允许温度如下：A级绝缘的电动机最高允许温度为50℃；E级绝缘的电动机最高允许温度为65℃；B级绝缘的电动机最高允许温度为70℃；F级绝缘的电动机最高允许温度为85℃；H级绝缘的电动机最高允许温度为105℃。

2. 电动机的日常技术维护手段

电动机在运行中避免烧毁，除了运行前采取必要的各种技术保护措施外，最有效、最实际的防止方法是进行正确的技术维护，主要有以下六点。

（1）经常保持电动机的清洁

电动机在运行中，进风口周围至少3m内不允许有尘土、水渍和其他杂物，以防止吸入电动机内部，形成短路介质，或损坏导线绝缘层，造成匝间短路，电流增大，温度升高而烧毁电动机。所以，要保证电动机有足够的绝缘电阻以及良好的通风冷却环境，才能使电动机在长时间运行中保持安全稳定的工作状态。

（2）保持电动机经常在额定电流下工作

电动机过载运行，主要原因是由于拖动的负荷过大，电压过低，或被带动的机械卡滞等造成的。若过载时间过长，电动机将从电网中吸收大量的有功功率，电流便急剧增大，温度也随之上升，在高温下电动机的绝缘便老化失效而烧毁。因此，电动机在运行中，要注意经常检查传动装置运转是否灵活、可靠；联轴器的同心度是否标准；齿轮传动的灵活性等，若发现有滞卡现象，应立即停机，查明原因排除故障后再运行。

（3）经常检查电动机三相电流是否平衡

三相异步电动机，其三相电流任何一相电流与其他两相电流平均值之差不允许超过10%，这样才能保证电动机安全运行。如果超过则表明电动机有故障，必须查明原因及时排除。

(4) 检查电动机的温度

要经常检查电动机的轴承、定子、外壳等部位的温度有无异常变化，尤其对无电压、电流和频率监视及没有过载保护的电动机，对温升的监视更为重要。电动机轴承是否过热、缺油，若发现轴承附近的温升过高，就应立即停机检查。轴承的滚动体、滚道表面有无裂纹、划伤或损缺，轴承间隙是否过大晃动，内环在轴上有无转动等。出现上述任何一种现象，都必须更新轴承后方可再行作业。

(5) 观察电动机有无振动、噪声和异常气味

电动机正常运行时声音应均匀，无杂声和特殊声。如声音不正常，可能有下述几种情况：

1）特大嗡嗡声，说明电流过量，可能是超负荷或三相电流不平衡引起的，特别是电动机单相运行时，嗡嗡声更大。

2）咕碌咕碌声，可能是轴承滚珠损坏而产生的声音。

3）不均匀的碰擦声，往往是由于转子与定子相擦发出的异音，即扫膛声，应立即判断处理。

在电动机运行中，有时因超负荷时间过久，以致绕组发生绝缘损坏，就可以嗅到一种特殊的绝缘漆气味。当发现电动机有异音和异味时，应停机检查，找出原因消除故障，才能继续运行。

电动机在运行中，尤其是大功率电动机更要经常检查地脚螺栓、电动机端盖、轴承压盖等是否松动，接地装置是否可靠，发现问题及时解决。

(6) 保证启动设备正常工作

电动机启动设备技术状态的好坏，对电动机的正常启动起着决定性的作用。实践证明，绝大多数烧毁的电动机，其原因大都是启动设备工作不正常造成的。如启动设备出现缺相启动，接触器触头拉弧、打火等。而启动设备的维护主要是清洁、紧固。如接触器触点不清洁会使接触电阻增大，引起发热烧毁触点，造成缺相而烧毁电动机；接触器吸合线圈的铁心锈蚀和尘积，会使线圈吸合不严，并发生强烈噪声，增大线圈电流，烧毁线圈而引发故障。

因此，电气控制柜应设在干燥、通风和便于操作的位置，并定期除尘。经常检查接触器触点、线圈铁心、各接线螺丝等是否可靠，机械部位动作是否灵活，使其保持良好的技术状态，从而保证启动工作顺利而不烧毁电动机。

【技能方法】

三相异步电动机应用广泛，但通过长期运行后，会发生各种故障，及时判断故障原因，进行相应处理，是防止故障扩大，保证设备正常运行的一项重要的工作，见表5-3、表5-4。

表5-3　三相异步电动机常见故障及处理方法

现　象	故障原因	故障排除
1. 通电后电动机不能转动，但无异响，也无异味和冒烟	1. 电源未通（至少两相未通） 2. 熔丝熔断（至少两相熔断） 3. 过流继电器调得过小 4. 控制设备接线错误	1. 检查电源回路开关，熔丝、接线盒处是否有断点，修复 2. 检查熔丝型号、熔断原因，换新熔丝 3. 调节继电器整定值与电动机配合 4. 改正接线
2. 通电后电动机不转，然后熔丝烧断	1. 缺一相电源，或定子线圈一相反接 2. 定子绕组相间短路 3. 定子绕组接地 4. 定子绕组接线错误 5. 熔丝截面过小 6. 电源线短路或接地	1. 检查刀闸是否有一相未合好，可能电源回路有一相断线；消除反接故障 2. 查出短路点，予以修复 3. 消除接地 4. 查出误接，予以更正 5. 更换熔丝 6. 消除接地点

续表

现　　象	故障原因	故障排除
3. 通电后电动机不转有嗡嗡声	1. 定、转子绕组有断路（一相断线）或电源一相失电 2. 绕组引出线始末端接错或绕组内部接反 3. 电源回路接点松动，接触电阻大 4. 电动机负载过大或转子卡住 5. 电源电压过低 6. 小型电动机装配太紧或轴承内油脂过硬 7. 轴承卡住	1. 查明断点予以修复 2. 检查绕组极性，判断绕组末端是否正确 3. 紧固松动的接线螺丝，用万用表判断各接头是否假接，予以修复 4. 减载或查出并消除机械故障 5. 检查是否把规定的面接法误接为Y；是否由于电源导线过细使压降过大，予以纠正 6. 重新装配使之灵活，更换合格油脂 7. 修复轴承
4. 电动机启动困难，额定负载时，电动机转速低于额定转速较多	1. 电源电压过低 2. △连接电动机误接为Y连接 3. 笼型转子开焊或断裂 4. 定转子局部线圈错接、接反 5. 修复电动机绕组时增加匝数过多 6. 电动机过载	1. 测量电源电压，设法改善 2. 纠正接法 3. 检查开焊和断点并修复 4. 查出误接处，予以改正 5. 恢复正确匝数 6. 减载
5. 电动机空载电流不平衡，三相相差大	1. 重绕时，定子三相绕组匝数不相等 2. 绕组首尾端接错 3. 电源电压不平衡 4. 绕组存在匝间短路、线圈反接等故障	1. 重新绕制定子绕组 2. 检查并纠正 3. 测量电源电压，设法消除不平衡 4. 消除绕组故障
6. 电动机空载，过负载时，电流表指针不稳，摆动	1. 笼型转子导条开焊或断条 2. 绕线型转子故障（一相断路）或电刷、集电环短路装置接触不良	1. 查出断条予以修复或更换转子 2. 检查绕转子回路并加以修复
7. 电动机空载电流不平衡，三相相差大	1. 修复时，定子绕组匝数减少过多 2. 电源电压过高 3. Y连接电动机误接为△连接 4. 电动机装配中，转子装反，使定子铁心未对齐，有效长度减短 5. 气隙过大或不均匀 6. 大修拆除旧绕组时，使用热拆法不当，使铁心烧损	1. 重绕定子绕组，恢复正确匝数 2. 设法恢复额定电压 3. 改接为Y连接 4. 重新装配 5. 更换新转子或调整气隙 6. 检修铁心或重新计算绕组，适当增加匝数
8. 电动机运行时响声不正常，有异响。	1. 转子与定子绝缘纸或槽楔相擦 2. 轴承磨损或油内有砂粒等异物 3. 定转子铁心松动 4. 轴承缺油 5. 风道填塞或风扇擦风罩 6. 定转子铁心相擦 7. 电源电压过高或不平衡 8. 定子绕组错接或短路	1. 修剪绝缘，削低槽楔 2. 更换轴承或清洗轴承 3. 检修定、转子铁心 4. 加油 5. 清理风道，重新安装 6. 消除擦痕 7. 检查并调整电源电压 8. 消除定子绕组故障
9. 运行中电动机振动较大	1. 由于磨损轴承间隙过大 2. 气隙不均匀 3. 转子不平衡 4. 转轴弯曲 5. 铁心变形或松动 6. 联轴器（传动带轮）中心未校正 7. 风扇不平衡 8. 机壳或基础强度不够 9. 电动机地脚螺丝松动 10. 笼型转子开焊断路；绕线转子断路；定子绕组故障	1. 检修轴承，必要时更换 2. 调整气隙，使之均匀 3. 校正转子动平衡 4. 校直转轴 5. 校正重叠铁心 6. 重新校正，使之符合规定 7. 检修风扇，校正平衡，纠正其几何形状 8. 进行加固 9. 紧固地脚螺丝 10. 修复转子绕组；修复定子绕组

续表

现　　象	故障原因	故障排除
10. 轴承过热	1. 滑脂过多或过少 2. 油质不好含有杂质 3. 轴承与轴颈或端盖配合不当（过松或过紧） 4. 轴承内孔偏心，与轴相擦 5. 电动机端盖或轴承盖未装平 6. 电动机与负载间联轴器未校正，或传动带过紧 7. 轴承间隙过大或过小 8. 电动机轴弯曲	1. 按规定加润滑脂（容积的 1/3 –2/3） 2. 更换清洁的润滑脂 3. 过松可用黏结剂修复，过紧应车磨轴颈或端盖内孔，使之适合 4. 修理轴承盖，消除擦点 5. 重新装配 6. 重新校正，调整皮带张力 7. 更换新轴承 8. 校正电动机轴或更换转子
11. 电动机过热甚至冒烟	1. 电源电压过高，使铁心发热大大增加 2. 电源电压过低，电动机又带额定负载运行，电流过大使绕组发热 3. 修理拆除绕组时，采用热拆法不当，烧伤铁心 4. 定转子铁心相擦 5. 电动机过载或频繁启动 6. 笼型转子断条 7. 电动机缺相，两相运行 8. 重绕后定子绕组浸漆不充分 9. 环境温度高，电动机表面污垢多，或通风道堵塞 10. 电动机风扇故障，通风不良；定子绕组故障（相间、匝间短路；定子绕组内部连接错误）	1. 降低电源电压（如调整供电变压器分接头），若是电机 Y 连接、△连接接法错误引起，则应改正接法 2. 提高电源电压或换粗供电导线 3. 检修铁心，排除故障 4. 消除擦点（调整气隙或挫、车转子） 5. 减载；按规定次数控制启动 6. 检查并消除转子绕组故障 7. 恢复三相运行 8. 采用二次浸漆及真空浸漆工艺 9. 清洗电动机，改善环境温度，采用降温措施 10. 检查并修复风扇，必要时更换；检修定子绕组，消除故障

表 5-4　某厂家说明书——电动机常见故障及处理（以作参考）

故障现象	可能原因	处理方法
不能启动	1. 电源未接通 2. 绕组断路、匝间短路或接地 3. 熔断器烧断 4. 电源电压过低 5. 负载过大或传动机械有故障 6. 控制设备接线错误或过点电流限值调得过小	1. 检查熔断器、开关触点及电动机引出线有无断路 2. 可用兆欧表找出短路处修复或更换绕组 3. 查出原因，排除故障，然后换上新熔断器 4. 检查电源电压 5. 更换功率较大的电动机或减轻负载；将电动机与负载分开，单独启动，如情况正常，应检查传动机械，排除故障 6. 校正接线或将过电流限值调到合适值
转速不正常	1. 电源电压太低 2. 负载阻力矩太大	1. 检查输入端电源电压，予以纠正 2. 选用功率较大的电动机或减轻负载
温升过高或冒烟	1. 过载 2. 缺相运转 3. 电压过低或接线错误 4. 绕组接地或匝间短路 5. 定子、转子相擦 6. 通风不畅，环境温度过高	1. 检查负载电流，选用功率较大的电动机或减轻负载 2. 检查熔断器及开关的触点，排除故障或加装单相保护装置 3. 检查输入电压，如 Y 连接、△连接错误，应予以改正 4. 可用兆欧表找出短路处修复或更换绕组 5. 检查气隙，予以改正 6. 清除积尘，采取降温措施
运转声音不正常	1. 定子、转子相擦 2. 缺相运转 3. 轴承配合过松，滚珠磨损 4. 风叶碰壳	1. 检查气隙，予以改正 2. 断电再合闸，如不能启动，则可能有一相断路，检查电源或电动机，排除故障 3. 更换轴承 4. 校正风叶

续表

故障现象	可能原因	处理方法
不正常振动	1. 转子不平衡 2. 安装定心不正	1. 校平衡 2. 检查轴线，加以校正
电动机外壳带电	1. 绕组受潮，绝缘老化，接线板有污垢或引出线碰接线盒外壳 2. 电源线与接地线接错	1. 将绕组进行干燥处理，去除污垢或更换绕组．如有可能，加装漏电保护器 2. 纠正接线错误

【实践运用】

单相笼型铸铝转子异步电动机生产工艺流程如图 5-26 所示。

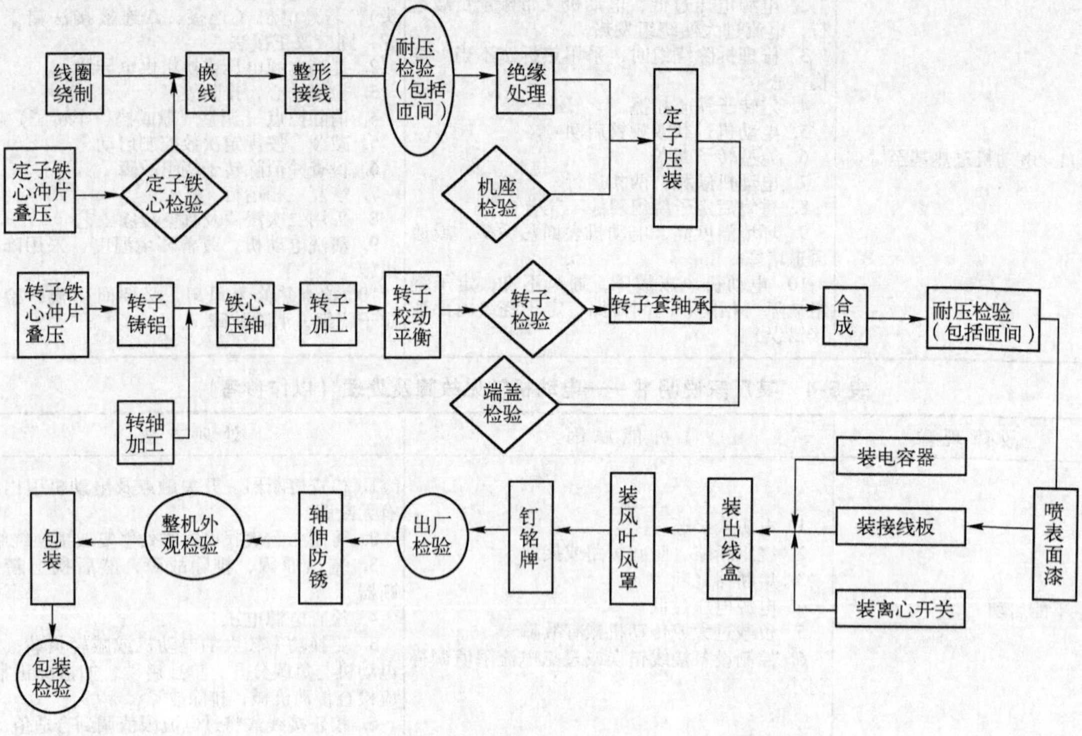

图 5-26　单相笼型铸铝转子异步电动机生产工艺流程

【巩固训练】

1. 填空题

1）电动机的故障可分为________方面与________方面两大类。

2）机械方面的故障有________、________、________、电动机温升高等。

3）电动机要每运行________小时左右需换一次润滑脂。

4）电动机的振动，包括________振动和________振动。

5）E 级绝缘的电动机最高允许温度为________。

2. 实践题

1）若定、转子绕组有断路（一相断线）或电源一相失电，则会有什么样的故障现象发生？如何处理？

2）如果将△连接电动机误接为Y连接，则会有什么样的现象发生？

5.4　项目验收

【项目检测】

1. 填空题

1）各种电动机中应用最广的是________电动机。

2）电动机按转子的结构分类分为________感应电动机和________感应电动机。

3）电动机的型号中 YR 为________异步电动机。

4）电动机运行时需注意使其负载的特性与________相匹配，避免出现飞车或停转。

5）三相发电机的 3 个绕组连接方式有两种，分别是________连接和________连接。

6）F 级绝缘的电动机最高允许温度为________，B 级绝缘的电动机最高允许温度为________。

2. 计算题

有一台三相交流电动机，定子绕组接成星形，电源线电压为 380V，已测得线电流为 66A，三相功率 3.3kW，计算电动机每相绕组的阻抗。

3. 实践题

1）某电动机型号为 Y135L－4，试说明其含义。

2）电动机在运行中避免烧毁，除了运行前采取必要的各种技术保护措施外，具体要做到哪六点进行正确的技术维护？

3）若电源电压过高，则运行中的电动机会有什么现象发生？如何处理？

【项目评价】

填写总结评价表。请反思在本任务进程中你的收获和疑惑、写出你的体会和评价。

任务总结与评价表

<table>
<tr><td>内　容</td><td colspan="2">你 的 收 获</td><td>你 的 疑 惑</td></tr>
<tr><td>获得知识</td><td colspan="2"></td><td></td></tr>
<tr><td>掌握方法</td><td colspan="2"></td><td></td></tr>
<tr><td>习得技能</td><td colspan="2"></td><td></td></tr>
<tr><td>学习体会</td><td colspan="3"></td></tr>
<tr><td rowspan="3">学习评价</td><td>自我评价</td><td colspan="2"></td></tr>
<tr><td>同学互评</td><td colspan="2"></td></tr>
<tr><td>老师寄语</td><td colspan="2"></td></tr>
</table>

项目六

控制电动机

6.1 项目情境

今天，学校组织高一电子电工专业的同学到市电机厂参观。小甄和同学们高兴地坐着校车来到市电机厂。在车间里，工人们在紧张地劳动，各种机器设备在有序地运转。它们都是靠电动机来驱动的，那么怎样才能使电动机按我们的意图有序地运转呢？

6.2 项目分解

任务一：单向全压启动控制线路的安装

能简述常用低压电器的种类及作用；知道控制线路所需低压电器的结构、工作原理及选用方法；能简述单向全压启动控制线路的工作原理，会动手安装与调试单向全压启动控制线路。

任务二：正反转全压启动控制线路的安装

能简述正反转全压启动控制线路的工作原理；会动手安装与调试正反转全压启动控制线路。

任务三：星形—三角形（Y－△）降压启动控制线路的安装

能简述Y－△降压启动控制线路的工作原理；会动手安装与调试Y－△降压启动控制线路。

6.3 项目进程

6.3.1 任务一 单向全压启动控制线路的安装

【引出任务】

在市电机厂内，甄浩雪同学看到工人操作起重设备吊装大型电机外壳，工人师傅娴熟地操作按钮，起重设备有序地工作，小甄饶有兴趣地观察，并思考着起重设备内的电动机是如何被控制的呢？

【知识链接】

1. 低压电器的分类及用途

低压电器是用于交流电压至1200V，直流电压至1500V的电路中起通断、控制、调节、变换、检测或保护等作用的电器，是电器工业的重要组成部分。电力系统的负荷绝大部分是经低压供给的，电力用户的各种生产机械设备，大部分是采用低压供电的。在庞大的低压配电系统和低压用电系统中，需要大量的控制、保护用低压电器。低压电器是供用电企业中的重要设备，在供用电中处于极为重要的地位，是保证配电网、生产设备安全可靠运行和人身安全的关键设备。

(1) 按用途或所控制的对象分类

可分为配电电器和控制电器，见表6-1。

表6-1 低压电器分类及用途

电器名称		主要品种	用途
配电电器	刀开关	大电流刀开关 熔断器式刀开关 板用刀开关、负荷开关	主要用于电路隔离，也能接通和分断额定电流
	转换开关	组合开关/换向开关	用于两种以上电源或负载的转换和通断电路
	断路器	框架式（万能式）断路器 塑料外壳式断路器 限流式断路器 漏电保护断路器	用于线路过载、短路或欠压保护，也可用做不频繁接通和分断电路
	熔断器	有填料熔断器 无填料熔断器 自复熔断器	用于线路或电气设备的短路和过载保护
控制电器	接触器	交流/直流接触器	主要用于远距离频繁启动或控制电动机，以及接通和分断正常工作的电路
	控制继电器	电流/电压继电器 时间继电器、中间继电器 热继电器	主要用于控制系统中，控制其他电器或作主电路的保护
	启动器	磁力启动器、减压启动器	主要用于电动机的启动和正反向控制
	开关/主令电器	按钮指示灯	用于接通或分断一个或几个电路中电流的电器

(2) 按其动作性质分类

可分为自动电器和手动电器。

1）自动电器：指电器的接通、分断、启动、反向或停止等动作，是通过一套电磁机构操作完成的，只需输入操作机构一个信号或其运行参数变化，便可自动完成所需的动作，如低压断路器、接触器、继电器。

2）手动电器：是靠人力用手或通过杠杆直接扳动或旋转操作手柄来完成各种操作的，如刀开关、按钮、转换开关。

2. 几种常用低压电器

（1）按钮

按钮是一种手动电器，如图 6-1 所示，通常用来接通或断开小电流控制的电路。它不直接去控制主电路的通断，而是在控制电路中发出“指令”去控制接触器、继电器等电器，再由它们去控制主电路。

图 6-1　各种按钮

（2）行程开关

行程开关又称限位开关或位置开关，如图 6-2 所示，它可以完成行程控制或限位保护。其作用与按钮相同，只是其触头的动作不是靠手指的按压的手动操作，而是利用生产机械某些运动部件上的挡块碰撞或碰压使触头动作，以此来实现接通或分断某些电路，使之达到一定的控制要求。

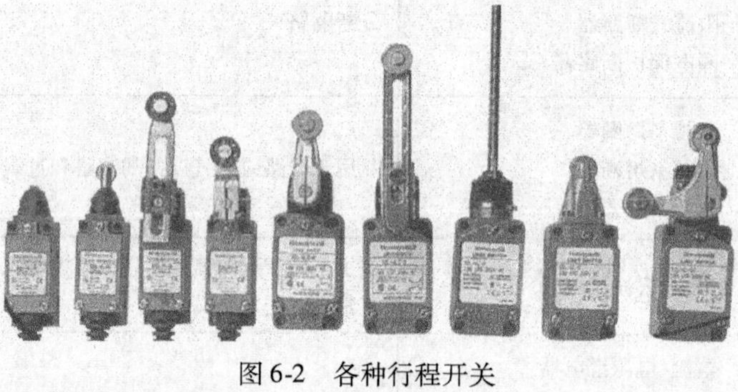

图 6-2　各种行程开关

（3）自动空气开关

自动空气开关又称自动开关或自动空气断路器，如图 6-3 所示。

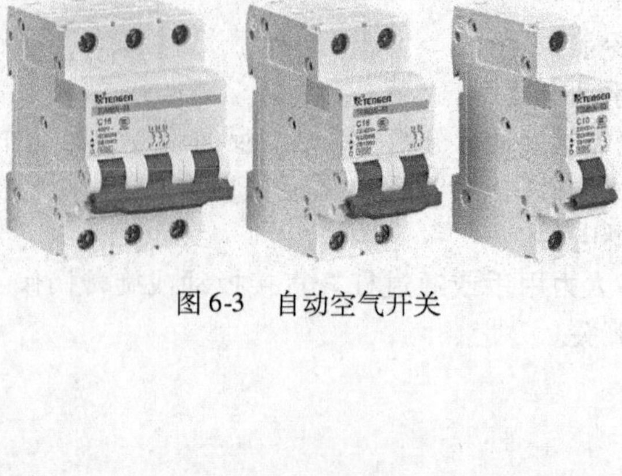

图 6-3　自动空气开关

它既是控制电器，同时又具有保护电器的功能。当电路中发生短路、过载、失压等故障时，能自动切断电路。在正常情况下也可用做不频繁地接通和断开电路或控制电动机。

自动空气开关结构示意如图 6-4 所示。

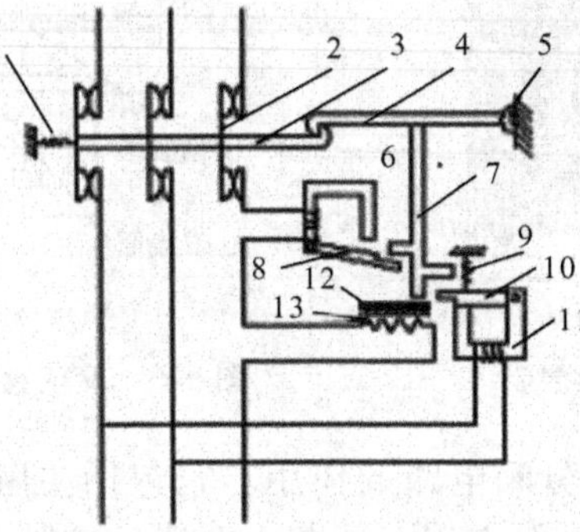

图 6-4　自动空气开关结构示意

1—释放弹簧　2—主触点　3—搭钩　4—锁钩　5—转轴　6—过流脱扣器　7—杠杆
8—衔铁　9—弹簧　10—衔铁　11—欠压脱扣器　12—双金属片　13—垫脱扣器

主触点通常由手动的操作机构来闭合的，闭合后主触点 2 被锁钩 4 锁住。如果电路中发生故障，脱扣机构就在有关脱扣器的作用下将锁钩脱开，于是主触点在释放弹簧 1 的作用下迅速分断。

脱扣器有过流脱扣器 6、欠压脱扣器 11 和热脱扣器 13，他们都是电磁铁。在正常情况下，过流脱扣器的衔铁 8 是释放着的，一旦发生严重过载或短路故障时，与主电路相串的线圈将产生较强的电磁吸力吸引衔铁，而推动杠杆 7 顶开锁钩，使主触点断开。欠压脱扣器的工作恰恰相反，在电压正常时，吸住衔铁 10，才不影响主触点的闭合，一旦电压严重下降或断电时，电磁吸力不足或消失，衔铁被释放而推动杠杆，使主触点断开。当电路发生一般性过载时，过载电流虽不能使过流脱扣器动作，但能使热元件 13 产生一定的热量，促使双金属片 12 受热向上弯曲，推动杠杆使搭钩与锁钩脱开，将主触点分开。

自动开关广泛应用于低压配电线路上，也用于控制电动机及其他用电设备。

(4) 接触器

接触器（见图 6-5）适用于远距离频繁地接通或断开交、直流主电路及大容量的控制电路。其主要控制对象是电动机，也可控制其他负载。接触器不仅能实现远距离自动操作及欠压和失压保护功能，而且具有控制容量大、工作可靠、操作频率高、使用寿命长等特点。

1) 交流接触器的结构。交流接触器结构示意如图 6-6 所示。

交流接触器由以下四部分组成：

① 电磁系统：用来操作触头闭合与分断。它包括静铁心、吸引线圈、动铁心（衔铁）。铁心用硅钢片叠成，以减少铁心中的铁损耗，在铁心端部板面上装有短路环，其作用是消除交流电磁铁在吸合时产生的振动和噪声。

图 6-5 交流接触器

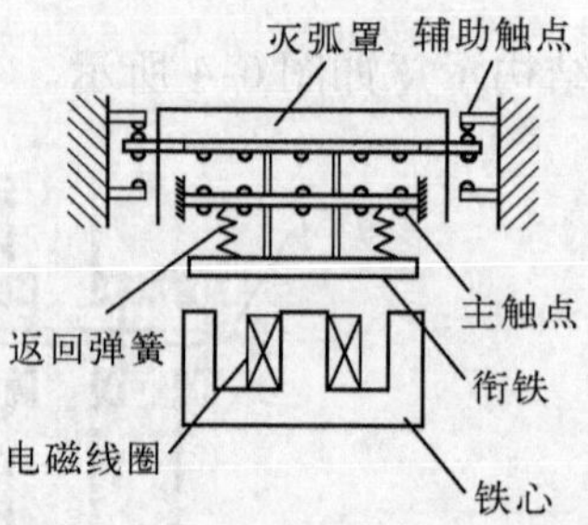

图 6-6 交流接触器结构示意

② 触点系统：起着接通和分断电路的作用。它包括主触点和辅助触点。通常主触点用于通断电流较大的主电路，辅助触点用于通断小电流的控制电路。

③ 灭弧装置：起着熄灭电弧的作用。

④ 其他部件：主要包括恢复弹簧、缓冲弹簧、触点压力弹簧、传动机构及外壳等。

2）交流接触器的工作原理：当吸引线圈通电后，动铁心被吸合，所有的常开触点都闭合，常闭触点都断开。当吸引线圈断电后，在恢复弹簧的作用下，动铁心和所有的触点都恢复到原来的状态。

接触器适用于远距离频繁接通和切断电动机或其他负载主电路。由于具备低电压释放功能，所以还当做保护电器使用。

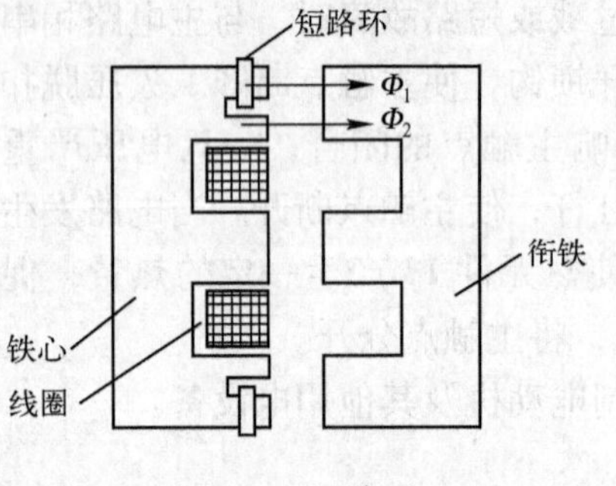

图 6-7 短路环

3）短路环。交流接触器在运行过程中，线圈中通入的交流电在铁心中产生交变磁通，因而铁心与衔铁间的吸力是变化的。这会使衔铁产生振动，发出噪声，更主要的是会影响到触头的闭合。为消除这一现象，在交流接触器的铁心两端各开一个槽，槽内嵌装短路铜环，如图 6-7 所示。加装短路环后，当线圈通以交流电时，线圈电流 I_1 产生磁通 Φ_1，Φ_1 的一部分穿过短路环，环中感应出电流 I_2，I_2 又会产生一个磁通 Φ_2。两个磁通的相位不同，即 Φ_1、Φ_2 不同时为零，这样就保证了铁心与衔铁在任何时刻都有吸力，衔铁将始终被吸住，这样就解决了振动的问题。

3. 常用电器分类及图形符号、文字符号

电器的图形符号目前执行国家标准 GB 4728—1985《电气图用图形符号》，也是根据 IEC 国际标准制定的。该标准给出了大量的常用电器图形符号，表示产品特征。通常用比较简单的电器作为一般符号。对于一些组合电器，不必考虑其内部细节时可用方框符号表示，表 6-2 中列出常用电器的分类与图形符号、文字符号。

表 6-2　常用电器分类及图形符号、文字符号

类别	名称	图形符号	文字符号	类别	名称	图形符号	文字符号
开关	单极控制开关		SA	位置开关	常开触头		SQ
	手动开关一般符号	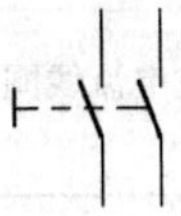	SA		常闭触头		SQ
	三极控制开关	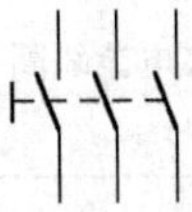	QS		复合触头		SQ
	三极隔离开关	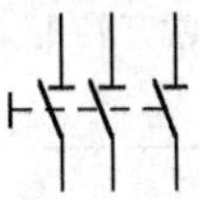	QS	按钮	常开按钮	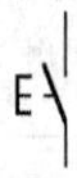	SB
	三极负荷开关	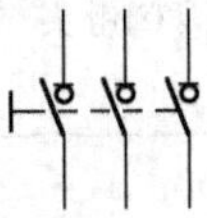	QS		常闭按钮	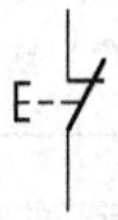	SB
	组合旋钮开关	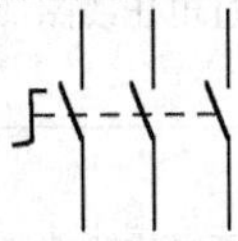	QS		复合按钮	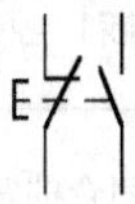	SB
	低压断路器	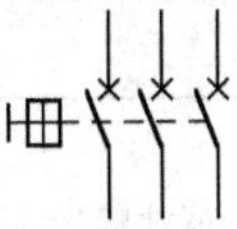	QF		急停按钮	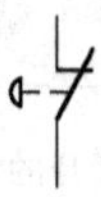	SB
	控制器或操作开关	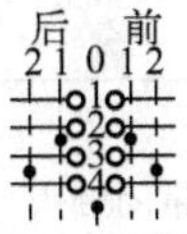	SA		钥匙操作式按钮	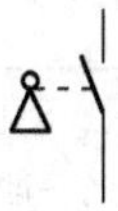	SB
接触器	线圈操作器件	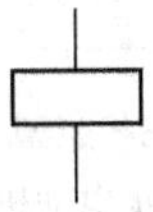	KM	热继电器	热元件	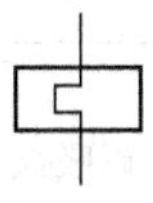	FR
	常开主触头	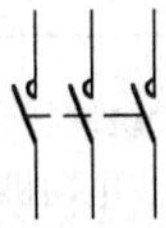	KM		常闭触头		FR
	常开辅助触头		KM	中间继电器	线圈	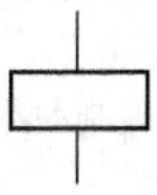	KA
	常闭辅助触头		KM		常开触头		KA

续表

类别	名称	图形符号	文字符号	类别	名称	图形符号	文字符号
时间继电器	通电延时（缓吸）线圈	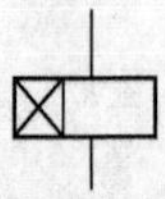	KT	电流继电器	常闭触头		KA
	断电延时（缓放）线圈	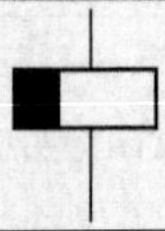	KT		过电流线圈	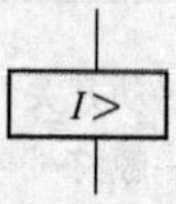	KA
	瞬时闭合的常开触头		KT		欠电流线圈	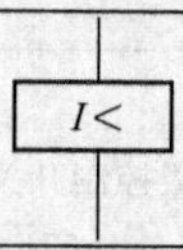	KA
	瞬时断开的常闭触头		KT		常开触头		KA
	延时闭合的常开（动合）触头		KT		常闭触头	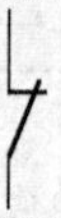	KA
	延时断开的常闭（动断）触头		KT	电压继电器	过电压线圈	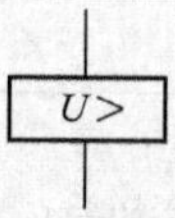	KV
	延时闭合的常闭（动断）触头		KT		欠电压线圈	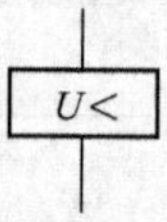	KV
	延时断开的常开（动合）触头	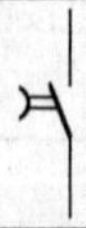	KT		常开触头		KV
电磁操作器	电磁铁的一般符号	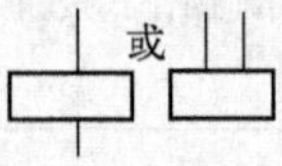	YA		常闭触头		KV
	电磁吸盘	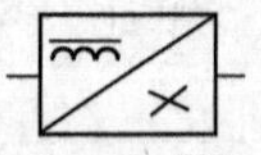	YH	电动机	三相笼型异步电动机	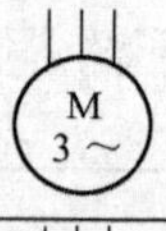	M
	电磁离合器	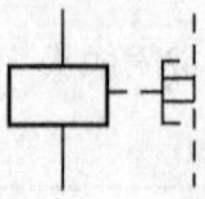	YC		三相绕线转子异步电动机		M
	电磁制动器	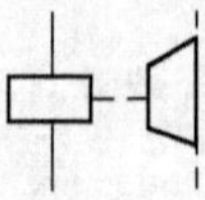	YB		他励直流电动机	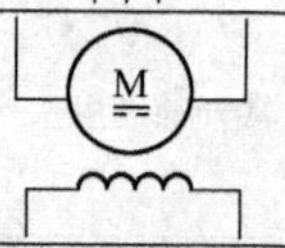	M
	电磁阀	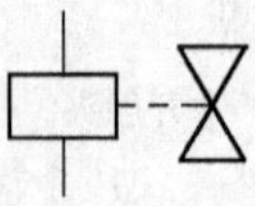	YV		并励直流电动机	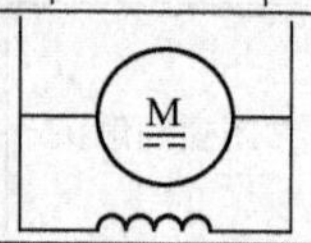	M

续表

类别	名称	图形符号	文字符号	类别	名称	图形符号	文字符号
非电量控制的继电器	速度继电器常开触头	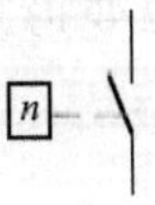	KS	电动机	串励直流电动机	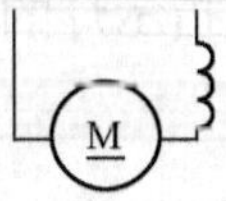	M
	压力继电器常开触头	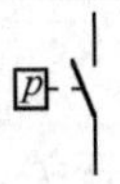	KP	熔断器	熔断器		FU
发电机	发电机	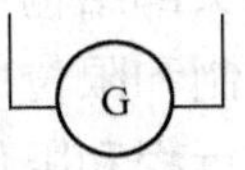	G	变压器	单相变压器	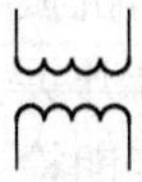	TC
	直流测速发电机	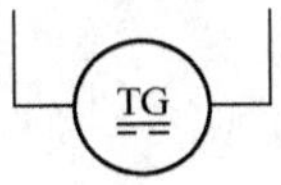	TG		三相变压器	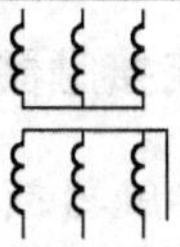	TM
灯	信号灯（指示灯）		HL	互感器	电流互感器	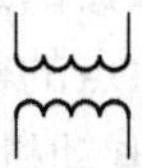	TV
	照明灯		EL		电流互感器		TA
接插器	插头和插座		X 插头 XP 插座 XS		电抗器	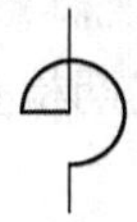	L

【技能方法】

1. 自动空气开关的选择和使用

1）自动空气开关的额定工作电压≥电路额定电压。

2）自动空气开关的额定电流≥电路计算负载电流。

3）热脱扣器的整定电流 = 所控制负载的额定电流。

4）当断路器与熔断器配合使用时，熔断器应装于断路器之前，以保证使用安全。

5）电磁脱扣器的整定值不允许随意更动，使用一段时间后应检查其动作的准确性。

6）断路器在分断短路电流后，应在切除前级电源的情况下及时检查触头。如有严重的电灼痕迹，可用干布擦去；若发现触头烧毛，可用砂纸或细锉小心修整。

2. 按钮的选择和使用

1）根据使用场合，选择按钮的型号和形式。

2）按工作状态指示和工作情况的要求，选择按钮和指示灯的颜色。

3）按控制回路的需要，确定按钮的触点形式和触点的组数。

4）按钮用于高温场合时，易使塑料变形老化而导致松动，引起接线螺钉间相碰短路，可在接线螺钉处加套绝缘塑料管来防止短路。

5）带指示灯的按钮因灯泡发热，长期使用易使塑料灯罩变形，应降低灯泡电压，延长使用寿命。

3. 行程开关的选择和使用

1）根据安装环境选择防护形式，是开启式还是防护式。

2）根据控制回路的电压和电流选择采用何种系统的行程开关。

3）根据机械与行程开关的传力与位移关系选择合适的头部结构形式。

4）位置开关安装时位置要准确，否则不能达到位置控制和限位的目的。

5）应定期检查位置开关，以免触头接触不良而达不到行程和限位控制的目的。

4. 交流接触器的选择和使用

（1）接触器额定电压和电流的选择

1）接触器的选择包括操作频率的选择、额定电压和额定电流的选择。

2）主触点的额定电流（或电压）应大于或等于负载电路的额定电流（或电压）。若接触器控制的电动机启动或正反转频繁，一般将接触器主触头的额定电流降一级使用。

3）吸引线圈的额定电压，则应根据控制回路的电压来选择。

4）当线路简单、使用电器较少时，可选用380V或220V电压的线圈；若线路较复杂、使用电器又比较多，应选用110V及以下电压等级的线圈。

（2）交流接触器的维护、常见故障及处理

1）应定期检查接触器的各部件，要求可动部分不卡住，紧固无松脱，零部件如损坏应及时检修。

2）触头表面应经常保持清洁。

① 触头表面因电弧作用而形成金属小球时及时铲除。

② 触头严重磨损后，超程应及时调整，当厚度只剩下1/3时，应及时调换触头。

③ 银合金触头表面团电弧而生成黑色氧化膜时，不会造成接触不良现象，因此不必锉修，否则将会大大缩短触头寿命。

3）原本有灭弧罩的接触器的要带灭弧罩使用，以免发生短路事故。

【实践运用】

1. 单向全压启动控制线路的工作原理

三相笼型异步电动机启动时，电源电压全部加在定子绕组，这种启动方法，称为全压启动、也叫直接启动。全压启动时，电动机的启动电流达到额定电流的4～7倍、容量较大的电动机的启动电流对电网具有大的冲击。因此，这种启动方式主要用于小容量电动机的启动。单向全压启动控制电路如图6-8所示。

工作原理如下：

（1）电路送电

合上空气开关QF→电源指示灯EL亮。

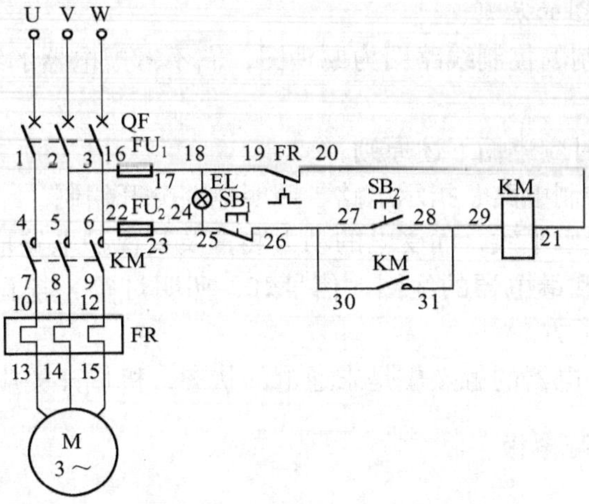

图 6-8　单向全压启动控制电路

（2）启动过程

按启动按钮 SB_2→KM 线圈得电→ | →KM 辅助动合触头闭合→ / →KM 主触头闭合 → | →电动机 M 启动并连续运转。

当松开 SB_2时，它虽然恢复到断开位置，但由于有 KM 的辅助动合触头（已经闭合了）与它并联，因此 KM 线圈仍保持通电。这种利用接触器本身的动合触头使接触器线圈保持通电的作用称为自锁或自保，该动合触头就叫自锁（或自保）触头。正是由于自锁触头的作用，所以在松开 SB_2时，电动机仍能继续运转，而不是点动运转。

（3）停止过程

按下停止按钮 SB_1→KM 线圈失电→ | →KM 自锁触头断开→ / →KM 主触头断开 → | →电动机 M 停转。

当松开 SB_1时，其常闭触头虽恢复为闭合位置，但因接触器 KM 的自锁触头在其线圈失电的瞬间已断开解除了自锁（SB_2的常开触头也已断开），所以接触器 KM 的线圈不能得电，KM 的主触头断开，电动机 M 就不会再转了。

（4）电路停电

断开空气开关 QF→电源指示灯 EL 灭。

2. 读识电气控制线路

电工图的种类有许多，如电气原理图、安装接线图、端子排图和展开图等，其中电气原理图和安装接线图是最常见的两种形式。

（1）电气原理图

电气原理图简称电原理图，是用来说明电气系统的组成和连接的方式，以及表明它们的工作原理和相互之间的作用，它不涉及电气设备和电气元件的结构或安装情况。

（2）安装图

安装图或称安装接线图，它是电气安装施工的主要图纸，是根据电气设备或元件的实际结构和安装要求绘制的图纸。在绘图时，只考虑元件的安装配线而不必表示该元件的动作原理。

(3) 识读电气原理图的原则

在电工技术中所绘制的控制线路图为原理图，它不考虑电器的结构和实际位置，突出的是电气原理。

在识读电气原理图时应遵循下述原则：

1）应将主电路、控制电路、指示电路、照明电路分开绘制。

2）电源电路应绘成水平线，而受电的动力装置及其保护电路应垂直绘出。控制电路中的耗能元件（如接触器和继电器的线圈、信号灯、照明灯等）应画在电路的下方，而电器触点应放在耗能元件的上方。

3）在原理图中，各电器的触点应是未通电的状态，机械开关应是循环开始前的状态。

3. 装接控制线路的配电板

(1) 选择和检查元件

选出图6-9中所需的电气元件，并分别检查其好坏。元件清单如下：空气开关（1个），交流接触器（1个），热继电器（1个），熔断器（2个），指示灯（1个），停止按钮（1个），启动按钮（1个），电动机（1台）。

(2) 线路装接原则与工艺要求

1）装接线路的原则：应遵循“先主后控，先串后并；从上到下，从左到右；上进下出，左进右出。”的原则进行接线。

2）装接线路的工艺要求：“横平竖直，弯成直角，少用导线少交叉，多线并拢一起走。”

在掌握上述接线原则和工艺要求后，可按照图6-9逐根逐根地进行接线。

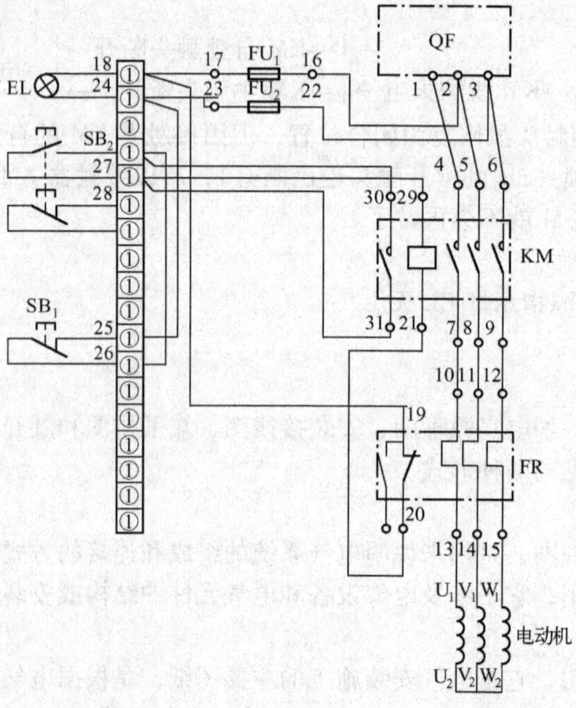

图6-9　单向全压启动控制线路接线

4. 主电路、控制电路的检查

1）主电路的检查（将万用表打到“R×1”挡或数字表的200Ω挡，如无说明，则主电路检查时均置于该位置）。

① 将表笔放在1、2处，人为使KM吸合（有的只需按KM），此时万用表的读数应为电动机两绕组的串联电阻值（设电动机为Y接法）。

② 将表笔放在1、3处，按KM，万用表的读数同上。

③ 将表笔放在2、3处，按KM，万用表的读数同上。

2）控制电路的检查（将万用表打到“R×10”或“R×100”挡或数字万用表的“2K”挡，表笔放在16、22处。如无说明，万用表表笔均置于该位置）。

① 此时万用表的读数应为无穷大，按SB_2，读数应为KM线圈的电阻值（气体放电指示灯的电阻为无穷大）。

② 按KM，万用表读数应为KM线圈的电阻值，再同时按SB_1，读数则变为无穷大。

5. 故障分析

1）合上QF后，烧保险或开关跳闸。

① 指示灯被短接。

② KM线圈和SB_2同时被短接。

③ 主电路可能有短路（QF到KM主触头这一段）。

2）合上QF后，若指示灯不亮。

① 熔断器是否熔断，查出更换。

② 电源可能有问题（缺相），查明处理。

③ 接线有误，须仔细检查。

④ 指示灯本身坏，应更换。

3）合上QF后，若指示灯亮，电动机马上运转。

① SB_2启动按钮被短接。

② SB_2常开点错接成常闭点。

4）合上QF后，指示灯亮，但按SB_2时，烧保险或开关跳闸。

① KM线圈被短接。

② 主电路可能有短路（KM主触头以下部分）。

5）合上QF后，按SB_2，KM不动作，电动机也不转动。

① SB_1不能闭合，或接成了常开。

② FR的辅助常闭点断开或错接成常开点。

③ KM线圈未接上，或线圈坏，未形成回路。

④ 接线有误。

6）合上QF后，指示灯亮，按SB_2，若KM接触器能吸合，但电动机不转动。

① 电动机Y形连接的中性点未接好。

② 电源缺相（有嗡嗡声）。

③ 接线错误。

7）合上 QF 后，指示灯亮，若按 SB_2，电动机只能点动运转。

① KM 的自锁触头未接好。

② KM 的自锁触头损坏。

【巩固训练】

1. 填空题

1）自动空气开关既是控制器件，同时又具有保护电器的功能。当电路中发生________、________、________等故障时，能自动切断电路。

2）低压电器按用途或所控制的对象分类，可分为________和________。

3）熔断器有________、________、________等几种形式。

4）接触器的主触点额定电流（或电压）应________负载电路的额定电流（或电压）。

5）组合开关的文字符号表示为________，接触器的文字符号表示为________。

2. 分析题

1）分析自锁点（触头）的作用。

2）直接启动电路中的短路、过载和失压三种保护功能是如何实现的？

3. 实践题

1）电气控制线路的读识训练。

试分析图 6-10 中三相笼型异步电动机单向直接启动控制电路的原理。

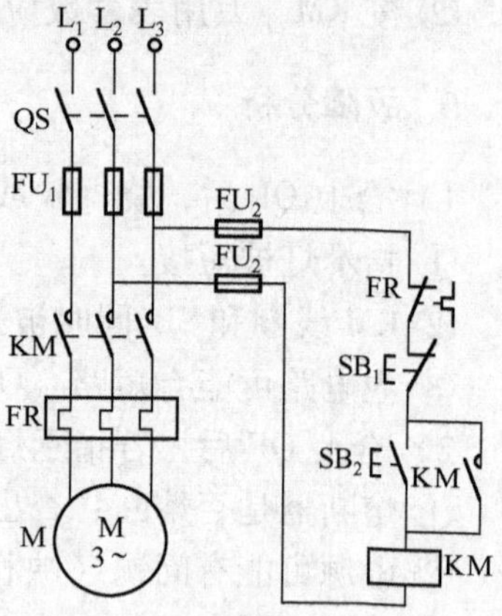

图 6-10

2）交流接触器常见故障与维修。

3）控制线路的装接与调试。

① 按图接线，自行检查装接是否正确。

② 经过指导老师检查后，合上电源开关，操作按钮 SB_2 和 SB_1，使电动机启动和停止。

③ 拆除控制电路的自锁触头，在按下启动按钮 SB_2，体会自锁触头的作用。

6.3.2 任务二 正反转全压启动控制线路的安装

【引出任务】

学习了全压启动电动机控制线路，小甄同学也发现了一些疑点，比如全压启动中电动机是单向运行的，而实际运用中，如控制起重设备，有时候会需要电动机反向运行。这说明起重设备中电动机的控制原理还是不一样的，所以小甄决定向工人师傅了解起重设备内电机的控制线路工作原理？

【知识链接】

1. 正反转全压启动控制线路的工作原理

在生产加工过程中，往往要求电动机能够实现可逆运行。如机床工作台的前进与后退，主轴的正转与反转，起重机吊钩的上升与下降等。这就要求电动机可以正反转，由电动机原理可知，若将接至电动机的三相电源进线中的任意两相对调，即可使电动机反转。所以，正反转运行控制线路实质上是两个方向相反的单向运行线路，如图6-11所示。通过两个交流接触器主触头的不同接法，就可以对调三相进线中的两相，实现电动机的正反转。另外为避免误动作引起电源相间短路，要在这两个相反方向的单向运行线路中加设必要互锁。按照电动机可逆运行操作顺序的不同，有“正—停—反”和“正—反—停”两种控制线路。

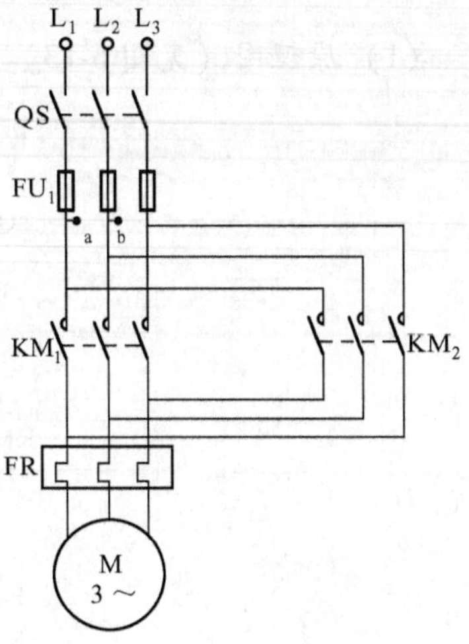

图6-11　单向运行线路

（1）电动机“正—停—反”控制线路

图6-12（a）线路正反向操作控制时，必须先按下停止按钮 SB_1，然后再反向启动，因此它是“正—停—反”控制线路。

图中利用两个接触器的常用触头 KM_1、KM_2 起相互控制作用。即一个接触器通电时，利用其常闭辅助触头的断开来锁住对方线圈的电路，这种利用两个接触器的常用辅助触头相互控制的方法叫做互锁，而两对起互锁作用的触头叫做互锁触头。

（2）电动机“正—反—停”控制线路

在生产实际中为了提高劳动生产率，减少辅助工时，要求直接实现正反转的变换控制，如图6-12（b）所示。在这个线路中，正转启动按钮 SB_2 的常开触头用来使正转接触器 KM_1 的线圈瞬时通电，其常闭触头则串联在反转接触器 KM_2 线圈电路中，用来使之释放。反转启动按钮 SB_3 也按 SB_2 同样安排，当按下 SB_2 或 SB_3 时，首先是常闭触头断开，然后才是常开触头闭合。这样在需要改变电动机运转方向时，就不必按 SB_1 停止按钮了，可直接操作正反转按钮即能实现电动机运行情况的改变。图6-12（b）中，既有接触器的互锁，又有按钮的互锁，保证了电路可靠地工作。

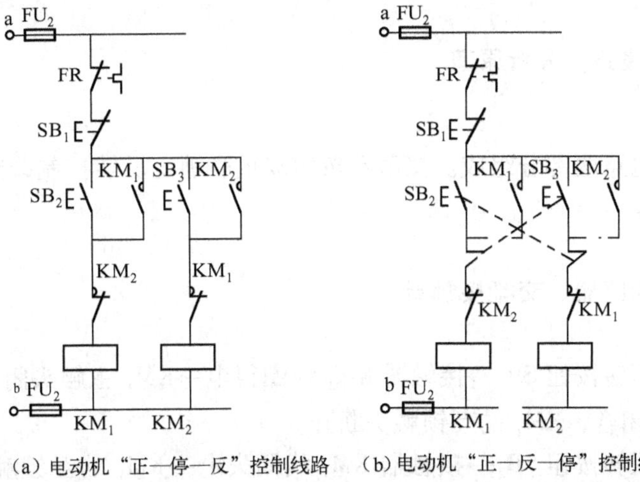

（a）电动机“正—停—反”控制线路　（b）电动机“正—反—停”控制线路

图6-12　正反转全压启动控制线路

2. 接触器联锁的正反转控制线路（如图 6-13 所示）

(1) 原理图（见图 6-13）

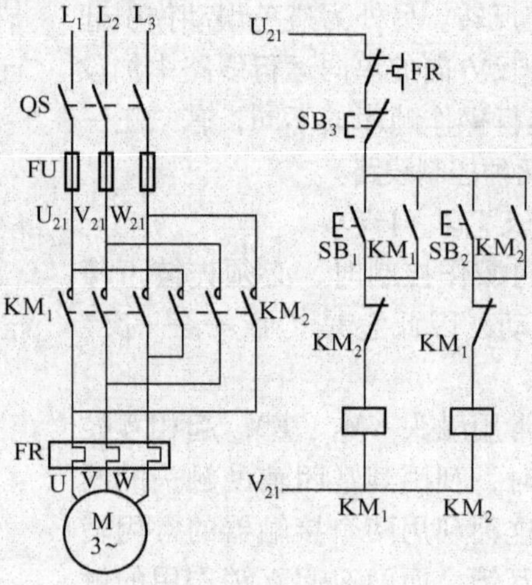

图 6-13　接触器联锁的正反转控制线路

(2) 原理分析

正转控制：按下正转按钮 SB_1→接触器 KM_1 线圈得电→KM_1 主触头闭合→电动机正转，同时 KM_1 的自锁触头闭合，KM_1 的互锁触头断开。

反转控制：先按下停止按钮 SB_3→接触器 KM_1 线圈失电→KM_1 的互锁触头闭合。然后按下反转按钮 SB_2→接触器 KM_2 线圈得电→从而 KM_2 主触头闭合，电动机开始反转，同时 KM_2 的自锁触头闭合，KM_2 的互锁触头断开。

(3) 线路特点

对于这种线路，要改变电动机的转向时，必须先按下停止按钮，再按下反转按钮，才能使电动机反转。

【技能方法】

1. 读识电气控制线路，分析原理

(1) 电路

由主电路、控制电路两部分组成。接触器按钮双重联锁正反转控制线路如图 6-14 所示，其接线如图 6-15 所示。

(2) 主要元器件

包括按钮、低压断路器、交流接触器。

(3) 原理分析

正转控制：按下正转按钮 SB_1→接触器 KM_1 线圈得电→KM_1 主触头闭合→电动机正转，同时 KM_1 的自锁触头闭合，KM_1 的互锁触头断开。

反转控制：按下反转按钮 SB_2→接触器 KM_1 线圈失电→KM_1 的互锁触头闭合→接触器 KM_2 线圈得电→从而 KM_2 主触头闭合，电动机开始反转，同时 KM_2 的自锁触头闭合，KM_2 的互锁触头断开。

接触器互锁：为了避免正转和反转两个接触器同时动作造成相间短路，在两个接触器线圈所在的控制电路上加了电气联锁。即将正转接触器 KM_1 的常闭辅助触头与反转接触器 KM_2 的线圈串联；又将反转接触器 KM_2 的常闭辅助触头与正转接触器 KM_1 的线圈串联。这样，两个接触器互相制约，使得任何情况下不会出现两个线圈同时得电的状况，起到保护作用。

按钮互锁：复合启动按钮 SB_1、SB_2 也具有电气互锁作用。SB_1 的常闭触头串接在 KM_2 线圈的供电线路上，SB_2 的常闭触头串接在 KM_1 线圈的供电线路上。这种互锁关系能保证一个接触器断电释放后，另一个接触器才能通电动作，从而避免因操作失误造成电源相间短路。按钮和接触器的复合互锁使电路更安全可靠。

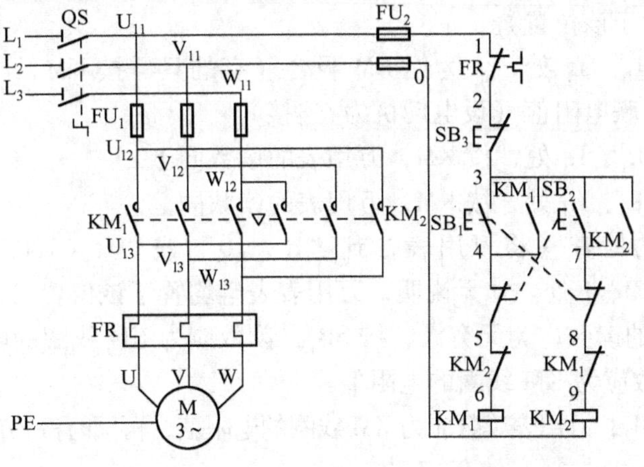

图 6-14　接触器按钮双重联锁正反转控制线路

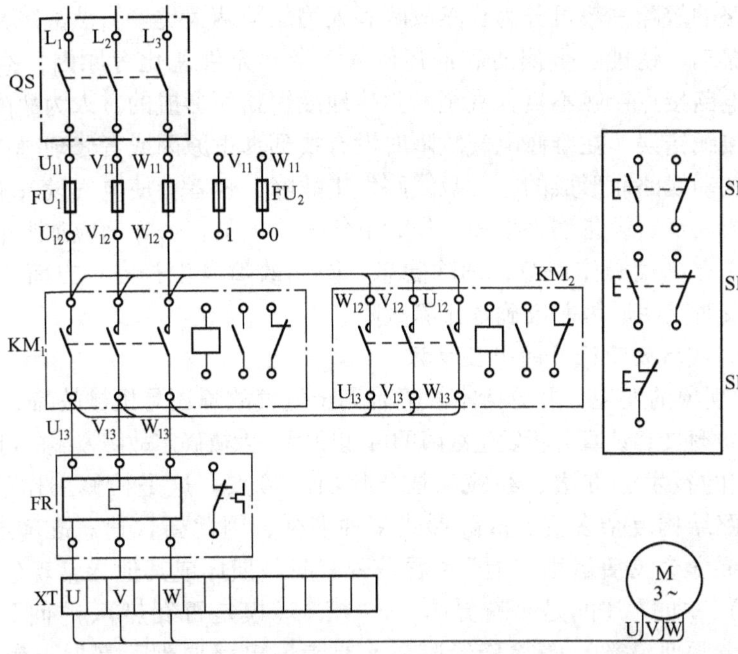

图 6-15　接触器按钮双重联锁正反转控制线路接线

2. 线路装接原则与工艺要求

（1）装接线路的原则：应遵循“先主后控，先串后并；从上到下，从左到右；上进下出，左进右出。”的原则进行接线。

（2）装接线路的工艺要求：“横平竖直，弯成直角，少用导线少交叉，多线并拢一起走。”

在掌握上述接线原则和工艺要求后，可按照图6-14逐根逐根地进行接线。

3. 主电路、控制电路的检查

（1）主电路的检查（将万用表打到“R×1”挡或数字表的“200”Ω挡，如无说明，则主电路检查时均置于该位置）。

1）将表笔放在L_1、L_2处，人为使KM吸合（有的只需按KM），此时万用表的读数应为电动机两绕组的串联电阻值（设电动机为Y连接）。

2）将表笔放在L_1、L_3处，按KM，万用表的读数同上。

3）将表笔放在L_2、L_3处，按KM，万用表的读数同上。

（2）控制电路的检查（将万用表打到“R×10”或“R×100”挡或数字万用表的“2K”挡，表笔放在0、1处。如无说明，万用表表笔均置于该位置。）

1）此时万用表的读数应为无穷大，按SB_1，读数应为KM线圈的电阻值。

2）按SB_2，读数应为KM线圈的电阻值。

3）按KM_1或KM_2，万用表读数应为KM线圈的电阻值，再同时按SB_3，读数则变为无穷大。

4. 电气控制线路故障检修的一般步骤与基本方法

电气控制线路的故障一般可分为自然故障和人为故障两大类。自然故障是由于电气设备在运行时过载、振动、锈蚀、金属屑和油污侵入、散热条件恶化等原因，造成电气绝缘下降、触点熔焊、电路接点接触不良，甚至发生接地或短路而形成的。人为故障是由于在安装控制线路时布线接线错误，在维修电气故障时没有找到真正原因或者修理操作不当，不合理地更换元器件或改动线路而形成的。一旦线路发生故障，轻者会使电气设备不能工作，影响生产；重者会造成人身、设备伤害事故。作为电气操作人员，一方面应加强电气设备日常维护与检修，严格遵守电气操作规范，消除隐患，防止故障发生；另一方面还要在故障发生后，保持冷静，及时查明原因并准确地排除故障。

（1）电气控制线路故障检修的一般步骤

1）确认故障现象的发生，并分清本故障是属于电气故障还是机械故障。

2）根据电气原理图，认真分析发生故障的可能原因，大概确定故障发生的可能部位或回路。

3）通过一定的技术、方法、经验和技巧找出故障点。这是检修工作的难点和重点。由于电气控制线路结构复杂多变，故障形式多种多样，因此要快速、准确地找出故障点，要求操作人员既要学会灵活运用“看”（看是否有明显损坏或其他异常现象）、“听”（听是否有异常声音）、“闻”（闻是否有异味）、“摸”（摸是否发热）、“问”（故障发生经过，向有经验的老师傅请教）等检修经验，又要弄懂电路原理，掌握一套正确的检修方法和技巧。

4）排除故障。

5）通电运行试验。

（2）电气控制线路故障的常用分析方法

包括调查研究法、试验法、逻辑分析法和测量法。

1）调查研究法。调查研究法就是通过“看”、“听”、“闻”、“摸”、“问”，了解明显的故障现象；通过走访操作人员，了解故障发生的原因；通过询问他人或查阅资料，帮助查找故障点的一种常用方法。这种方法效率高、经验性强、技巧性大，需要在长期的生产实践中不断地积累和总结。

2）试验法。试验法是在不损伤电气和机械设备的条件下，以通电试验来查找故障的一种方法。通电试验一般采用“点触”的形式进行试验。若发现某一电器动作不符合要求，即说明故障范围在与此电器有关的电路中，然后在这部分故障电路中进一步检查，便可找出故障点。有时也可采用暂时切除部分电路（如主电路）的方法，来检查各控制环节的动作是否正常，但必须注意不要随意用外力使接触器或继电器动作，以防引起事故。

3）逻辑分析法。逻辑分析法是根据电气控制线路工作原理、控制环节的动作程序以及它们之间的联系，结合故障现象进行故障分析的一种方法。它以故障现象为中心，对电路进行具体分析，提高了检修的针对性，可收缩目标，迅速判断故障部位，适用于对复杂线路的故障检查。

4）测量法。测量法是利用校验灯、试电笔、万用表、蜂鸣器、示波器等对线路进行带电或断电测量的一种方法。在利用万用表欧姆档和蜂鸣器检测电器元件及线路是否断路或短路时，必须切断电源。同时，在测量时要特别注意是否有并联支路或其他电路对被测线路产生影响，以防误判。

电气控制线路的故障检修方法不是千篇一律的。各种方法可以配合使用，但不要生搬硬套。在一般情况下，调查研究法能帮助我们找出故障现象；试验法不仅能找出故障现象，还能找到故障部位或故障回路；逻辑分析法是缩小故障范围的有效方法；测量法是找出故障点最基本、最可靠和最有效的方法。在实际检修工作中，应做到每次排除故障后，及时总结经验，做好检修记录，作为档案以备日后维修时参考，并要通过对历次故障的分析和检修，采取积极有效的措施，防止再次发生类似的故障。

【巩固训练】

1. 分析题

1）自锁触头和互锁触头的作用。

2）如果安装好的三相笼型异步电动机接触器按钮双重联锁正反转控制线路，发现电动机只能正转，不能反转，请说明可能的故障原因。

2. 实践题

1）电气控制线路的读识训练。

试分析图 6-14 中接触器按钮双重联锁正反转控制线路的原理。

2）控制线路的装接与调试。

对上题中的电路进行装接实验。

① 按图 6-16 接线，自行检查装接是否正确。

② 经过指导老师检查后，合上电源开关，操作按钮 SB_2 和 SB_1，使电动机正转、反转，操作 SB3，使电动机停止转动。

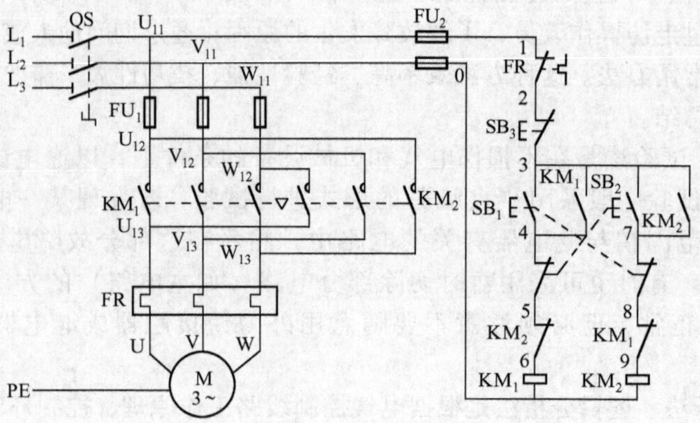

图 6-16

6.3.3 任务三　星形—三角形降压启动控制线路的安装

【引出任务】

工人师傅带领小甄学习了起重设备内电动机的控制线路后，还向小甄说明电动机控制线路是有很多种的。许多电动机实际控制线路的接线在外观上还是很难区别的，有些控制线路也是根据实际需要进行设计的，比如为了避免直接启动冲击电流过大，就会采用降压启动。于是小甄就请师傅带她了解降压启动控制线路。

【知识链接】

1. 继电器的分类

继电器的分类方法较多，可以按作用原理、外形尺寸、保护特征、触点负载、产品用途等分类。按作用原理分类如下：

（1） 电磁继电器

在输入电路内电流的作用下，由机械部件的相对运动产生预定响应的一种继电器。它包括直流电磁继电器、交流电磁继电器、磁保持继电器、极化继电器、舌簧继电器和节能功率继电器。

（2） 固态继电器

输入、输出功能由电子元件完成而无机械运动部件的一种继电器。

（3） 时间继电器

当加上或除去输入信号时，输出部分需延时或限时到规定的时间才闭合或断开其被控线路的继电器。

(4) 温度继电器

当外界温度达到规定值时而动作的继电器。

(5) 其他类型的继电器

如光继电器、声继电器、热继电器等。

2. 时间继电器

常用的时间继电器主要有电磁式、电动式、空气阻尼式、晶体管式等。其中，电磁式时间继电器的结构简单、价格低廉，但体积和质量较大，延时较短，且只能用于直流断电延时；电动式时间继电器的延时精度高，延时可调范围大（由几分钟到几小时），但结构复杂，价格贵。目前在电力拖动线路中应用较多的是空气阻尼式时间继电器。随着电子技术的发展，近年来晶体管式时间继电器的应用日益广泛。

空气阻尼式时间继电器又称气囊式时间继电器，是利用气囊中的空气通过小孔节流的原理来获得延时动作的。根据触头延时的特点，可分为通电延时动作型和断电延时复位型两种。

(1) JS7—A 系列空气阻尼式时间继电器型号及含义（见图 6-17）

JS7-□A

基本规格代号（1—通电延时，无瞬时触头；
2—通电延时，有瞬时触头；
3—断电延时，无瞬时触头；
4—断电延时，有瞬时触头）

设计序号

时间

继电器

图 6-17 JS7－A 系列空气阻尼式时间继电器型号及含义

(2) JS7—A 系列时间继电器的外形和结构（见图 6-18）

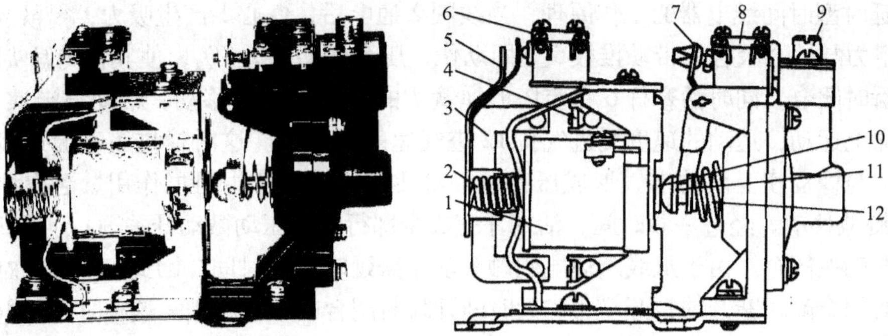

(a) 外形 (b) 结构

图 6-18 时间继电器

1—线圈 2—反力弹簧 3—衔铁 4—铁心 5—弹簧片 6—瞬时触头 7—杠杆 8—延时触头 9—调节螺钉 10—推杆 11—活塞杆 12—宝塔形弹簧

JS7－A 系列时间继电器主要由以下几部分组成：

1) 电磁系统：由线圈、铁心和衔铁组成。

2）触头系统：包括两对瞬时触头（一常开、一常闭）和两对延时触头（一常开、一常闭），瞬时触头和延时触头分别是两个微动开关的触头。

3）空气室：空气室为一空腔，由橡皮膜、活塞等组成。橡皮膜可随空气的增减而移动。

4）顶部的调节螺钉可调节延时时间。

5）传动机构：由推杆、活塞杆、杠杆及各种类型的弹簧等组成。

6）基座：用金属板制成，用以固定电磁机构和气室。

（2）工作原理

JS7—A 系列时间继电器的工作原理示意如图 6-19 所示。

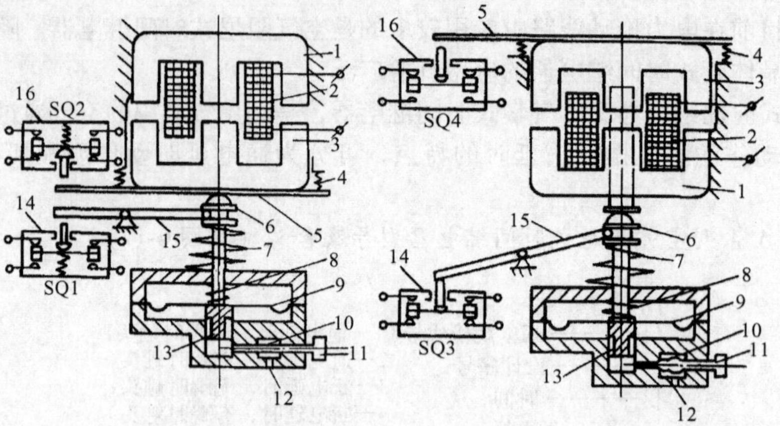

（a）通电延时型　　（b）断电延时型

图 6-19　延时型时间继电器示意

1—铁心　2—线圈　3—衔铁　4—反力弹簧　5—推板　6—活塞杆　7—宝塔形弹簧　8—弱弹簧　9—橡皮膜　10—螺旋　11—调节螺钉　12—进气孔　13—活塞　14—微动开关　15—杠杆　16—微动开关

通电延时型时间继电器的工作原理：当线圈 2 通电后，铁心 1 产生吸力，衔铁 3 克服反力弹簧 4 的阻力与铁心吸合，带动推板 5 立即动作，压合微动开关 SQ_2，使其常闭触头瞬时断开，常开触头瞬时闭合。同时活塞杆 6 在宝塔形弹簧 7 的作用下向上移动，带动与活塞 13 相连的橡皮膜 9 向上运动，运动的速度受进气孔 12 进气速度的限制。这时橡皮膜下面形成空气较稀薄的空间，与橡皮膜上面的空气形成压力差，对活塞的移动产生阻尼作用。活塞杆带动杠杆 15 只能缓慢地移动。经过一段时间，活塞才完成全部行程而压动微动开关 SQ_1，使其常闭触头断开，常开触头闭合。由于从线圈通电到触头动作需延时一段时间，因此 SQ_1 的两对触头分别被称为延时闭合瞬时断开的常开触头和延时断开瞬时闭合的常闭触头。这种时间继电器延时时间的长短取决于进气的快慢，旋动调节螺钉 11 可调节进气孔的大小，即可达到调节延时时间长短的目的。JS7—A 系列时间继电器的延时范围有 0.4～60s 和 0.4～180s 两种。

当线圈 2 断电时，衔铁 3 在反力弹簧 4 的作用下，通过活塞杆 6 将活塞推向下端，这时橡皮膜 9 下方腔内的空气通过橡皮膜 9、弱弹簧 8 和活塞 13 局部所形成的单向阀迅速从橡皮膜上方的气室缝隙中排掉，使微动开关 SQ_1、SQ_2 的各对触头均瞬时复位。

JS7—A 系列断电延时型和通电延时型时间继电器的组成元件是通用的。如果将通电延时型时间继电器的电磁机构翻转 180°安装即成为断电延时型时间继电器。

空气阻尼式时间继电器的优点是：延时范围较大（0.4～180s），且不受电压和频率波动的影响；可以做成通电和断电两种延时形式；结构简单、寿命长、价格低。其缺点是：延时误差大，难以精确地整定延时值，且延时值易受周围环境温度、尘埃等的影响。因此，对延时精度要求较高的场合不宜采用。时间继电器在电路图中的符号如图 6-20 所示。

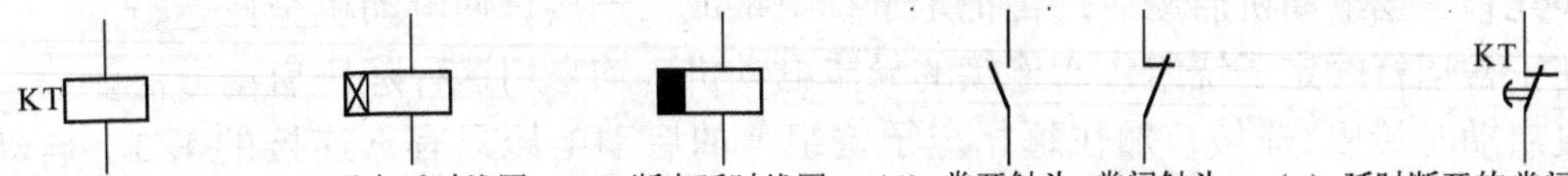

（a）线圈一般符号　（b）通电延时线圈　（c）断电延时线圈　（d）常开触头 常闭触头（瞬时动作）　（e）延时断开的常闭（动断）触头

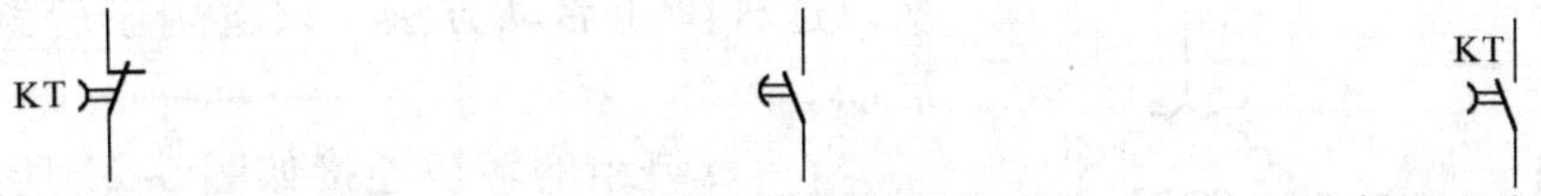

（f）延时闭合的常闭（动断）触头　（g）延时闭合的常开（动合）触头　（h）延时断开的常开（动合）触头

图 6-20　时间继电器在电路图中的符号

（4）选用

1）根据系统的延时范围和精度选择时间继电器的类型和系列。在延时精度要求不高的场合，一般可选用价格较低的 JS7—A 系列空气阻尼式时间继电器。反之，对精度要求较高的场合，可选用晶体管式时间继电器。

2）根据控制线路的要求选择时间继电器的延时方式（通电延时或断电延时）。同时，还必须考虑线路对瞬时动作触头的要求。

3）根据控制线路电压选择时间继电器吸引线圈的电压。

（5）安装与使用

1）时间继电器应按说明书规定的方向安装。无论是通电延时型还是断电延时型，都必须使继电器在断电后、释放时衔铁的运动方向垂直向下，其倾斜度不得超过 5°。

2）时间继电器的整定值，应预先在不通电时整定好，并在试车时校正。

3）时间继电器金属底板上的接地螺钉必须与接地线可靠连接。

4）通电延时型和断电延时型可在整定时间内自行调换。

5）使用时，应经常清除灰尘及油污，否则延时误差将更大。

（6）常见故障及处理方法

JS7—A 系列时间继电器常见故障及处理方法见表 6-3。

表 6-3　JS7—A 系列时间继电器常见故障及处理方法

故障现象	可能的原因	处理方法
延时触头不动作	（1）电磁线圈断线 （2）电源电压过低 （3）传动机构卡住或损坏	（1）更换线圈 （2）调高电源电压 （3）排除卡住故障或更换部件
延时时间缩短	（1）气室装配不严，漏气 （2）橡皮膜损坏	（1）修理或更换气室 （2）更换橡皮膜
延时时间变长	气室内有灰尘，使气道阻塞	清除气室内灰尘，使气道畅通

【实践应用】

1. Y－Δ降压启动

Y－△降压启动是指电动机启动时，把定子绕组接成Y连接，以降低启动电压，限制启动电流。经几秒，当电动机启动后，再把定子绕组接成△连接，使电动机全压运行。

凡是在正常运行时定子绕组作△连接的异步电动机，均采用这种降压启动方法。

电动机启动时接成Y连接，加在每相定子绕组上的启动电压只有△连接的 1/3，启动电流为△连接的 1/3，启动转矩也只有△连接的 1/3。所以这种降压启动方法，只适用于轻载或空载下启动。

Y－△绕组的转换连接如图 6-21 所示。Y－△启动控制线路如图 6-22 所示。这一线路的设计思想是按时间原则控制启动过程。待启动结束后，按预先整定的时间切换成△连接。

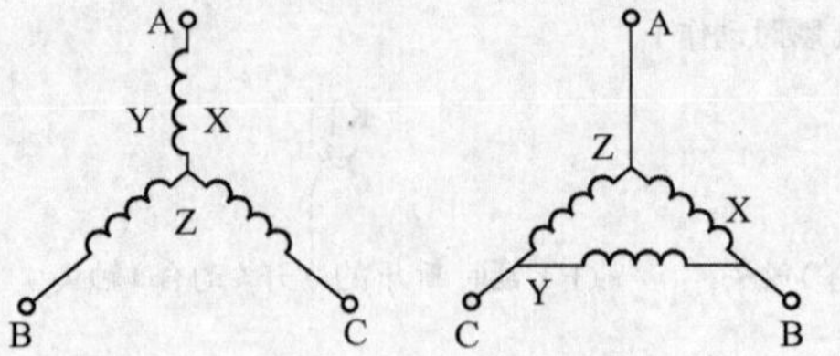

图 6-21　Y－△绕组的转换连接

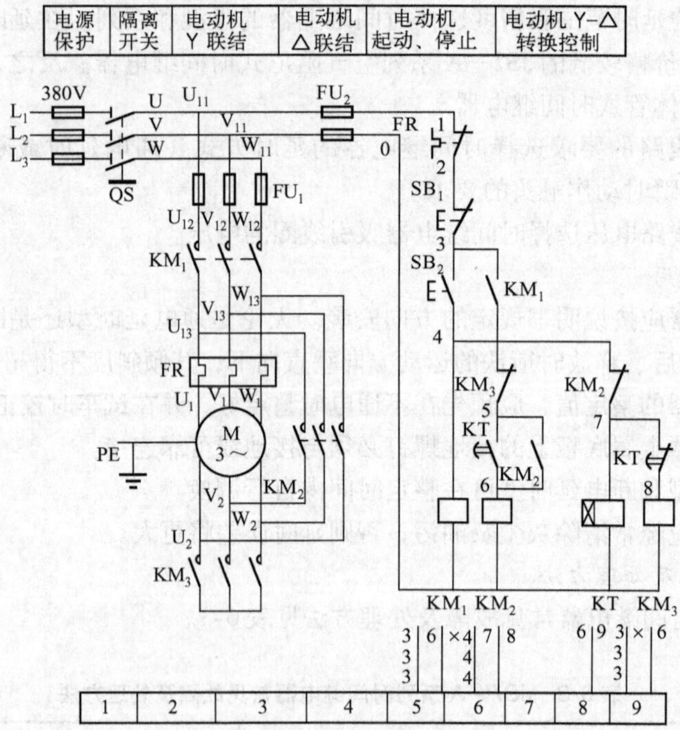

图 6-22　Y－△启动控制线路

当电动机启动时，合上刀开关 QS，按下启动按钮 SB_2，接触器 KM_1、KM_3 与其时间继电器 KT 的线圈同时得电，接触器 KM_3 的主触点将电动机接成Y，并经过 KM_1 的主触点接至电源，电动机降压启动。当 KT 的延时时间到，KM_3 线圈断电，KM_2 线圈通电，电动机主回路换接成△连接，电动机投入正常运转。

该线路的优点是Y连接启动电流只是原来△连接启动电流的 1/3，约为电动机额定电流的2倍左右，启动电流特性好，结构简单，价格低。缺点是启动转矩也相应下降为原来三角形的直接启动时的1/3，转矩特性差，适合电动机空载或轻载启动的场合。

2. 控制线路的工作原理

(1) Y启动△运行

按下 SB_2
- KM_1线圈通电吸合
  - KM_1自锁触点闭合
  - KM_1主触点闭合 } 定子绕组接成Y，电动机降压启动
- KM_3线圈通电吸合
  - KM_3主触点闭合 } 定子绕组接成Y，电动机降压启动
  - KM_3联锁触点断开→KM_2线圈断电
- KT线圈通电吸合
  - KT常闭触点延时断开→KM_3线圈断电
  - KT常开触点延时闭合 →

→KM_2线圈通电吸合
- KM_2自锁触点闭合
- KM_2主触点闭合 } 定子绕组接成△，电动机全压运行
- KM_1主触点已闭合 } 定子绕组接成△，电动机全压运行
- KM_2联锁触点断开

(2) 停止

按下 SB_1→控制电路断电→KM_1、KM_2、KM_3线圈断电释放→电动机M断电停车。

【技能方法】

1. 读识电气控制线路

对照工作原理图、元件安装布置图、接线图识别相对应的元器件。

常见的Y-△降压启动自动控制线路如图6-22所示。图中主电路由3只接触器KM_1、KM_2、KM_3主触点的通断配合，分别将电动机的定子绕组接成Y或△。当KM_1、KM_3线圈通电吸合时，其主触点闭合，定子绕组接成Y；当KM_1、KM_2线圈通电吸合时，其主触点闭合，定子绕组接成△。两种接线方式的切换由控制电路中的时间继电器定时自动完成。

2. 装接控制线路的配电板

操作步骤如下：

1）按表配齐所用电器元件，并检验元件质量。

2）固定元器件。将元件固定在控制板上。要求元件安装牢固，并符合工艺要求。元件布置参考如图6-23所示，按钮SB可安装在控制板外。

3）安装主电路。根据电动机容量选择主电路导线，按电气控制线路图接好主电路。参考如图6-23所示。

4）安装控制电路。根据电动机容量选择控制电路导线，按电气控制线路图接好控制电路。

5）自检。

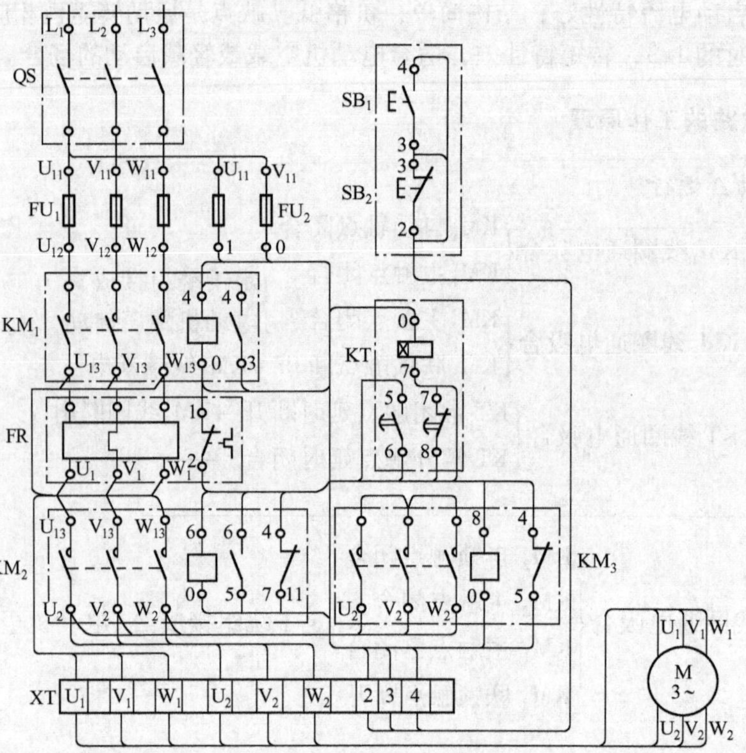

图 6-23　Y－△启动控制线路接线

① 主电路接线检查。按电路图或接线图从电源端开始，逐段核对接线有无漏接、错接之处，检查导线接点是否符合要求，压接是否牢固，以免带负载运行时产生闪弧现象。

② 控制电路接线检查。用万用表电阻档检查控制电路接线情况。

6）检查无误后通电试车。为保证人身安全，在通电试车时，要认真执行安全操作规程的有关规定，经老师检查并现场监护。

接通三相电源 L_1、L_2、L_3，合上电源开关 QS，用电笔检查熔断器出线端，氖管亮说明电源接通。分别按下 SB_2 和 SB_1，观察是否符合线路功能要求，观察电器元件动作是否灵活，有无卡阻及噪声过大现象，观察电动机运行是否正常。若有异常，立即停车检查。

3. 注意事项

（1）安装控制板上的走线槽及电器元件时，必须根据电器元件位置图画线后进行安装，并做到安装牢固、排列整齐、均称、合理、便于走线及更换元件。

（2）紧固各元件时，要受力均匀，紧固程度适当，以防止损坏元件。

（3）各电器元件与走线槽之间的外露导线，要尽可能做到横平竖直、走线合理、美观整齐，变换走向要垂直。

（4）进行Y－△启动时，必须将电动机的 6 个出线端子全部引出。

（5）各电器元件接线端子上引出或引入的导线，以元件的水平中心线为界限，从水平中心线以上的接线端子引出的导线，必须进入元件上面的走线槽；从水平中心线以下的接线端子引出的导线，必须进入元件下面的走线槽。任何导线都不允许从水平方向进入走线槽内。

（6）电动机、时间继电器、不带电金属外壳或底板的接线端子板应可靠接地，严禁损伤线芯和导线绝缘。

（7）接线时要注意电动机的△连接不能接错，应将电动机定子绕组的 U_1、V_1、W_1通过 KM_2接触器分别与 W_2、U_2、V_2相连，否则会产生短路现象。

（8）KM_3接触器的进线必须从三相绕组的末端引入，若误将首端引入，则 KM_3接触器吸合时，会产生三相电源短路事故。

4. Y－△启动控制电路的常见故障

（1）按下启动按钮，电机不能启动。主要原因可能是接触器接线有误，自锁、互锁没有实现。

（2）由Y连接无法正常切换到△连接，要么不切换，要么切换时间太短。主要原因是时间继电器接线有误或时间调整不当。

（3）启动时主电路短路，主要原因是主电路接线错误。

【巩固训练】

1. 分析题

JS7—A 系列时间继电器是否可通过对延时气囊的操作，由通电延时动作型转换为断电延时复位型？如何操作？

2. 实践题

1）电气控制线路的读识训练。

试分析图 6-24 中Y－△启动控制线路的原理。

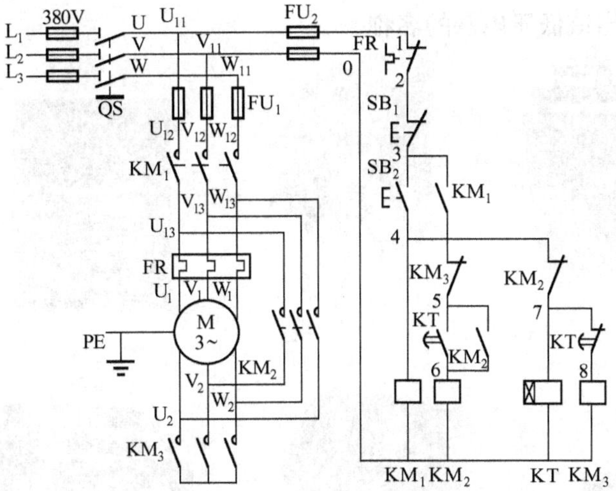

图 6-24

2）控制线路的装接与调试。

上题中的电路进行装接实验。

1）按图接线，自行检查装接是否正确。

2）经过指导老师检查后，合上电源开关，操作按钮 SB_2，经Y－△延时转换后使电动机启动，操作 SB_1，使电动机停止转动。

6.4 项目验收

【项目检测】

1. 简答分析题

1）试简要说明接触器、时间继电器的主要作用。

2）请根据下列低压电器的名称图形符号与文字符号（见表6-4）。

表6-4

类　别	名　称	图形符号	文字符号
接触器	线圈操作器件		
	常开主触头		
	常开辅助触头		
	常闭辅助触头		
热继电器	热元件		
	常闭触头		

3）正反转控制电路中如果没有接触器联锁会有什么弊端，试简要说明。

2. 看图6-25写出该低压电器的名称

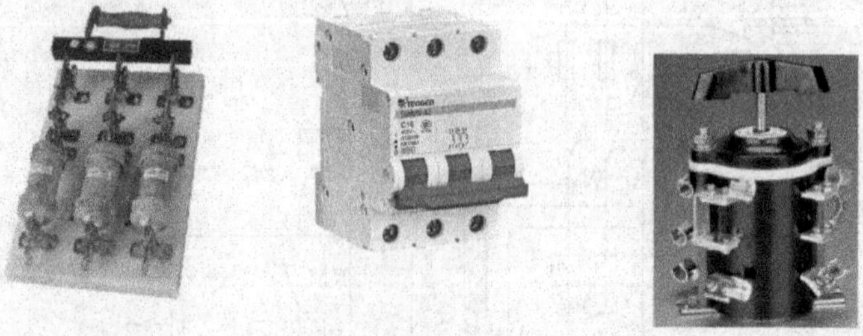

（　　　）（　　　）（　　　）

（　　　）（　　　）（　　　）

图6-25

3. **实践题**

如图 6-26 所示接触器联锁的正反转控制线路，试分析电路原理，作装接线路参考图。

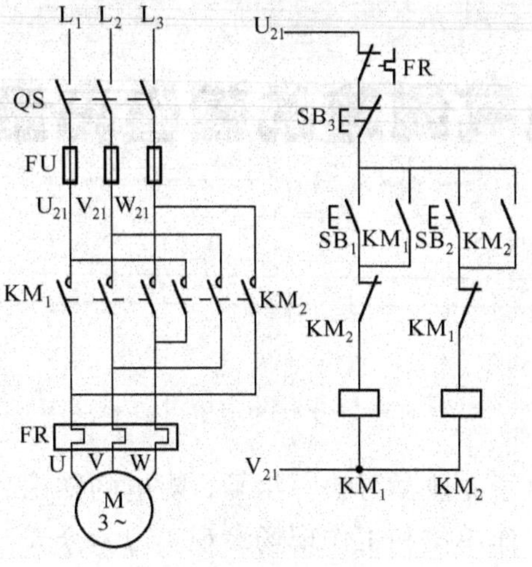

图 6-26　接触器联锁的正反转控制线路

【项目评价】

填写总结评价表。

请反思在本任务进程中你的收获和疑惑、写出你的体会和评价。

项目总结与评价表

<table>
<tr><td>内　容</td><td colspan="2">你 的 收 获</td><td>你 的 疑 惑</td></tr>
<tr><td>获得知识</td><td colspan="2"></td><td></td></tr>
<tr><td>掌握方法</td><td colspan="2"></td><td></td></tr>
<tr><td>习得技能</td><td colspan="2"></td><td></td></tr>
<tr><td>学习体会</td><td colspan="3"></td></tr>
<tr><td rowspan="3">学习评价</td><td>自我评价</td><td colspan="2"></td></tr>
<tr><td>同学互评</td><td colspan="2"></td></tr>
<tr><td>老师寄语</td><td colspan="2"></td></tr>
</table>

项目七*

电气线路的敷设与维护

7.1 项目情境

甄浩雪同学进入职高电子专业学习快一年了，对电的知识和电工技能越来越感兴趣。多次要求舅舅带自己到他的工作单位和工作现场参观实习。今天，这一愿望终于要实现了，小甄同学高兴地跟着舅舅走进了外线电工工作现场……

7.2 项目分解

任务一：架空线的敷设与维护

能说出架空线的特点、组成和结构形式，能与同伴一起敷设架空线，并进行检查和维护。

任务二：电缆的敷设与维护

能说出电缆的结构与特点，能与同伴一起掌握连接、敷设和检修电缆线路。

7.3 项目进程

7.3.1 任务一 架空线的敷设与维护

【引出任务】

来到舅舅工作单位的门口，工友们已经集中完毕，正往工程车上搬运工具和器材，甄浩雪同学看到了如图 7-1 所示的物品，你知道这些是什么？有什么作用吗？

【知识链接】

室外电气线路分为架空线路和电缆线路两类。架空线路是采用杆塔支持导线，适用于室外的一种线路，按电压等级可分为低压（1kV 以下）、高压（35kV 以下）和超高压（35kV 以上）3 种。架空线路成本低，安装方便，易发现故障，在输电和工厂供电系统的进线及中

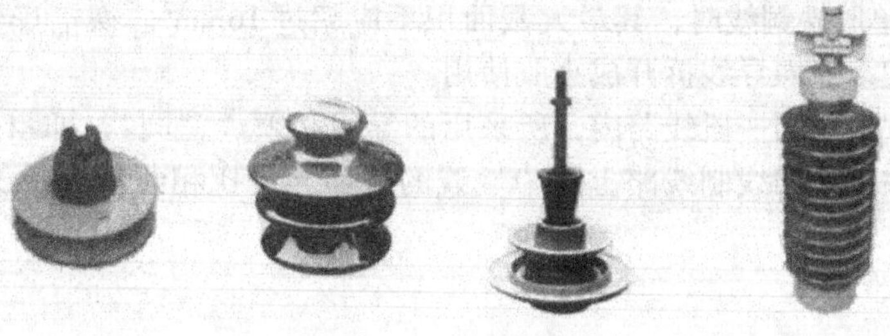

图 7-1 常见瓷瓶外形

小型电力用户线路（220V、380V 电网）中广泛应用。一般电工都应掌握这方面的有关知识和操作技术。

架空线路的导线，通常采用 LJ 型硬铝绞线和 LGJ 型钢芯硬铝绞线，其截面积一般不应小于 $16mm^2$。当架空线路的电压为 6 ~ 10kV 时，铝绞线截面积不应小于 $35mm^2$，钢芯铝绞线的截面积不应小于 $25mm^2$。而对于 35kV 的线路导线截面积不应小于 $35mm^2$，以保证有足够的机械强度。

动力线路的三相排列相序应符合下列规定：高压电力线路，面向负荷从左侧起，导线排列相序为 L_1、L_2、L_3；低压电力线路，面向负荷从左侧起，导线排列相序为 L_1、N、L_2、L_3。

因低压架空线路应用比较普遍，以此为例。低压架空线路的常用结构形式有如图 7-2 所示的几种。

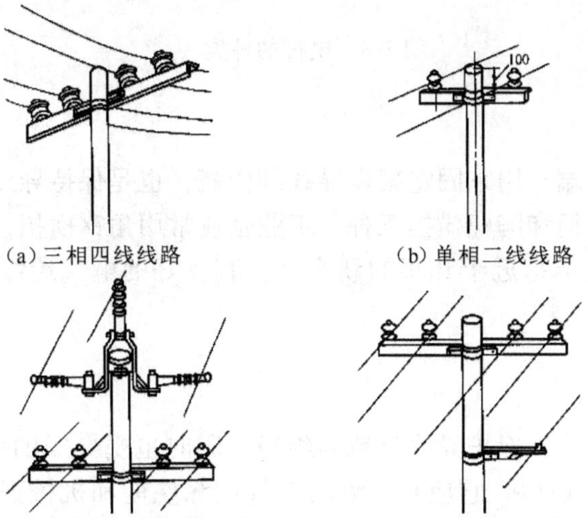

（a）三相四线线路 （b）单相二线线路

（c）高低压同杆架空线路 （d）电力、通信同杆架空线路

图 7-2 低压架空线路结构形式

架空线路由导线、电杆、横担、瓷瓶（绝缘子）、拉线及金具等组成。

1. 导线

架空线应有足够的机械强度，不仅能承受线路本身的重量，而且还要承受风雨、冰雪等外力作用。为了避免断线事故，架空线的最小截面积规定：裸铝绞线为 $16mm^2$；裸铜绞线为

6mm²。如果采用单股裸铜线时，其最大截面积不应超过 16mm²。裸铝导线不允许采用单股导线，也不允许把多股裸导线拆开成小股使用。

在同一路所架设的同一段线路内，所采用的导线必须“三同”，即材料相同、型号相同和规格相同。但在三相四线制线路上的中性线的截面允许比相线截面小 50%，但材料和型号应与相线相同。

2. 电杆

电杆是用来支持架空导线的。通常把电杆埋设在地面上，安装横担及绝缘子，再将导线固定在绝缘子上。电杆有木杆、钢筋混凝土杆、金属杆（钢杆、铁塔）3 种型式，木杆已基本不用。现已普遍采用钢筋混凝土杆，它具有抗腐蚀、机械强度高和价格较低等优点。铁塔一般用于 35kV 以上超高压架空线路的重要位置上。一般架空线路采用圆形杆，圆形杆又分为等径杆和锥形杆两种。电杆按其在架空线路中的作用分为直线杆（中间杆）、耐张杆、转角杆、终端杆、跨越杆等，如图 7-3 所示。

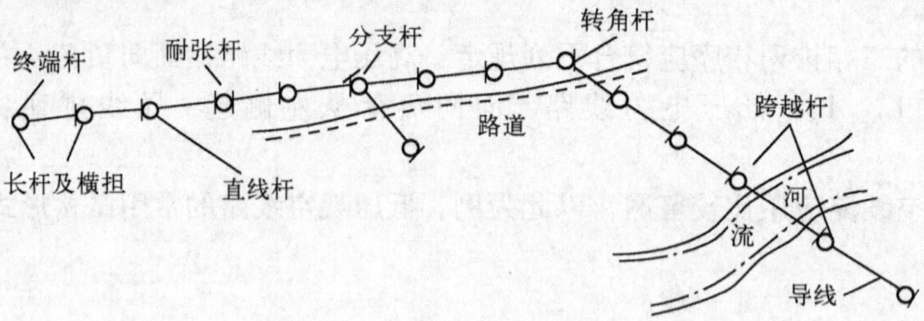

图 7-3　电杆的种类

3. 横担

横担安装在电杆的上端，用来固定架设导线的瓷瓶，也是保持导线间距的排列架。按材质分，有木横担、角钢横担和陶瓷横担三种。工业企业常用角钢横担，具有耐用、强度高和安装方便等优点。陶瓷横担是近十几年的新产品，有良好的电气绝缘性能，但由于陶瓷易碎，施工时要格外注意。

4. 瓷瓶

瓷瓶主要用来紧固导线，保护导线对地的绝缘，同时也受导线的垂直荷重和水平拉力。所以，它应有足够的电气绝缘性能和机械强度，对化学物质的侵蚀具有足够的防护能力，而且还具有不受温度急剧变化的影响和水分不易渗入的特点。

瓷瓶有低压瓷瓶和高压瓷瓶两类，常见瓷瓶的外形如图 7-1 所示。

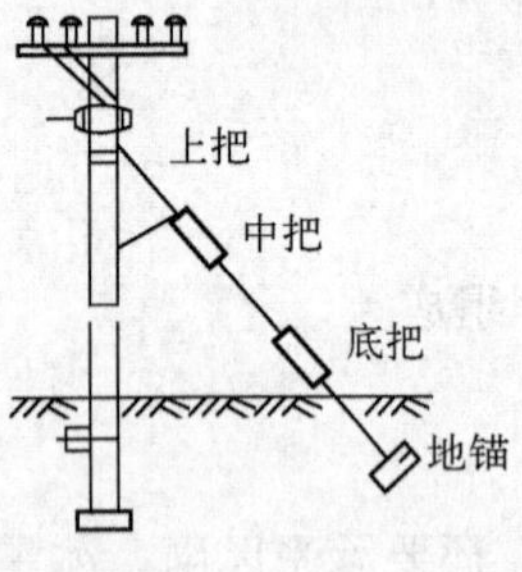

图 7-4　拉线

5. 拉线

拉线用来减小电杆在架线后的受力不平衡，加强电杆的稳固性，改善电杆的受力状况。拉线结构如图 7-4 所示。

6. 金具

架空线路上所用的金属部件称为金具。如用来紧固横担、瓷瓶、导线的抱箍、线夹、穿心螺栓等。

【技能方法】

1. 电杆的安装方法

(1) 电杆的定位和挖坑

首先根据设计图样勘察地形、道路、河流、数目、管道和建筑等对假设线路有无障碍，再确定线路走向，然后确定线路的起点、转角点和终端点的电杆位置，最后确定中间杆的位置。

坑分为杆坑和拉线坑两种，杆坑又分为圆形坑和梯形坑。对于不带卡盘和底盘的电杆，通常挖成圆形坑。对于杆身较高、较重及带有卡盘的电杆，为了立杆方便，可挖成梯形坑。

(2) 立杆

立杆的方法很多，常用的有汽车起重机立杆、三脚架立杆等。汽车起重机立杆比较适用，既安全，效率又高，有条件的地方尽量采用。立杆时，先将汽车起重机开到距坑道适当的位置加以稳固，然后在电杆（从根部量起）1/2 ~ 1/3 处系一根起吊钢丝绳，再在杆顶向下 50cm 处临时系 3 根调整绳。起吊时，坑边站 2 人负责电杆根部进坑，另由 3 人各拉一根调整绳，站成以坑为中心的三角形，由一人负责指挥。电杆竖立后，调整电杆位于线路中心线上，偏差不超过 50mm，然后逐步填土夯实。

2. 导线的安装方法

导线架设前，应先检查导线的规格是否符合设计要求，有无破损，特别是铝导线有无严重的腐蚀现象。导线的安装分为放线、接线、紧线、测量垂弧和绑扎瓷瓶等步骤。

(1) 放线

放线就是把导线从线盘上放出来架设在电杆的横担上。放线有拖放法和展放法两种。拖放法是将线盘架设在放线架上拖放导线；展放法是将线盘架设在汽车上，行驶中展放导线。导线应通过放线盘来放线。放线方法和工艺要点如下：

1) 放线时有一人照看线盘放线。2 ~ 3 人拉线出盘，中途还应有人照管，防止导线受地面擦伤。

2) 放线和架线配合方式有两种：一种是放后再架，就是以一个耐张段为一个施工单位，把这段线路所需的导线全部放出，置于地面上，然后按挡把全耐张段导线同时吊上电杆；另一种是一边放出导线，一边逐挡吊线上杆，导线吊上电杆后要嵌入临时安装的滑轮内（不可搁在横担上），这样在继续放线时不致擦伤导线。

3) 导线的中间接头要在地面加工，以保证连接质量。接头不应安排在靠近瓷瓶处，也不应处于导线的垂弧中心。

(2) 架线

导线上杆，一般采用绳吊法，如图 7-5 所示。

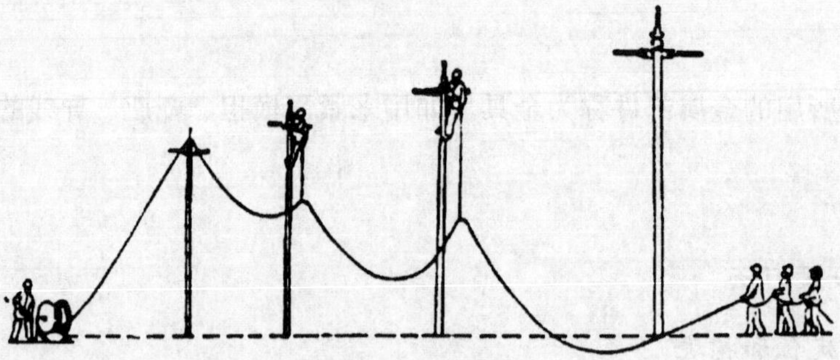

图 7-5 架线

架线方法和工艺要点如下：

1）吊线时，一般每挡电杆上都有人操作。

2）吊线用的绳索与导线用吊物结扣紧。在一个施工段内，吊线不可有先有后，否则部分导线容易受地面擦伤。

3）吊线上杆后，应把一端线头立即绑扎在瓷瓶上，另一端线头夹在紧线器上，中间每挡应把导线布在横担瓷瓶附近。

（3）紧线

当导线一端在瓷瓶固定好后，就可以分段紧线。紧线方法有两种：一是导线逐根均匀收紧，另一种是三线同时收紧或两根同时收紧。后一种方法紧线速度快，效率高，但需要有较大的牵引力，如卷扬机或绞磨等。紧线时，应做到每根电杆有人，以便及时松动导线，使导线接头能顺利越过滑轮和瓷瓶。一般中小型铝绞线和钢芯铝绞线可以用紧线钳紧线。紧线时，应注意观测导线的垂弧，以免导线太紧或太松，其测量方法如图 7-6 所示。

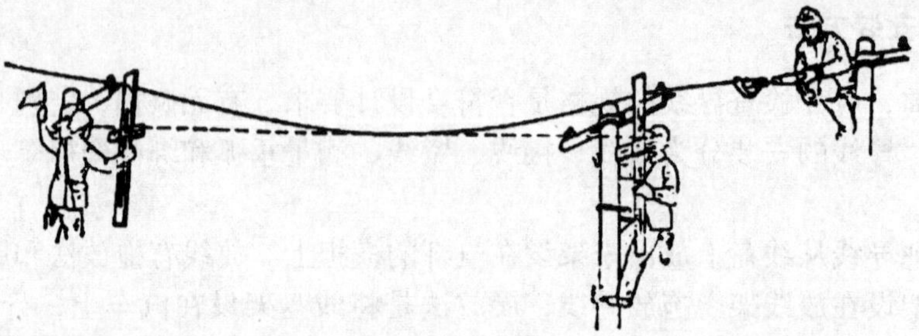

图 7-6 紧线

3. 低压架空线的检验与维护

架空线路长期在户外运行，电气强度和机械强度会受到各种因素的影响，形成缺陷和异常，因而出现电路故障。为了保证安全用电，必须定期进行检查和维护。

（1）线路的检修

架空线路的检查又叫巡线，分定期和突击两种。定期检查时根据线路质量、运行情况及气候和环境等条件，进行周期性的检查。突击检查是在恶劣气候来临之前，对线路薄弱环节或全线进行检查，并随之采取相应的加固措施。检查的内容包括：电杆和横担有无歪斜，杆基有无松动，导线是否脱离瓷瓶，瓷瓶是否完整、有无爬电现象，拉线有无松动。检查时应认真记录各种异常情况和发生部位（如杆号），及时排除故障苗头。

(2) 线路的维护

定期维护是处理和解决某些直接影响安全的线路设备的缺陷，还包括改进、提高线路的“健康”水平。因此，维护工作在线路中只是重点地进行，其目的是保护线路安全运行的最低要求。

线路维护的内容包括：用绝缘棒清除导线上杂物，清除是要防止碰线，以免造成相间短路；紧固各种线路构件，如收紧拉线，紧固杆上抱箍、横担和瓷瓶上的螺母等；更换受损的瓷瓶，重新扎紧瓷瓶上松动的导线；校正倾斜的电杆和横担。

(3) 线路的大修

根据线路质量和运行情况，分段分期进行大修。大修的内容包括更换电杆、拉线、瓷瓶、横担和导线等。大修一般在节日或假日期间进行，农村则在农闲期间进行。

(4) 线路的抢修

为了及时排除故障，防止事故扩大，必需进行抢修。常见的抢修故障有：导线断裂、瓷横担断裂、角钢横担离位（下滑）、电杆倒塌等。这些故障主要由外界因素造成，如城市的交通事故、台风、洪水等。也有因维护不善所造成的损坏，如拉线长期松散而倒杆，以及导线因横担多挡脱落而断裂等。

【巩固训练】

1. 架空线的安装技能训练目的

掌握横担与瓷瓶的安装技术，掌握线在瓷瓶上的绑扎技术。

2. 架空线的安装技能训练器材

电工工具、电杆、横担、瓷瓶、导线、踏板、安全垫、金具等。

3. 架空线的安装技能训练步骤与工艺要求

1）选择合适的横担和瓷瓶，并将具体情况记录于表7-1中。
2）登杆，安装横担。
3）在横担上安装瓷瓶。
4）在瓷瓶上绑扎导线。

表7-1 横担、瓷瓶及导线情况记录

横担			瓷瓶			导线		
型号		安装工艺要点	型号		安装工艺要点	型号		安装工艺要点
形状			形状			材料		
材料			数量			熟练		

7.3.2 任务二 电缆的敷设与维护

【引出任务】

随着经济的发展，城市越来越大，旧城改造，新城开发，城市也越来越美了，原来密如蛛网的电线不见了。它们都到哪儿去了？

【知识链接】

将一根或数根导线绞合而成的线芯，裹以相应的绝缘层，外面包了密封包皮（如铅、铝或塑料、橡胶等），这种导线称为电缆。电力系统中常见电缆有电力电缆和控制电缆。

1. 电缆的结构

任何一种电缆都是由导电线芯、绝缘层及保护层三个部分组成。导电线芯用以输送电流；绝缘层用以隔离导电线芯，使线芯和线芯、线芯与铅（铝）包之间可靠绝缘；保护层用以绝缘密封使其不受潮气浸入，并免受外界损伤。

（1）线芯

导电线芯通常由高导电率的铜或铝制成的。按照电缆线芯的芯数，有单芯、双芯、三芯和四芯等几种。电缆线芯的形状很多，有圆形、半圆形、扇形和椭圆形等。当线芯截面大于 $25mm^2$ 时，通常采用多股导线绞合，并经过压紧而成，这样可以增加电缆的柔软性，并使结构稳定。

（2）绝缘层

电缆的绝缘层通常采用纸、橡皮、聚氯乙烯等材料。其中纸绝缘应用最广，它是经过真空干燥再放在松香和矿物油混合的液体中浸渍以后，缠绕在电缆导电线芯上的。电缆线芯的分相绝缘分别使用白、红、蓝三种不同颜色，或印有 1、2、3 字样的纸带，以示区别。除每相线芯分别包有绝缘层外，在它们绞合后，外面再用绝缘纸包上统包绝缘。

（3）保护层

纸绝缘电力电缆的保护层较为复杂，分内层和外层两部分。内保护层是保护电缆的绝缘不受潮湿和防止电缆浸渍剂的外流，以及轻度的机械损伤，在统包绝缘层外面包上一定厚度的铅包或铝包；外保护层是保护内护层的，防止铅包和铝包受到机械损伤和强烈的化学腐蚀，在电缆的铅包和铝包外面包上浸渍裹沥青混合物的黄麻、钢带或钢丝。没有外保护层的电缆，例如裸铅包电缆，则用于无机械损伤的场合。

2. 电缆的型号

我国电缆型号表示方法如图 7-7 所示。

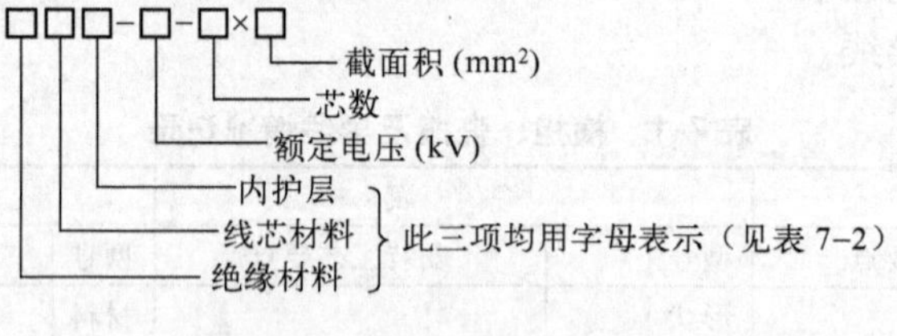

图 7-7　我国电缆型号表示方法

表 7-2　电缆型号中字母的意义

绝缘材料		导线材料		内护层		特性	
Z	纸绝缘	L	铝芯	H	橡套	P	黄油
X	橡皮绝缘	T	铜芯	Q	铅包	D	不滴油
V	聚氯乙烯绝缘			L	铝包	E	分相
Y	聚乙烯绝缘			V	聚氯乙烯护套	CY	充油
YJ	交联聚乙烯绝缘			Y	聚乙烯护套		

【技能方法】

1. 电缆的敷设

电缆线路与架空线路相比，具有较高的运行可靠性，不易受外界影响，不占地面上的空间，有利于环境美观，目前在城市架线方式中广泛应用。而在易燃易爆或有腐蚀性气体的场所，也只能采用电缆敷设的方式。电缆的敷设方法很多，有直接埋地敷设、电缆沟敷设、管道敷设、电缆桥架敷设及沿墙敷设等。

(1) 直接埋地敷设

将电缆直接埋于室内外地下，是一种比较简单而又经济的敷设方法，适于交通不密、电缆根数不多和不宜使用架空线路的地方。在电气安装工程中，应用最多的是直埋敷设，如图 7-8 所示。

直埋敷设一般限于 6 根电缆以内，超过 6 根则采用电缆沟内预埋金属支架，支架可设在两侧。由于埋在地下，泥土温差变化不大，对改善电缆的工作状况有一定好处，因而得到广泛的应用。

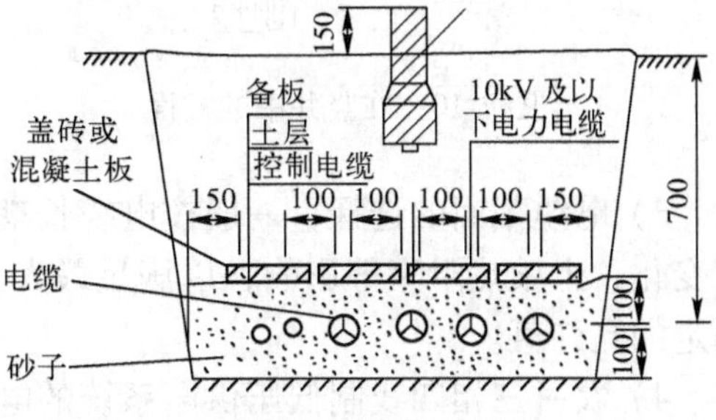

图 7-8 电缆直埋敷设（单位：mm）

直埋敷设必须采用铠装电缆，电缆埋深要求大于 700mm，电缆沟深不小于 800mm，电缆的上下各有 100mm 厚的砂子（或过筛土），上面盖砖或混凝土盖板。地面上在电缆拐弯处或进建筑物要埋设方向桩，以备日后施工时参考。电缆沟内敷设进入室内的电缆沟时，要设金属网（网孔不大于 $10mm^2$），以防小动物进入室内。

直埋电缆进入外墙时要穿金属密封管。施工时要注意电缆路径尽量短，少拐弯，避免与其他管道交叉，电缆长度要留出 1.5% ~ 2% 的余量，且要作波浪坡埋设，以适应热冷变化的影响。

(2) 电缆沟（或电缆隧道）敷设

当电缆的种类和数量较多时，可采用电缆沟敷设的方式，如图 7-9 所示。

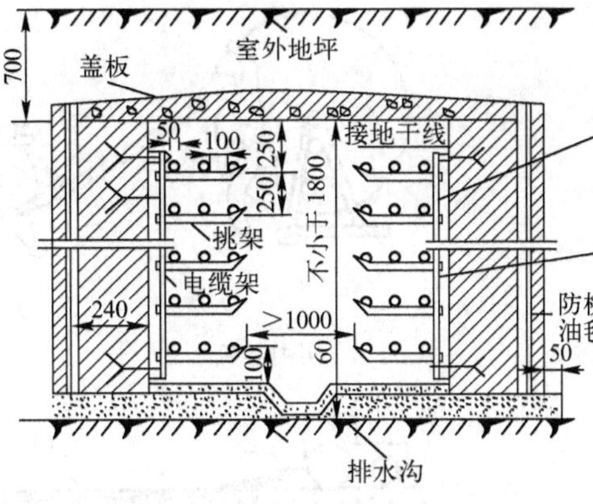

图 7-9 电缆沟敷设（单位：mm）

一般高压电缆放在最上层，低压电缆放在中层，下层为控制电缆。在施工时应将电缆的金属外皮、电缆头、保护钢管和金属支架等可靠接地。电缆应留有一定的余量以利检修。在容易积灰、积水的场所不宜采用电缆沟敷设。

另外，还有电缆在竖井隧道中或在管内敷设等方法，如图 7-10、图 7-11 所示。

(3) 农村低压电力电缆的选用

1) 一般采用聚氯乙烯绝缘电缆或交联聚乙烯绝缘电缆。

2) 在有可能遭受损伤的场所，应采用有外护层的铠装电缆；在有可能发生位移的土壤中（沼泽地、流沙、回填土等）敷设电缆时，应采用钢丝铠装电缆。

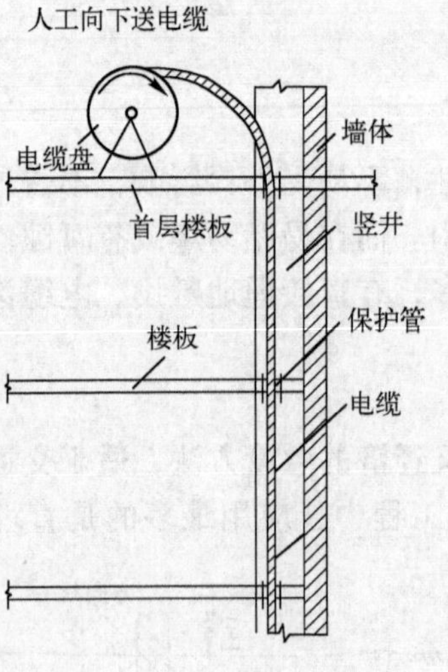

图 7-10　在竖井中的敷设

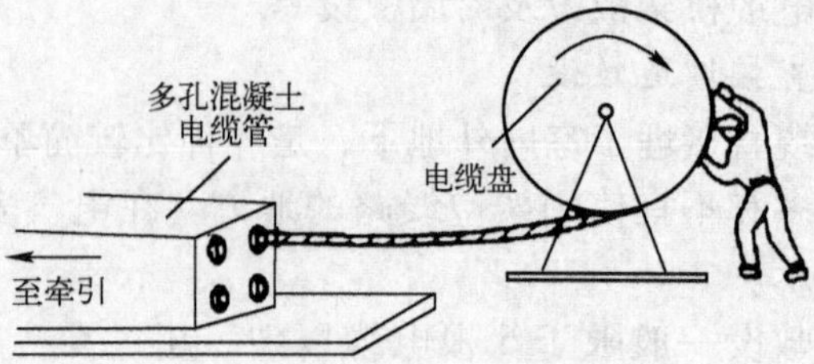

图 7-11　在管内的敷设

3）电缆截面的选择，一般按电缆长期允许载流量和允许电压损耗决定，并考虑环境温度变化、土壤热阻率等影响，以满足最大工作电流作用下的缆芯温度不超过按电缆使用寿命确定的允许值。

4）农村三相四线制低压供电系统的电力电缆应选用四芯电缆。

（4）电缆施工的安装

1）施工前应用兆欧表测量电缆的绝缘电阻。低压电缆的绝缘电阻应大于 10MΩ；高压电缆的绝缘电阻为：3kV 电力电缆 200MΩ；6kV 电力电缆 400MΩ；10kV 电力电缆 600MΩ。

2）展放电缆的方法有多种，如人工牵引展放、机械牵引展放等，如图 7-12 所示。

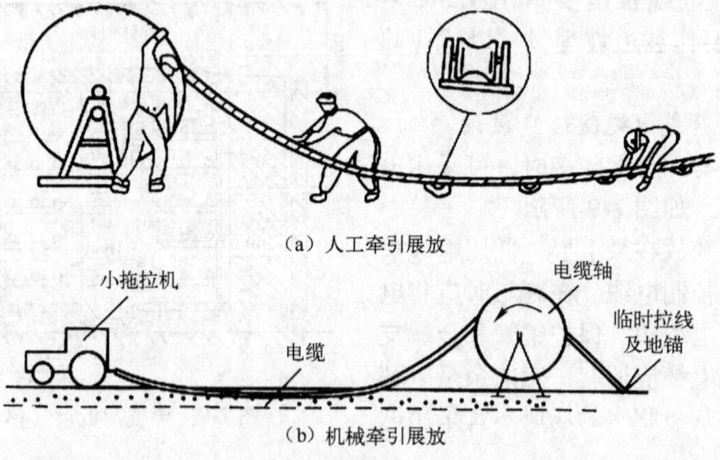

图 7-12　电缆的展放方法

当在沟内敷设电缆时应在沟上一侧展放，禁止在沟内拖拉电缆，以防划伤缆线。将电缆在沟边展放后，沟上每隔 3 ~ 5m 一人将电缆抬起交给沟下的人，然后将电缆放在预埋的支架上。此时，应先放支架最下层最里面的那根电缆，然后从里到外，从下到上依次展放。

3）电缆的固定。电缆在支架上的固定方法较多，常用的是Ω形卡子固定，此种卡子多为尼龙成品件和扁钢弯制件，如图7-13所示。

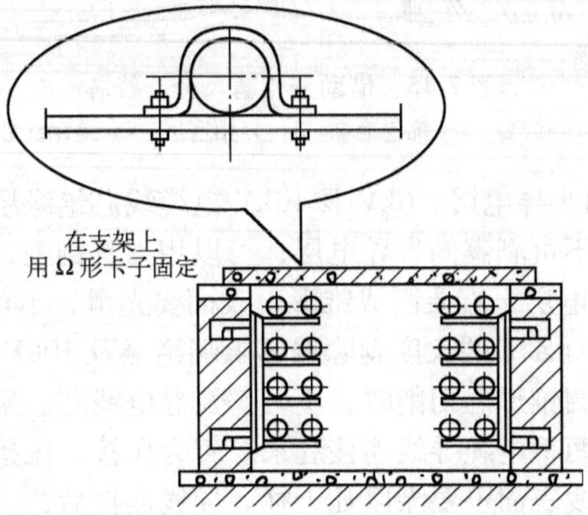

图7-13 用卡子固定电缆

4）电缆施工不得拐急弯，一般弯曲半径不小于电缆外径的10～20倍。电缆敷设完成后，应清理沟内杂物并盖好盖板，并将盖板间的缝隙密封。

2. 电缆的连接方法

（1）聚氯乙烯绝缘电缆中间接头制作

聚氯乙烯绝缘电缆中间接头一芯结构，如图7-14所示。

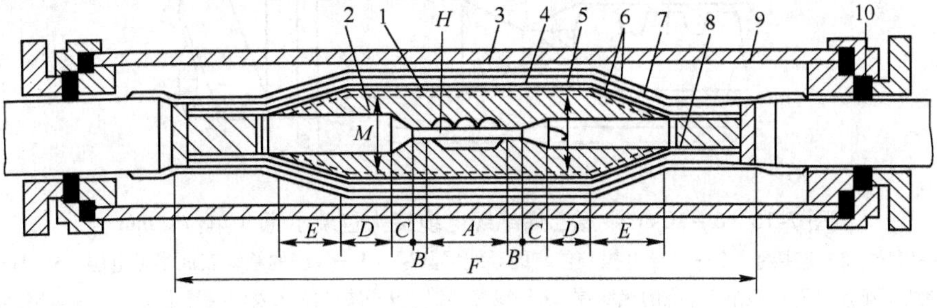

图7-14 聚氯乙烯电缆中间接头结构

1—接管 2—自粘橡胶带 3—半导电带 4—铝屏蔽带 5—软铜丝 6—塑料胶粘带；7—布带 8—多股镀锡铜线 9—塑料连接盒 10—橡皮圆环密封圈

1）定中心位置。校直两根电缆，并将中间连接盒体及盒体两端的螺盖分别套在两根电缆上。确定电缆的中心位置并做出记号。

2）剥钢带。用剖塑钳剥除塑料护套，在剖塑口处保留20mm一段钢带，将其余的钢带剥除。剥钢带前要用钢丝将保留的钢带绑扎两道。

3）剥除电缆内护层及填充。用分相塞尺将三相线芯分开并将其临时扎好，弯曲电缆芯并锯齐，如图7-15所示。

4）剥除绝缘线芯金属屏蔽层。6kV及10kV电缆的金属屏蔽层一般为铜带，切断处先用铁丝扎紧，再将末端屏蔽层剥除，切断口要整齐，不可伤及内部半导电层。

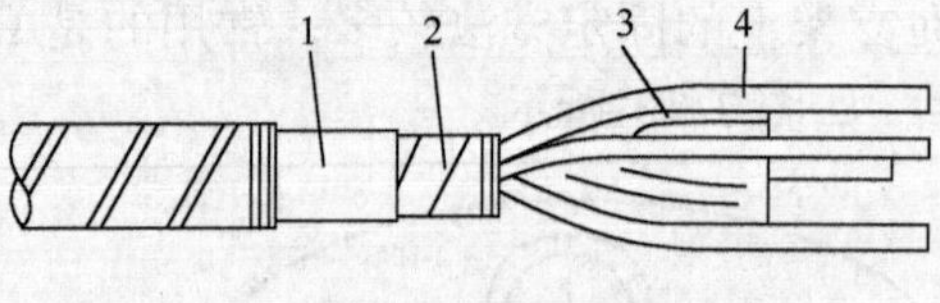

图 7-15　借助分相塞尺分开线芯

1—护套　2—绕包绝缘　3—分相塞尺　4—绝缘线芯

5）剥除线芯绝缘表面半导电层。6kV 及 10kV 电缆线芯绝缘层外的半导电层处保留的一段以外要完全剥除，若为不可剥离的半导电层，可以用刀具刮削，但伤及的绝缘层厚度不可多于 0.5mm。留下的半导电层末端要削成锥形，表面要光滑，不可呈台阶形。

6）连接导线。按照 $B+A/2$ 的长度剥除线芯末端绝缘及 10kV 电缆导电线芯表面的半导电层，并将绝缘末端削成圆锥形。切削时，不可伤及导电线芯。采用与导线相应规格的连接管，用压接或焊接方法将两根电缆导线连接起来。若为压接，压接前应去除连接管内表面的氧化层并涂以凡士林，导线表面也要涂以凡士林。导线连接后，去除连接管表面的毛刺和飞边。用汽油浸过的白布将连接处的金属粉屑擦净。

7）绕包绝缘。绕包绝缘前，先用汽油浸过的白布揩干净线芯绝缘表面，汽油挥发后，对 6kV 及 10kV 电缆，先用半导电橡胶自粘带将导线连接管上的压坑及连接管两端部与导线之间的台阶填包平整，以起到均匀电场作用。但注意不可包到线芯绝缘锥面，如图 7-16 所示。

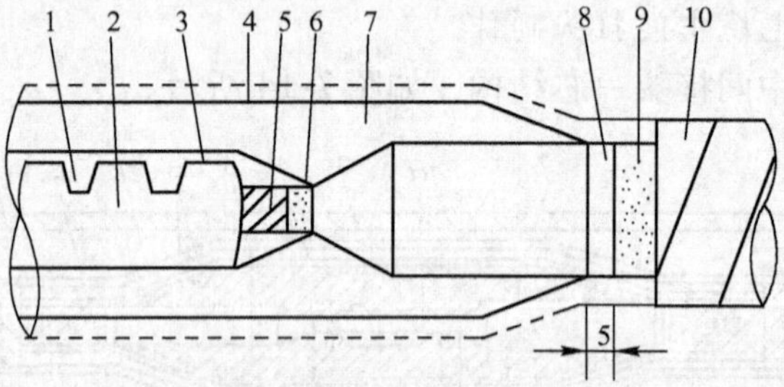

图 7-16　6～10kV 聚氯乙烯绝缘电缆接头包绕示意（单位：mm）

1—压坑　2—连接管　3—半导电橡胶包绕的导线屏蔽层　4—包绕的绝缘表面半导电层　5—导线　6—导线屏蔽层　7—自粘带包绕的绝缘层　8—线芯绝缘　9—线芯绝缘表面半导电层　10—金属屏蔽层

用自粘橡胶带绕包接头绝缘。绕包时需将自粘橡胶带的宽度拉伸到原宽度的 3/5～1/2 进行半叠式绕包，并且注意不可与电缆线芯绝缘表面的半导电层搭接，整个绕包过程要保持清洁和干燥。对于 1kV 及 3kV 电缆，只需用聚氯乙烯胶粘带以半叠式绕包 3 层，达到防水密封目的即可。

8）绕包屏蔽层。在接头绕包绝缘的外表面上以半叠绕方式包绕 1 层半导电橡胶带，并与两端线芯绝缘表面的半导电层搭接，要求绕包连续无空隙。用厚度约 0.09mm 的铝带以半叠绕方式一次平滑地紧密卷绕在接头的半导电层上，并与电缆两端头的金属屏蔽层有约 20mm 的重叠，用铜线在整个屏蔽层上往返交叉缠绕，并用多股铜丝扎紧在电缆金属屏蔽上，要求有可靠的电气连接。拉紧后再用铜丝扎紧在电缆金属屏蔽上，使其有可靠的电气连接，最后将铜带上的铜扎线与接头金属屏蔽连接起来。

9）绕包保护层。用聚氯乙烯胶粘带以半叠绕方式在接头金属屏蔽层上绕包两层并与电缆聚氯乙烯护套搭接，拆除临时扎的分相塞尺。将电缆多芯合并后用白布带或聚氯乙烯带扎紧，再用自粘橡胶带在整个接头上包绕 3～4 层，外面加包两层聚氯乙烯绝缘带保护。对于灌注绝缘胶的接头在白布带外不必再包其他任何带材。

10）安装连接盒。将先置于两端的中间连接盒体移到所需位置，将密封圈装好，旋紧螺盖。如果需要灌胶，则将 1 号沥青绝缘胶加热到略高于胶的固化温度，从连接盒一个浇注口灌入，直到绝缘胶从连接盒的另一个口冒出时为止。

（2）聚氯乙烯绝缘电缆终端头的制作

聚氯乙烯绝缘电缆终端头结构，如图 7-17 及图 7-18 所示。

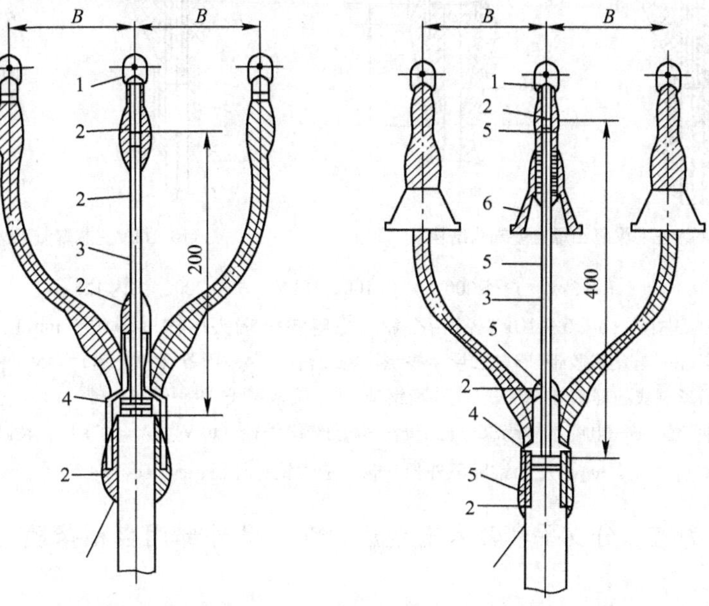

（a）1kV三芯终端头　　（b）3kV三芯终端头

B—1kV 户外 120、户内 75，3kV 户外 200、户内 75

图 7-17 1～3kV 聚氯乙烯绝缘电缆终端头结构

1—接线耳 2—自粘橡胶带 3—电缆绝缘线芯 4—分支手套

5—二层半叠绕塑料胶粘带 6—雨罩（户外用）

1）剥切电缆护层。校直电缆末端，按实际需要的剖塑长度，用剖塑刀剥去聚氯乙烯外护套。在离剖塑口 20mm 处将铠装钢带锯齐剥去，用铜丝在留下的钢带上绑扎两道，再剥去内护层及填充物。

2）焊接接地线。对于 6～10kV 的电缆，在接近电缆分支处用多股软铜线在每相绝缘线芯屏蔽铜带上绕 3 圈，扎紧后用锡焊焊牢，并与电缆铠装钢带焊接在一起，然后引出。对于 1～3kV 的电缆可将接地线扣在铠装钢带上，用锡焊焊接后引出。

3）安装分支手套。分支手套适用于多芯电缆。套分支手套前，需先在电缆上套手套的部位包绕自粘橡胶带，包绕到接地线处为止，再用电缆填充带在电缆外护套上适当包绕几层，以起填充作用。或者用电缆填充聚氯乙烯带先绑扎套手套部位的下部，再用橡胶自粘带包绕套手套部位的下部与电缆外护套连接处，以达密封效果。包绕层数则以手

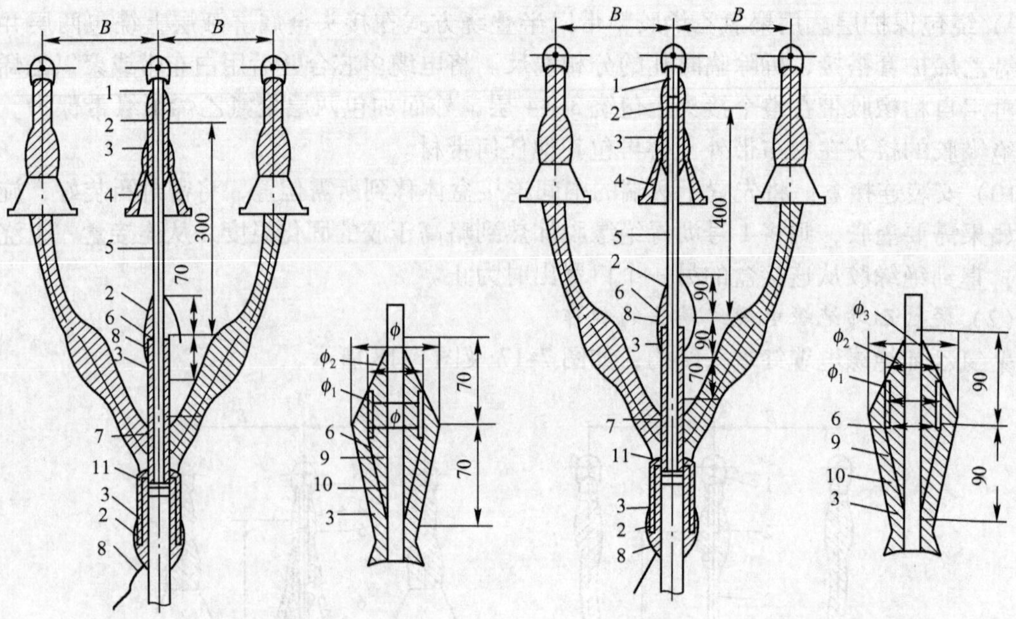

（a）6kV三芯聚氯乙烯电缆端头结构　　（b）10kV三芯聚氯乙烯电缆终端结构

B—6kV　户外200、户内100，10kV　户外200、户内125

图7-18　6～10kV 聚氯乙烯绝缘电缆终端头结构（单位：mm）

1—接线耳　2—自粘橡胶带　3—二层半叠绕塑料胶粘带　4—雨罩（户外用）　5—电缆绝缘线芯　6—软铅丝制成的屏蔽环　7—电缆屏蔽钢带　8—接地铜线　9—铝屏蔽带　10—半导电布带　11—三芯分支手套　ϕ—电缆本体绝缘外径　ϕ_1—增绕绝缘外径（6kV　$\phi_1=\Phi+12$，10kV　$\phi_1=\Phi+16$）　ϕ_2—应力锥屏蔽外径　ϕ_3—应力锥总外径：$\phi_3=\phi_2+4$

套套入松紧正好为宜。分支手套套入电缆后，在手套外部用自粘橡胶带和塑料胶粘带包绕成防潮锥。

4）切剥屏蔽带。对于6～10kV 电缆，应将已切去屏蔽带部分的半导电布带剥下，绝缘部分不可留有半导电层残迹。若为不可剥离的半导电层，允许用刀具刮剥，可能会刮去部分绝缘，但被刮去的绝缘厚度不可多于0.5 mm，留下的半导电层末端应削成锥形。电缆终端头剥切后的尺寸如图7-19 所示。

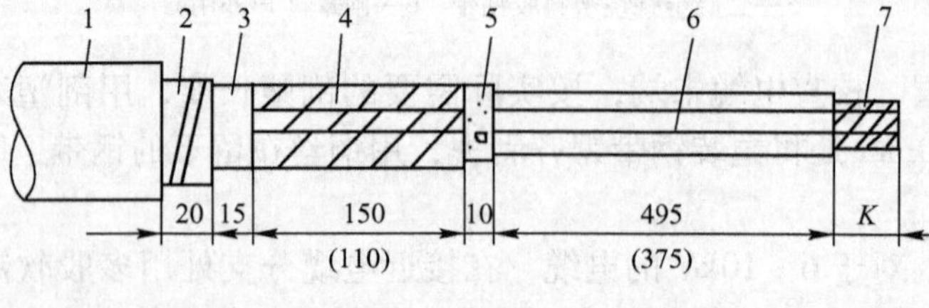

图7-19　6～10kV 聚氯乙烯电缆终端头剥切尺寸（单位：mm）

1—聚氯乙烯外护套　2—钢带　3—聚氯乙烯内护层　4—屏蔽铜带　5—电缆绝缘外半导电层　6—绝缘线芯　7—导电线芯　K—接线耳孔深+10（注：括弧内数字为6kY 电缆剥切尺寸）

5）包绝缘锥面。用棉纱蘸汽油擦净电缆线芯绝缘和半导电层表面。用橡胶自粘带绕包应力锥，绕包时应以半叠绕方式来回包绕，直至规定的尺寸为止。再绕包半导电自粘带屏蔽层，从电缆绝缘线芯外半导电层末端开始半叠绕包到绝缘锥面最高点，然后再包回到电缆绝缘线芯外半导电层上覆盖约 10mm。再以铝带或软铅丝从电缆线芯屏蔽铜带上约 10mm 处开始绕包，直到绝缘锥面最高点处为止。最后用软铅丝制成的屏蔽环套在绝缘锥面最高点处。注意，不可使半导电带露出屏蔽环外面。

6）包绕保护层。由手套指口处开始向上经应力锥到线芯绝缘末端用乙丙橡胶自粘带半叠绕包两层，再在手套指口处加包 2 层聚氯乙烯带、4～5 层乙丙橡胶自粘带。在线芯末端绝缘表面用乙丙橡胶自粘带包一小的锥形，以起支撑雨罩的作用（户外终端头用）。

7）安装雨罩（户外终端头用）。将雨罩套在每相线芯末端绝缘上，压紧预先包绕的锥形。

8）压接接线耳。将接线耳套在导电线芯上，利用与线芯截面相应的压模，在接线耳管形部分压 2 道。若为围压模具，可压3～4 道，压完后清除飞边和毛刺。

9）包绕雨罩防潮锥。在雨罩的上端到接线耳处用橡胶自粘带包绕防潮锥。防潮锥尺寸示意如图 7-20 所示。

10）核对相位与包相色带。将电缆终端头固定在安装支架上，校核相位，然后用聚氯乙烯相色带在绝缘层外包绕 2～3 层，再用聚氯乙烯透明带半叠绕包绕 1 层加以保护。

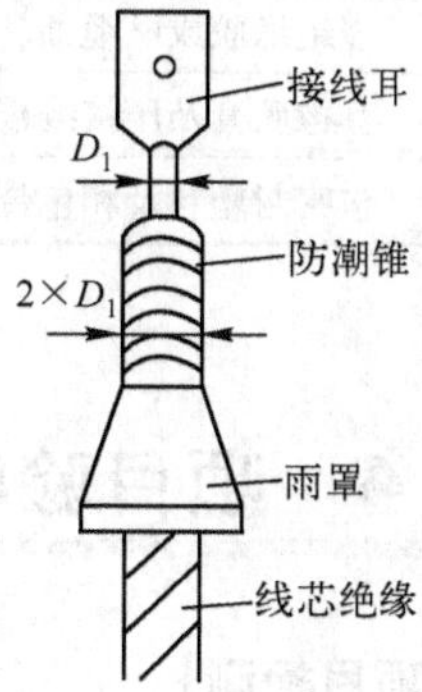

图 7-20 防潮锥尺寸示意

3. 电缆的维护

（1）电缆线路的巡查

电缆线路应定期巡查。巡查的内容有：电缆及终端是否漏油，终端瓷套是否清洁，终端接地线有无松动等。

（2）电缆的预防性试验

电缆必须定期进行下列预防性试验：①测定绝缘电阻。该工作必须在直流耐压试验前进行，1kV 及以下电缆用 1kV 兆欧表；3～35kV 电缆用 2. 5kV 兆欧表。②进行直流耐压试验。该试验一般至少每年进行 1 次。③测量泄露电流。在直流耐压试验的同时，用接在高压侧的微安表测量泄露电流。接线时高压引线和微安表要加屏蔽。

【巩固训练】

1. 户内 10kV 纸绝缘电缆终端头制作训练目的

熟悉 10kV 纸绝缘电缆的结构、性能和安装制作户内聚氯乙烯电缆终端头的施工技术要求、数据和注意事项；了解 10kV 纸绝缘电缆的户内聚氯乙烯电缆终端头的制作方法和施工步骤。

2. 户内 10kV 纸绝缘电缆终端头制作训练器材

锤子、剖铅刀、手锯、油压钳子、烙铁等电工工具，电缆油、绝缘胶等。

3. 户内 10kV 纸绝缘电缆终端头制作训练步骤与工艺要求

操作步骤见表 7-3，并说明操作的要领及注意事项。

表 7-3 户内 10kV 纸绝缘电缆终端头制作情况记录

序号	操作步骤	操作要领	注意事项
1	检查电缆、终端盒等准备工作		
2	剥钢带、焊接地线		
3	套入进线套的压盖、金属垫圈及橡胶密封圈、进行剖铅及胀喇叭口		
4	剥除炭黑纸、绝缘纸及填料，弯电缆线芯及包绝缘带		
5	安装尼龙盒、接地线		
6	灌绝缘胶或电缆油		
7	套橡胶套及压接线端子		
8	包密封塑料及相色带		

7.4 项目验收

【项目检测】

1. 填空题

1）接地装置是 ________和________总称。

2）接地电阻值大小与________电阻率和__________的形式有关。

3）线路按用途分___________ 和___________ 。

4）架空线路水平排列时，高压电力线路的导线排列相序为：面向负荷从左侧起为________；低压电力线路的导线排列相序为：面向负荷从左侧起为__________。

5）横担按其材质分，有________、________ 和 ____________3 种。

6）金具按性能用途分类可分为______、______、______、______、______、______6 类。

7）弧垂大小与导线本身质量、________、______ 及________ 等因素有关。

8）电缆的基本结构包括______、______ 和______，3kV 以上的电缆还具有屏蔽层。

9）杆塔按用途分为______、______、______、______ 等杆塔。

2. 选择题

1）我国电力工业所用交流电的频率为（　　）。

A. 60Hz　　B. 50Hz　　C. 100Hz

2）正弦交流电的三要素为（　　）。

A. 电压、电势、电位　B. 最大值、平均值、有效值　C. 最大值、频率、初相位

3）在电力系统中电路的作用是（　　）。

A. 产生、分配电能　B. 产生、分配、传输电能　C. 产生、分配、传输、使用电能

4）在输电线路中输送功率一定时，其电压越高时（　　）。

A. 电流越小和线损越大　B. 电流越大和线损越大

C. 电流越小和线损越小　D. 电流越大和线损越小

5）导体的导电性能与导体的材料有关，其中（　）的导电性能最好。

A. 银　　B. 铝　　C. 铁　　D. 铜。

6）铝绞线的型号是（　　），轻型钢芯铝绞线的型号是（　　），铝合金绞线的型号是（　　）。

A. HIJ　　B. LJ　　C. TJ　　D. LGJQ　　E. LGJ

7）在三相三线制的线路中，6KV、35KV、110KV 的电压都是指（　　）。

A. 相电压　　B. 线间电压　　C. 线路总电压

8）输电线路的拉线盘埋深度若无具体设计要求时，埋深一般不得小于（　　）。

A. 1.0m　　B. 1.5m　　C. 1.8m

9）拉线在电杆上的固定位置是（　　）。

A. 应在电杆的中心　　B. 应在电杆的杆顶　　C. 应尽量靠近横担

10）电力线路发生接地故障时，在接地点周围将会产生（　）。

A. 接地电压　　B. 跨步电压　　C. 短路电压

3. 简答题

1）电力变压器的主要作用是什么？

2）直埋电力电缆敷设时有哪些要求？电力电缆在敷设前应进行哪些试验和检查？

3）为什么铜、铝导线不允许直接连接？铜、铝导线的连接有哪些要求？

4）登杆检查的项目有那些？

5）弧垂的大小对线路的安全运行有何影响？

6）线路巡视分哪几种形式？

4. 计算题

电杆的埋深如无设计要求时，一般按电杆长度的 1/10 加 0.7m 计算。如电杆长度为 18m，该电杆最小埋深度应是多少米？

【项目评价】

请反思在本项目中你的收获和疑惑、写出你的体会和评价。

项目总结与评价表

内　容		你 的 收 获	你 的 疑 惑
获得知识			
掌握方法			
习得技能			
学习体会			
学习评价	自我评价		
	同学互评		
	老师寄语		

参考文献

[1] 俞艳．电工基础［M］．北京：人民邮电出版社，2006.
[2] 金国砥．维修电工与实训［M］．北京：人民邮电出版社，2006.
[3] 金国砥，俞艳．电工读图［M］．杭州：浙江科学技术出版社，2005.
[4] 王世锟．图解电工入门［M］．北京：中国电力出版社，2008.
[5] 刘延刚，李常锋．农电工操作要领图解［M］．济南：山东科学技术出版社，2007.
[6] 蔡可山，刘凌云．零起步轻松学电工技术［M］．北京：人民邮电出版社，2008.
[7] 刘志平．电工技术基础［M］.2 版．北京：高等教育出版社，1999.
[8] 黄民德．建筑电气工程施工技术［M］.2 版．北京：高等教育出版社，2009.
[9] 王兆晶．维修电工技能［M］．北京：机械工业出版社，2007.
[10] 徐红升．图解电工操作技能［M］．北京：化学工业出版社，2008.
[11] 丁承浩．电工学［M］．北京：机械工业出版社，2004.
[12] 劳动和社会保障部教材办公室．维修电工基础知识与技能［M］．北京：中国劳动社会保障出版社，2005.
[13] 周绍敏．电工基础［M］．北京：高等教育出版社，2005.
[14] 薛涛著．电工基础［M］．北京：高等教育出版社，2006.
[15] 程国强，张宗超．电工电子学［M］．西安：西北大学出版社，2007.
[16] 曾祥富．电工技能与训练［M］.2 版．北京：高等教育出版社，2000.
[17] 朱国兴．电子技能与训练［M］.2 版．北京：高等教育出版社，2000.

反侵权盗版声明

举报电话：(010) 88254396；(010) 88258888
传　　真：(010) 88254397
E-mail：dbqq@phei.com.cn
通信地址：北京市海淀区万寿路173信箱
　　　　　电子工业出版社总编办公室
邮　　编：100036